Christian Ridder

Business as Visual

Verstehen, gestalten und steuern mit Bildern

managerSeminare Verlags GmbH, Edition Training aktuell

Christian Ridder
Business as Visual
Verstehen, gestalten und steuern mit Bildern

Endenicher Str. 41, D-53115 Bonn
Tel.: 0228 / 97791-0, Fax: 0228 / 616164
E-Mail: info@managerseminare.de
www.managerseminare.de/shop

ISBN: 978-3-95891-088-1

Herausgeber der Edition Training aktuell:
Ralf Muskatewitz, Jürgen Graf, Nicole Bußmann

Lektorat: Jürgen Graf, Vera Sleeking
Cover/Illustrationen: Christian Ridder
Druck: CPI buchbücher.de GmbH, Birkach

für Maj & Wim
BUSINESS
as VISUAL

Inhalt

Vorwort 6
Warum dieses Buch? 8
Für wen ist das Buch gedacht? 9
Willkommen beim Visualisierungs-Kochkurs 10

1. Einführung (Küchenrundgang) 13

Der Stammbaum der Visualisierungsarbeit 14
Erwartungen an das Visualisieren 16
Die Wertschöpfungsspirale der Visualisierungsarbeit 18
Initiieren 19
Diskutieren 20
Visualisieren 22
Präsentieren 24
Reflektieren 26
Wertschöpfung 28
Spielarten der Visualisierung 32
Abschlussübung 34

2. Zeichenmaterialien (Küchenausstattung) 35

Ausstattung & Ausbaustufen 36
Stifte & Kreide 38
Papier 40
Digital 42
Abschlussübung 44

3. Visualisierungsbausteine (Zutaten) 45

Bildsprache – die verlernte „Muttersprache" 46
Das ABC der Bildsprache 47
Linien 48
Grundformen 49
Schattierungen 50
Schnell und erkennbar zeichnen 51
Menschliche Figuren 52
Basis-Bildvokabular 56
Bildvokabular erweitern 61
Beschriften 62
Textcontainer 63
Wort-Bild-Elemente kombinieren 64
Farbige Objekte und Figuren 66
Titel und Untertitel 68
Lettering 69
Der Rahmen 70
Farbflächen und Hintergrundfarben 72
Abschlussübung 74

4. Visualisierungsstrategien (Zubereitung) 75

Fünf Möglichkeiten, Zusammenhänge darzustellen 77
Kennzeichnen 78
Gruppieren 80
Verbindungen und Pfeile 82
Räumliche Anordnung 84
Grundstruktur 86
Zehn Visualisierungsstrategien 88
Pimp your Protocol 90
Post-it-Poster 92
Der rote Faden 94
Mind Map 96
Organische Cluster 98
Key Visual 100
Canvas 102

Abstrakte Grundstruktur 104
Metaphorische Hintergrundstruktur 106
Form follows Format 108
Strategien & Bildideen kombinieren ...110
Abschlussübung 112

5. Bildstrukturen (Speisekarte) 113

Eine passende Grundstruktur finden....114
Perspektive erweitern.......................116
Entscheiden.....................................118
Organisieren 120
Führen und Zusammenarbeiten 122
Aufträge bearbeiten.........................124
Krisen bewältigen und vorbeugen 126
Zu Lösungen kombinieren 128
Neues entwickeln und entdecken 130
Planen und zurückschauen................132
Transformieren 134
Veranstaltungsformate......................136
Mit Metaphern arbeiten....................138
Abschlussübung 140

6. Metapherwelten (Lieblingsküche) 141

Metapherwelten und das Business-as-Visual-Kartenset.............142
Leistung steigern 144
Prozesse standardisieren...................148
Kunden gewinnen 152
Krisen vorbeugen und bewältigen 156
IT-Systeme schützen 160
Als Team zusammenarbeiten.............164
Kurs bestimmen 168
Nachhaltige Unternehmen.................172
Innovation fördern 176
Veränderungen begleiten 180
Im klassischen Projekt arbeiten 184
Im agilen Projekt arbeiten 188
Abschlussübung 192

7. Anwendungsszenarien (Kochen für jeden Anlass) 193

Sketchnotes....................................194
Gedankenskizzen 195
Persönliche Ziele visualisieren 196
Eine visualisierte Bewerbung.............197
Visueller Gesprächsimpuls.................198
Post-it-Präsentation 199
Visualisieren im Meeting...................200
Digitales in der Gruppe bearbeiten 202
Trainingsinhalte visualisieren 204
Gelerntes reflektieren und verankern...206
Inspirationsbilder 208
Metaphorisches Teamporträt..............209
Teamhistorie...................................210
Die DNA der Gruppe 211
Werte und Leitsätze visualisieren 212
Mind-Map-Café...............................213
Design Thinking 214
Projekt-Visualisierung 217
Online visualisieren 218
Strategien visualisieren und kommunizieren 222
Graphic Recording 226
Mein erstes Mal..............................231
Abschlussübung 232

Digestiv 233
Danksagung....................................236
Wer die Inhalte weiter vertiefen möchte … 238
Über den Autor 239
Das Kartenset zum Buch 240

Vorwort

Kennen Sie die Geschichte von den Blinden und dem Elefanten?

Sechs Gelehrte werden vom König nach Indien geschickt, um herauszufinden, was ein Elefant ist. Am indischen Hof angekommen, werden ihnen jedoch die Augen verbunden, bevor sie an den Elefanten herangeführt werden: Jeder darf ihn nur ertasten.

Als die Wissenschaftler in ihr eigenes Land zurückkehren, erzählen sie dem König, was sie über den Elefanten gelernt haben:

Der Wissenschaftler, der die Beine erforscht hat, berichtet über die große Ähnlichkeit mit den Bäumen im Palastgarten. Die nächste Wissenschaftlerin sagt, ein Elefant sei wie ein Fächer, weil sie gespürt habe, wie das Ohr des Elefanten ihr Luft zugewedelt habe. Der Dritte, der auf einer Leiter an der Flanke des großen Tieres gestanden hatte, behauptet fest, dass ein Elefant einer hohen Mauer ähnele. Die Wissenschaftlerin am Schwanzende sagt, ein Elefant sei aus Schiffstau. Der Fünfte hat an der Spitze einen Stoßzahn ertastet und meint, ein Elefant sei wie eine Lanze. Der letzte Wissenschaftler, der den Rüssel befühlt hat, ist sich sicher: Ein Elefant gleicht einer Würgeschlange.

Die Geschichte illustriert treffend, dass „die Wahrheit“ oder „die Realität“ aus jeder individuellen Perspektive eine andere sein kann. Normalerweise ist die Erzählung hier zu Ende.

Ich spinne sie jedoch gerne wie folgt weiter:

Als die Forscherinnen und Forscher ihre Berichte über den Elefanten beendet haben, fangen sie an, hitzig zu diskutieren. Jeder erklärt den anderen immer wieder, was er meint und warum die anderen falschliegen müssen. Nach einer Weile ruft der König seinen Hofnarren, der im Hintergrund die ganze Diskussion verfolgt hat, zu Hilfe.

Der Hofnarr hängt ein großes Stück Papier an die Wand und nimmt einen dicken Stift. Damit zeichnet er folgende Skizze:

Die Gelehrten werden ruhig und leise. Endlich fühlt sich jeder zumindest einmal in seiner Wahrnehmung bestätigt. Dann wird erneut diskutiert. Wer stand eigentlich neben wem? Wie könnten die verschiedenen Ideen in Zusammenhang stehen? Zum Schluss kommen sie gemeinsam zu der Erkenntnis, dass das hier ein Elefant ist:

Klar, ein Elefant sieht immer noch anders aus. Aber eines ist deutlich: Um eine komplexe Situation ganzheitlich zu erfassen und eine gemeinsame Ausrichtung zu finden, sind Bilder oft viel besser geeignet als Wörter!

Warum dieses Buch?

Im betriebswirtschaftlichen Kontext sind Situationen oft um ein Vielfaches komplexer und facettenreicher als die Rekonstruktion eines Elefanten. Vieles, was ein Unternehmen ausmacht, ist nicht sichtbar und kann vom Einzelnen nur partiell wahrgenommen werden. Um im Team an Aufgaben und Fragestellungen zu arbeiten, ist es zunächst notwendig, ein gemeinsames Verständnis der Situation zu entwickeln.

Doch wie läuft das in der Regel ab? In stundenlangen Meetings mit Folien voller Bulletpoints versuchen wir, unsere Gedanken in Worte zu gießen. Dabei fallen gerne Begriffe wie „Vision“, „Zielbild“ oder „klare Vorstellung“. Offensichtlich denken wir dabei also auch in Bildern. Doch nur selten werden die Sprachbilder in den Köpfen der Beteiligten auch tatsächlich in eine grafische Darstellung verwandelt. Die meisten von uns haben nicht gelernt, sich bei der Arbeit visuell auszudrücken und trauen sich nicht, selbst den Zeichenstift in die Hand zu nehmen. Dabei ist diese Form der Kommunikation viel direkter und umfassender!

Dieses Buch möchte, dass solche Bilder selbstverständlicher Teil Ihres Arbeitsalltags werden – und Ihnen das Visualisieren beibringen.

„Toll, dieses Visualisieren, aber ich könnte das nie … Ich habe gar kein künstlerisches Talent!“

Für mich klingt das, als ob jemand behaupten würde, keine Notizen oder E-Mails schreiben zu können, weil er keine literarische Ader hat. Schön zeichnen zu können, ist beim Visualisieren hilfreich, aber nicht entscheidend!

Die zeichnerischen Fähigkeiten, die Sie im Kindergarten erworben haben, reichen aus.

Ein guter Visualisierer bringt in der Tat viele verschiedene Kompetenzen unter einen Hut:

- Kommunikative Fähigkeiten wie Zuhören, Fragen stellen, Diskussionen leiten.
- Analytische Fähigkeiten, z.B. Filtern, Priorisieren, Strukturieren, Reflektieren.
- Grafische/zeichnerische Fähigkeiten wie Figuren oder Szenen zeichnen, Buchstaben malen oder aus mehreren Elementen eine ausgewogene Komposition gestalten.
- Inhaltliches Know-how, z.B. über spezifische Betriebsabläufe, Produktkenntnisse, Kundenbedürfnisse oder technisches Wissen.

Ich bin mir aber sicher, dass Sie einiges davon schon beherrschen! In diesem Buch geht es darum, Ihre Fähigkeiten mit Tipps und Tricks anzureichern und so miteinander zu verknüpfen, dass Sie Visualisierung mit Freude und mit Erfolg in Ihrer Arbeit anwenden können.

Für wen ist das Buch gedacht?

Es gibt kaum eine Situation, in der Bilder nicht positiv dazu beitragen, eine komplexe Situation zu verstehen, Lösungen zu gestalten oder die Kommunikation zu unterstützen. Besonders bei diesen berufsspezifischen Herausforderungen bringt „Business as Visual" auch Profis weiter:

Beraterinnen, Coachs, Trainer und Moderatorinnen lernen, wie sie Kommunikationsprozesse mit grafischen Mitteln noch effektiver gestalten können. Sie werden feststellen, dass mit Bildern nicht nur der Spaß, sondern auch die inhaltliche Qualität von Workshops, Coachings und Beratungsprojekten gesteigert wird.

Fachleute und Spezialistinnen werden erfahren, wie sie durch eine Skizze ihre Gedanken ordnen und die eigene Kreativität anregen können. Außerdem hilft die Visualisierung bei der Abstimmung mit Kunden, Führungskräften oder auch mit Fachleuten anderer Spezialisierung.

Managerinnen und Führungskräfte lernen mithilfe von Visualisierung, die richtigen Fragen zu stellen und ihre Botschaften nicht nur in Worten, sondern auch in Bildern effektiv und überzeugend zu vermitteln.

Illustratoren, Grafikerinnen und Informationsdesigner lernen, wie sie ihre Fähigkeiten in Workshops, Meetings und Konferenzen zur Geltung bringen können. Die vielen Beispiele helfen dabei, für unterschiedlichste Situationen die passende Bildsprache und geeignete Bildstrukturen zu finden.

Willkommen beim Visualisierungs-Kochkurs

Wie dieses Buch das Visualisierungs-Know-how vermittelt, lässt sich am besten mit einer Metapher erklären: Visualisieren ist wie Kochen! Dieses Buch vermittelt praktisches Können so wie ein gutes Kochbuch.

1. Einführung (Küchenrundgang)
Bevor wir ins Visualisieren einsteigen, wollen wir uns erst einmal anschauen, wozu dies alles gut sein soll. Im ersten Teil schauen wir uns verschiedene Spielarten der Visualisierungsarbeit an und gehen den „Wertschöpfungskreislauf des Visualisierens" einmal komplett durch.

2. Material (Küchenausstattung)
Beim Kochen läuft nichts ohne eine funktionierende Grundausstattung. Für das Visualisieren brauchen Sie Stifte, Papier und Klebezettel.

3. Visualisierungsbausteine (Zutaten)
Im dritten Teil unseres Kochbuchs lernen wir die Zutaten einer Visualisierung kennen. Im Vorratsschrank finden wir nicht nur die Basics wie Linien, Grundformen und Buchstaben, sondern auch Leckereien wie Figuren, Symbole, einfache Gegenstände und Emoticons. Abgeschmeckt wird mit Schatten und Farbe.

4. Visualisierungsstrategien (Zubereitung)
Improvisieren Sie lieber ad hoc mit dem, was Sie im Kühlschrank vorfinden? Oder entscheiden Sie sich für ein bestimmtes Gericht und besorgen sich dann gezielt die Zutaten? Beim Visualisieren werden Sie, je nach Ausgangslage, unterschiedlich vorgehen müssen. Von „Pimp your Protocol" bis zur „Metaphorischen Grundlage" gebe ich Ihnen dazu zehn Strategien an die Hand.

5. Bildstrukturen (Speisekarte)

Ein guter Koch kennt viele Rezepte, die er unendlich variieren kann. Die „Speisekarte“ in diesem Teil präsentiert 66 mögliche Bildstrukturen für unterschiedlichste Visualisierungen.

6. Metapherwelten (Lieblingsküche)

Jeder Koch hat seine Lieblingsküche. Ich liebe es, Arbeitssituationen in Bilderwelten zu übersetzen. In diesem Kapitel nehmen wir typische betriebswirtschaftliche Herausforderungen mithilfe von Metaphern unter die Lupe.

7. Anwendungsszenarien (Kochen für jeden Anlass)

Im siebten Teil gibt es Kochszenarien für das Visualisieren in ganz bestimmten Situationen: Coachings, Projekt-Kick-offs, Videokonferenzen, Design-Thinking-Workshops, Teambuilding-Events, Großgruppenveranstaltungen … Je nach Anwendungsszenario werden Ablauf und Beispiele geschildert.

Ob Sie dieses Buch von vorne nach hinten lesen oder lieber gleich eines der Rezepte ausprobieren, liegt ganz bei Ihnen. Man kann es wie ein gutes Kochbuch immer wieder in die Hand nehmen, um sich inspirieren zu lassen. Egal welche Herangehensweise Sie bevorzugen, Sie können nun wertvolle Anregungen sammeln, die Ihre Arbeit mit Bildern unterstützen und beflügeln. Mit ein bisschen Mut werden Sie Ihr „Business-as-Usual“ schon bald in ein „Business-as-Visual“ verwandeln!

Mann, Frau, Divers
Im Plural drücke ich mich weitestgehend geschlechtsneutral aus, z.B. „die Teilnehmenden“ statt „die Teilnehmer“. Beim Singular würde eine geschlechtsneutrale Schreibweise wie „VisualisiererIn“, „Visualisierer*in“, oder „Visualisierer oder Visualisiererin“ den Lesefluss ziemlich beeinträchtigen. Außerdem sehen die Protagonisten beim Zeichnen oft doch eher geschlechtsspezifisch aus. Daher gibt es in Wort und Bild ein willkürliches Durcheinander der Geschlechter, und ich überlasse es Ihrer Fantasie, die Rollen gegebenenfalls zu tauschen!

Wollen wir uns nicht lieber duzen?
Kunden spreche ich beim ersten Kennenlernen immer mit Sie an. Im Vorwort habe ich Sie daher automatisch gesiezt. In einem Training oder Workshop-Setting schlage ich aber fast immer vor, dass wir auf das „Du“ umsteigen. Früher, weil mir das als Niederländer in der Natur liegt. Mittlerweile auch, weil die Teilnehmenden sich in einem Workshop-Setting untereinander meist auch alle duzen. Da dieses Buch so ähnlich ist wie ein Workshop, werde ich das hier genauso handhaben.

Also ... ich freue mich, dass du dabei bist!

Christian Ridder

Teil 1

Einführung (Küchenrundgang)

Bevor wir praktisch in das Visualisieren eintauchen, vermittle ich dir in diesem Kapitel verschiedene Spielarten und Facetten der Visualisierungsarbeit. Wir entdecken dabei, in welchen Kontexten Visualisierung eingesetzt wird und wie Bilder ihre magische Wirkung entfalten.

Der Stammbaum der Visualisierungsarbeit

Hast du schon einmal einem „Graphic Recorder" während einer Konferenz live bei der Arbeit zugesehen? Oder erlebt, wie ein Workshop von einem „Visual Facilitator" begleitet wurde? Hat vielleicht deine Kollegin in einem Meeting mal nebenbei Sketchnotes gemacht? Oder hast du schon einmal etwas anhand einer Business Illustration, einer Infografik oder eines Erklärfilms dazugelernt?

Diese Beispiele zeigen die Bandbreite der Arbeit von „Visual Practitioners" – so nennen sich Menschen, die zum Stift greifen, um über Zeichnungen Informationen zu vermitteln.

Die unterschiedlichen Spielarten des Visualisierens haben verschiedene Ausprägungen: Macht der Visualisierer das Bild primär für sich oder eher für andere? Wird live bei einer Veranstaltung, unterwegs oder am Arbeitstisch gezeichnet? Entsteht das Bild in Interaktion mit einer Gruppe oder begleitet es diese? Wird auf einem riesengroßen Papier, einem Flipchart, in einem Skizzenbuch oder auf einem iPad gezeichnet?

Ich habe einmal versucht, die verschiedenen Ausprägungen und Verwandtschaften in einen Stammbaum zu übertragen:

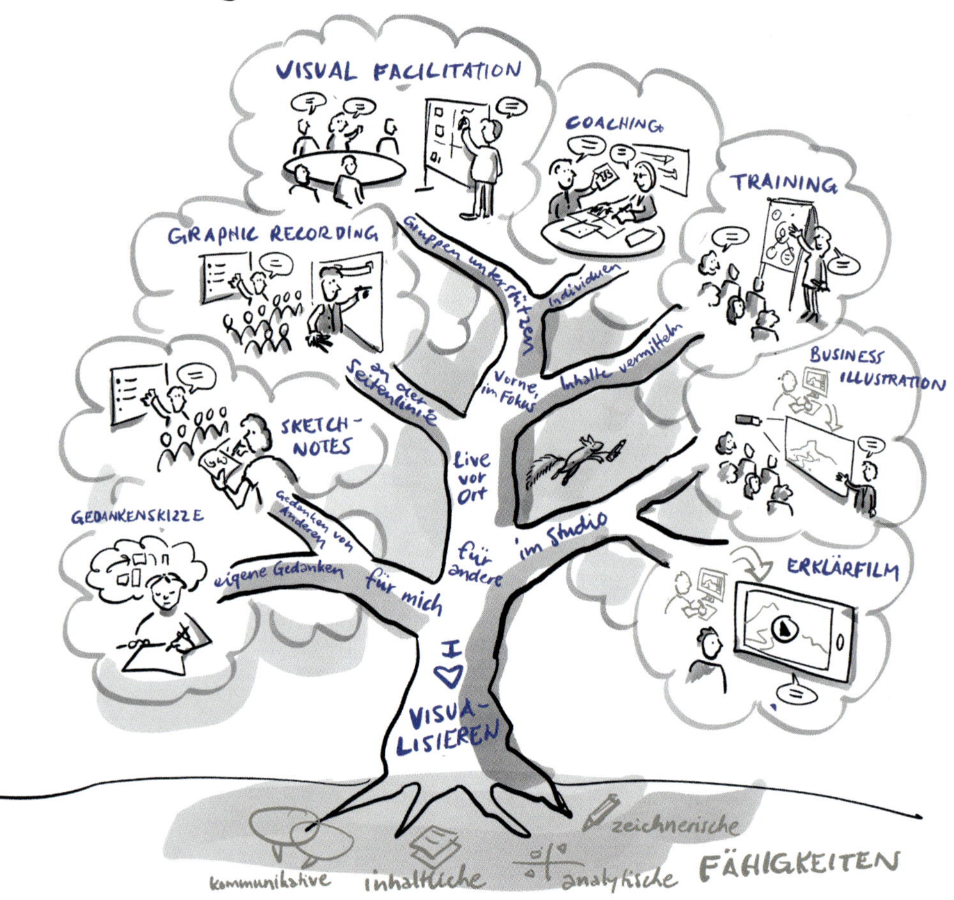

Manchmal komme ich mir wie ein Eichhörnchen vor, das im „Stammbaum der Visualisierungsarbeit" von Ast zu Ast springt! Denn die unterschiedlichen Spielarten grenzen sich nicht trennscharf voneinander ab, sondern gehen fließend ineinander über, wie das folgende Beispiel zeigt ...

Neulich rief mich eine potenzielle neue Kundin an und erzählte mir, dass sie ein Bild gesehen hat, das auf einer Konferenz gezeichnet wurde. So etwas brauche sie auch!

„Ah! Es freut mich, dass Ihnen das Graphic Recording gefallen hat", antwortete ich und fragte: *„Wann wäre denn Ihre Veranstaltung?"*

„Nein, nein", antwortete sie. *„Es gibt keine Veranstaltung. Es gibt aber eine Projektgruppe, die nach einer Reorganisation die neue Bereichsstrategie entwickelt. Wir sitzen zweimal im Monat zusammen. Vielleicht können Sie zum nächsten Workshop dazukommen und ein Bild malen?"*

„Meinen Sie damit, dass ich mit meiner Visualisierung dabei helfen soll, die Strategie zu gestalten?", möchte ich wissen. *„Dann müsste ich eher in die Rolle eines Visual Facilitators schlüpfen."*

„Visual, äh, was? Ich weiß nicht genau, was Sie damit meinen ... Wir haben schon einen externen Berater, der uns dabei hilft, die Strategie zu entwickeln. Wir wissen schon ziemlich genau, was wir wollen, und haben schon jede Menge PowerPoints und Excel-Tabellen. Das können wir den Mitarbeitern aber so nicht zeigen. Deshalb brauchen wir das Ganze in so einer Art von Wimmelbild ..."

„Ich verstehe ...", antwortete ich. *„Sie möchten ein sogenanntes Strategiebild oder Zielbild. Gerade wenn es einfach und selbsterklärend sein soll, braucht die Entwicklung in der Regel mehrere Iterationsschleifen. Und wenn das Bild über längere Zeit in unterschiedlichen Kontexten und Medien zum Einsatz kommen soll, lohnt es sich, es digital aufzubereiten, um es immer wieder anpassen zu können ..."*

Am Ende wurde aus dem Auftrag eine Kombination von allem: Das Konzept für das Zielbild wurde in einem gemeinsamen Workshop mit dem Projektteam entwickelt (das war eher Visual Facilitation). Dann habe ich die Visualisierung im Studio ausgearbeitet und als animierte PowerPoint aufbereitet (ich nenne das Business Illustration).

Sechs Wochen später wurde auf der Bereichsversammlung das Zielbild vorgestellt. Das Feedback der Teammitglieder und ihre Ideen, die nötig sind, damit das Zielbild auch zur Realität werden kann, habe ich live vor Ort auf einem großen Plakat bildhaft protokolliert (das war eher Graphic Recording).

Erwartungen an das Visualisieren

Erwartungen an das Visualisieren durch Externe
Als ich im vergangenen Jahr mit den Führungskräften einer Behörde zusammensaß, um gemeinsam ein Bild zu den Aufgaben, Prozessen und Zielen der Organisation zu konzipieren, fragte ich in die Runde, warum und für wen das Bild gemacht werden sollte.

Die Initiatorin des Projektes (aus dem Bereich *Qualitätssicherung*) möchte den Mitarbeitern mit dem Bild Inhalte aus dem Prozesshandbuch vermitteln. Durch ein übergreifendes Prozessverständnis soll die Zusammenarbeit zwischen den verschiedenen Abteilungen verbessert werden.

Der *Vertreter der Kommunikationsabteilung* weist darauf hin, dass es viele Schnittstellen nach außen gibt: andere Ämter, die Politik und die Bürger und Bürgerinnen. *„Vielleicht kann das Bild dabei helfen, denen zu erklären, was wir alles tun?“*

Die *Personalmanagerin* möchte junge Leute davon überzeugen, sich für einen Job in einer Behörde zu entscheiden. Sie hofft, dass das Bild dazu beitragen kann, potenziellen neuen Mitarbeitenden ein attraktives Bild der Arbeit bei der Behörde zu vermitteln.

Der *Bereichsleiter* möchte auf allen Ebenen der Organisation agiler arbeiten. Damit alle trotz weniger Vorgaben und wenig Kontrolle an einem Strang ziehen, braucht es klare Bilder, an denen sich jeder orientieren kann.

Einer der *Abteilungsleiter* berichtet, dass viele seiner Mitarbeiter sich ziemlich abgekoppelt fühlen vom Rest der Organisation. Ihm ist wichtig, dass sie sich als Teil des Ganzen wiedererkennen.

Erwartungen an das Selbst-Visualisieren

Auch wenn ich die Teilnehmenden an einem Visualisierungstraining zu Anfang frage, was sie sich vom Visualisieren erhoffen, bekomme ich unterschiedlichste Antworten. Zum Beispiel:

Teamleiter: *„Meistens wird im Teammeeting endlos diskutiert. Irgendwann ist dann die Zeit vorbei und keiner weiß so genau, was dabei rausgekommen ist … Ich hoffe, Bilder helfen uns, die Kommunikation effektiver zu gestalten."*

Berater: *„Ich habe schon häufiger in einer Gruppendiskussion festgestellt, dass Leute, die sich schon länger kennen, sich gar nicht mehr richtig zuhören. Ich hoffe, dass eine neue Aufmerksamkeit entsteht, wenn wir von der Wort- zur Bildsprache wechseln."*

UX-Expertin: *„Unsere Software ist so komplex, da verliert man auch selbst schnell den Überblick. Ich möchte in den Meetings mit den Product-Ownern und den Programmierern die Use Cases mit einer schnellen Skizze unterstützen können."*

Vertriebsleiter: *„Wenn ich bei Kunden unsere Dienstleistung präsentiere, stoße ich mit meiner PowerPoint auf wenig Begeisterung. Ehrlich gesagt: Ich kann die Folien selbst auch nicht mehr sehen … Ich hoffe, dass wir besser in Kontakt kommen, wenn ich unsere Services auf einem Flipchart oder Whiteboard erläutere."*

Deine Erwartungen an das Buch

Und was erwartest du vom Visualisieren? Schreibe drei Gründe auf.
Und am besten versuchst du gleich, auch passende Symbole dazu zu zeichnen!

So viele verschiedene Erwartungen! Kann das alles mit einer Visualisierung erfüllt werden? Zuerst die schlechte Nachricht: Ein Bild *alleine* wird das niemals leisten. Die gute Nachricht ist: In dem *Entstehungsprozess* einer Visualisierung können hingegen viele der oben genannten Wünsche und Erwartungen einen positiven Impuls bekommen!

Die Wertschöpfungsspirale der Visualisierungsarbeit

Welchen Unterschied macht es, wenn wir unsere Gedanken nicht nur in Worte, sondern auch in Bilder fassen? Stellen wir uns zuerst ein Meeting vor, in dem Menschen an einem Tisch sitzen und „nur" diskutieren. Die Inhalte sind ein ständiges Wechselspiel zwischen Diskutieren und Reflektieren:

Wie du sicher aus eigener Erfahrung weißt, besteht die Gefahr, dass man sich in einer solchen Gruppendiskussion schnell im Kreis dreht, ohne dass nennenswerte Fortschritte oder gar Wertschöpfung stattfinden.

Aber dann: Einer steht auf … läuft zum Whiteboard … und fängt an, das Gesagte zu visualisieren! Was passiert? Vereinfacht gesagt, wird aus dem Hin und Her der Worte eine Spirale:

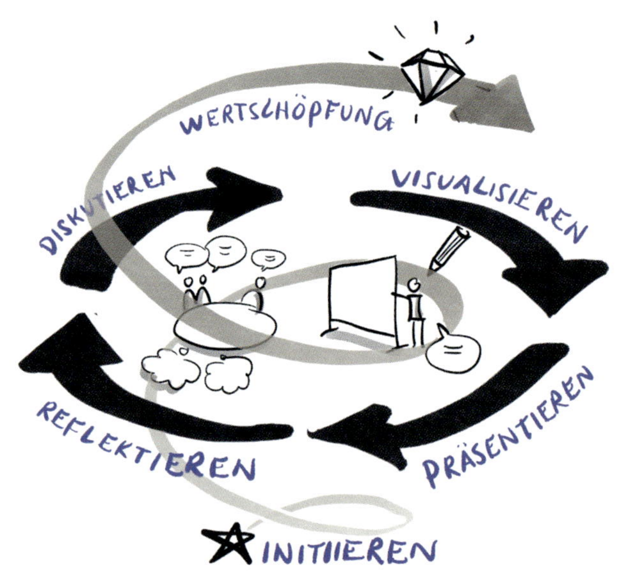

Im Setting dieser Darstellung agieren mehrere Personen miteinander. Diese Wertschöpfungsspirale funktioniert aber auch, wenn eine Person für sich selbst ihre Gedanken zeichnerisch festhält. Du wirst feststellen, dass in deinem Kopf eine ähnliche Dynamik stattfindet wie in einem Meeting-Raum! Die Interaktion zwischen den Diskussionsteilnehmern und dem großen Bild an der Wand ist ähnlich wie die Interaktion zwischen deiner inneren Stimme und deiner Skizze!

Initiieren

Wie kann eine Visualisierung dabei helfen, den Einstieg in eine Gruppendiskussion zu zu finden?

Problemstellung aufmalen
Für die meisten Meetings gibt es bereits im Vorfeld eine Agenda. Häufig kommt es jedoch vor, dass die Gruppe anfängt, über Themen zu sprechen, die gar nicht auf der Tagesordnung stehen. Die wesentlichen Punkte des Treffens kommen dann am Ende zu kurz. Wenn das Kernthema und eine oder mehrere Fragen bereits zu Beginn des Treffens groß auf ein Flipchart gemalt sind, hilft das der Gruppe, auf dem richtigen Pfad zu bleiben.

Einführende Wörter visualisieren
Nicht immer sind Meetings strikt geplant. Vielleicht sind die Teilnehmer spontan zusammengekommen – zum Beispiel als Reaktion auf ein Ereignis, ohne eine klare Vorstellung, welches Ergebnis angestrebt wird. Es herrscht nur ein unbestimmtes Gefühl, dass „etwas" beredet werden sollte. Ergreift jemand das Wort, um „nur ein paar einführende Worte" zu sprechen, ergeben sich daraus oft gute Anknüpfungspunkte für eine Visualisierung und damit für die weitere Diskussion: Was war der Anlass dafür, das Meeting zu initiieren? Wer sitzt mit welcher Erwartung am Tisch? Welche Ängste oder Hoffnungen sind mit dem Treffen verbunden?

Teilnehmende „abholen"
Oft werden in Meetings oder Workshops keine neuen Ideen entwickelt, sondern sie bauen auf früheren Arbeitsergebnissen auf. Wer bereits vorher in einem früheren Arbeitsschritt eine Visualisierung gemacht hat, kann dieses Bild nutzen, um die bisherige Arbeit zu rekapitulieren und eventuell neue Teilnehmende „abzuholen". Wenn keine Visualisierung der Vorarbeit vorliegt, kann es sich lohnen, im Vorfeld des Meetings eine erste Skizze zu zeichnen und als Initialzündung des nächsten Schrittes vorzustellen.

Diskutieren

Wie beeinflusst ein Bild das Diskussionsverhalten?

Weniger Redundanz und besseres Zuhören
Ohne visuelles Protokoll wird von manchen Diskussionsteilnehmern immer wieder die gleiche Botschaft wiederholt, weil sie befürchten, dass ihre Statements sonst keine Beachtung finden. Wer aber sieht, dass der eigene Beitrag bereits auf dem Bild an der Wand festgehalten wurde, kann sich entspannen und damit anfangen, anderen zuzuhören oder neue Ideen zu entwickeln.

Fokus
Keine Diskussion läuft immer nur geradlinig ab. Die Teilnehmer schweifen ab und verlieren das Thema aus den Augen. Das ist kein Problem. Abschweifen, Brüche und Themenwechsel gehören manchmal dazu, damit die Diskussionsteilnehmer zu neuen Einsichten kommen. Allerdings sollte klar sein, warum man zusammensitzt und welche Fragen gelöst werden sollen. Wenn das Kernthema bzw. ein oder mehrere Fragen am Anfang einer Diskussion groß dargestellt werden, hilft das der Gruppe immer wieder, auf den Weg zurückzufinden.

Klare, relevante Wortmeldungen
Mimik, Körpersprache und Aktivität der Visualisierer geben ein „Instant Feedback" zur Qualität des Redebeitrags:

- Werde ich akustisch verstanden?
- Kommt der Kern meiner Botschaft rüber?
- Hat meine Botschaft Relevanz für das Bild oder ist sie off-topic?
- Erhält meine Botschaft eine neue Information oder Einsicht oder ist es eine Wiederholung des bereits Gesagten?

Ein aktives Gescribbel bestätigt, dass der Beitrag verstanden wird und wertvoll ist.

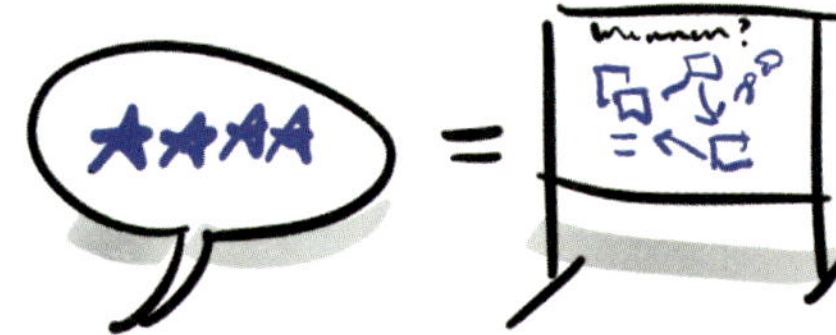

Umgekehrt funktioniert es aber auch: „Nutzlose" Beiträge werden mit einem regungslosen Stift quittiert.

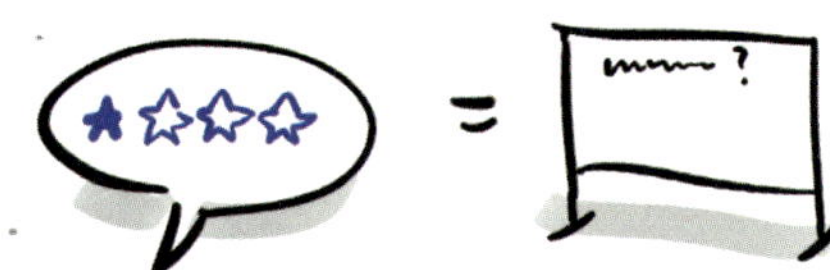

Bullshit-Bingo: Worthülsen enttarnen
Manche Modebegriffe werden so oft benutzt, dass keiner mehr hinterfragt, was genau gemeint ist. Menschen neigen zu „Worthülsen", die sich klug anhören, aber viel Raum für Interpretationen lassen. Da sich Worthülsen schwer zeichnen lassen, hilft das Visualisieren, „Bullshit" zu enttarnen. Nachfragen hilft: *„Was meinen Sie genau mit ‚Reinvent Strategic Networks'? Haben Sie einen Vorschlag, wie ich das zeichnen könnte?"* Oft führt das dazu, dass nicht nur nach einem Bild, sondern auch nach verständlicheren, treffenderen Formulierungen gesucht wird.

Eingespieltes Diskussionsverhalten durchbrechen
Arbeitet eine Gruppe länger zusammen, entwickeln sich häufig feste Rollen und Verhaltensmuster, die auf Dauer einer wertschöpfenden Kommunikation im Wege stehen können. Bestimmten Teammitgliedern wird kaum zugehört, weil alle im Raum zu wissen glauben, was er oder sie sagen wird. Andere sind nicht so eloquent und trauen sich nicht, das Wort zu ergreifen. Kommen Bilder ins Spiel, ändert sich meist auch die eingespielte Dynamik.

Sprache bereichern
Wenn ein Redner Bezug auf ein Bild nimmt, wird er anfangen, anders zu reden. Zum Beispiel weil er …

- auf bestimmte Bereiche zeigt,
- sich an der Struktur des Bildes orientiert,
- die metaphorische Bildsprache aufgreift,
- dem Visualisierer konkrete Instruktionen gibt, was wie abgebildet werden könnte,
- selbst den Stift in die Hand nimmt.

Visualisieren

Oft denken wir beim Visualisieren nur an das Zeichnen. Dabei ist das „Zu-Papier-Bringen" nur der letzte Schritt in einer ganzen Kette mentaler Vorgänge. Ein guter Visualisierer macht vieles gleichzeitig:

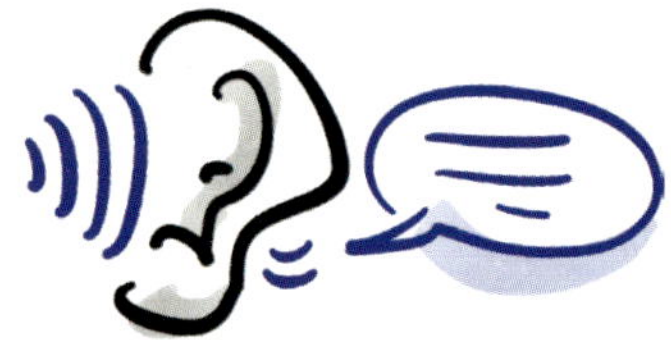

Zuhören
Richtig zuzuhören ist schon schwierig genug. Das Visualisieren erfordert darüber hinaus, das Gesagte zeitgleich in Bilder zu übersetzen. Dabei muss man permament aufmerksam bleiben und darf nicht meinen, bereits nach wenigen Worten zu wissen, was der Redner sagen möchte, oder abschweifen und über die nächsten Schritte nachdenken. Im Laufe der Zeit vervollkommnen Visualisierer ihre Fähigkeit, anhand von Tonlage und Gesprächsdynamik die Aufmerksamkeit gezielt den Rednern zu widmen.

Verstehen
Erst wenn man richtig verstanden hat, was gesagt wurde, kann man es in adäquate Bilder übersetzen. Verstehen ist daher eine Schlüsselkompetenz im Visualisierungsprozess. Natürlich drücken sich Redner nicht immer verständlich aus. Manchmal …

- wird Wissen vorausgesetzt, das nicht alle Anwesenden haben,
- werden Botschaften bis zur Unkenntlichkeit in Amtssprache verpackt,
- gibt es akustische Probleme,
- stehen sprachliche Barrieren im Weg,
- wird um den heißen Brei herumgeredet.

Habe den Mut nachzufragen, wenn du etwas nicht verstanden hast! Meistens bist du nicht der Einzige! Andere Diskussionsteilnehmer sind dankbar, wenn du auf das Verständnisproblem aufmerksam machst.

Filtern & Priorisieren
Nicht alle Gedanken im Kopf oder Worte im Raum können auf Papier abgebildet werden. Zeichengeschwindigkeit und Platz setzen natürliche Grenzen. Und nicht alles Gesagte ist wichtig. Visualisierer filtern beständig Kernbotschaften heraus und heben neue Erkenntnisse hervor.

Das ist schwierig: Wie soll ich wissen, ob das, was mir relevant erscheint, den anderen auch wichtig ist? Insbesondere zu Beginn einer Diskussion ist oft noch nicht erkennbar, welche Relevanz einzelne Inhalte haben.

Struktur und Zusammenhang

Am Beginn einer Visualisierung steht ein leeres Blatt und die Frage: Wie sollen die Informationen räumlich angeordnet werden? Einfach von oben nach unten? Von links nach rechts?

Eine Struktur, die logische Zusammenhänge zwischen den Inhalten darstellt, trägt sehr viel zur „inhaltlichen Wertschöpfung" der Visualisierung bei. Für die Struktur gibt es viele verschiedene Ansätze:

- W-Wörter (Wer, Was, Wann, Wie, Warum)
- Hierarchische Unterteilungen
- Organisatorische Abläufe
- Zeitliche Abfolge (Zeitachse)
- Kausale Verbindungen und Abhängigkeiten
- Räumliche oder geografische Anordnung
- Physische Prozesse oder Materialströme
- Wertungen (Achsendiagramme)
- Analogien (Metaphern)
- ...

» Ab Seite 113 werden wir systematisch auf die verschiedenen Grundstrukturen eingehen.

Zeichnen

Jetzt kommen wir ans Ende der Kette, an der die Gedanken schließlich zu Papier gebracht werden: das Zeichnen und Schreiben.

Viele Leute haben Angst, zu zeichnen. Dabei ist es im Vergleich zum Filtern oder Strukturieren gar nicht so schwierig! Mit ein paar einfachen Tipps und Tricks lassen sich die eigenen zeichnerischen Fähigkeiten wieder auffrischen und verbessern.

» Ab Seite 45 werden wir uns ausführlich dem Zeichnen widmen.

Schreiben

Visualisierungen bestehen aber nicht nur aus Zeichnungen. Die Schrift ist ein ebenso wichtiger Bestandteil (siehe S. 62 ff.).

Bei einer Visualisierung kommt es darauf an, Bild *und* Text sinnvoll zu kombinieren. Es geht nicht darum, Gesagtes in Bilderrätsel zu verwandeln. Genauso wie Bilder dabei helfen, Wörter richtig zu interpretieren, können Wörter dabei helfen, Bilder richtig zu interpretieren. Die Stärke liegt in der Kombination!

Präsentieren

Nur in den wenigsten Fällen ist eine Visualisierung selbsterklärend. Am Ende steht daher meist die Präsentation des geschaffenen Werks. Was gehört alles zu einer guten Präsentation?

Aufbau und innere Logik erläutern
Bevor man die Inhalte des Bildes erklärt, ist es wichtig, den Zuschauern zu erläutern, nach welcher Logik das Bild entstanden ist. Zum Beispiel:

- *„Ich habe die wichtigsten Wortbeiträge zu der Frage ‚Was ist unsere Mission?' nach drei Sub-Fragen sortiert: Was machen wir? Wie machen wir das? Und: Warum machen wir das?"*
- *„Dieses Boot hier ist unser Mutterschiff, die Zentrale. Die Standorte sind die kleinen Schiffe. Wie wir aber gerade gehört haben, fahren manche einen anderen Kurs …"*
- *„Unser Projekt ist eine Bergbesteigung. Oben ist das Ziel. Der Weg dorthin steht sinnbildlich für unseren Projektplan."*

Auf inhaltliche Details eingehen
Sobald alle die dahinter stehende innere Logik verstanden haben, kann man auf die Details eingehen. Zum Beispiel:

- *„Fangen wir einmal mit dem Warum an: Die folgenden Begründungen habe ich festgehalten …"*
- *„Was macht das kleine Speedboot rechts vom Mutterschiff? Es erkundet schnell und wendig das neue Gewässer des asiatischen Marktes."*
- *„Schauen wir uns die Stationen auf dem Weg zum Gipfel doch mal genauer an …"*

Wenn das Bild nur eine sehr grobe Skizze ist, braucht vielleicht jedes Element eine einzelne Erklärung, damit alle gedanklich mitkommen. Wenn die Inhalte klar erkennbar oder beschriftet sind, muss man nicht auf jedes Wort oder Bild eingehen. Du solltest aber auf jeden Fall auf Elemente hinweisen, die …

- du vielleicht noch nicht richtig verstanden hast,
- kontrovers diskutiert wurden oder
- du selbst ergänzt hast, ohne dass sie in der Diskussion explizit von jemandem erwähnt wurden.

Reaktionen prüfen
Wie bei jeder Präsentation ist es auch beim Vorstellen einer Visualisierung wichtig, den Kontakt mit den Zuschauern zu halten. Je schöner und „fertiger" eine Visualisierung aussieht, desto schwerer fällt es den Teilnehmern, noch „Kritik" anzubringen. In solchen Fällen lässt sich aus der Mimik und Körpersprache der Zuschauenden oft mehr ableiten als aus Wortmeldungen!

Wenn du siehst, dass vielleicht nicht alle gleicher Meinung sind, darf man ehrliches Feedback ruhig provozieren: *„Das hier ist natürlich nur eine Skizze. Und Skizzen sind explizit dazu da, dass sie geändert oder ergänzt werden sollen."*

Nachfragen
Oft ergeben sich spontane Ergänzungen oder Korrekturen aus dem Publikum. Wenn nicht, kann man natürlich auch gezielt nachfragen:

- *„Könnt ihr mit der gewählten Struktur etwas anfangen?"*
- *„Gibt es einzelne Themen, die anders verstanden wurden?"*
- *„Habe ich etwas Wichtiges vergessen, bei dem, was bisher gesagt wurde?"*
- *„Fühlt sich jemand mit seiner Position nicht richtig repräsentiert?"*
- ...

Eigene Erkenntnisse äußern
Als Visualisierer setzt man sich intensiv mit Inhalten auseinander. Durch das Filtern und Strukturieren der Informationen werden manchmal Lücken aufgedeckt oder Unstimmigkeiten offengelegt, die zu neuen Erkenntnissen führen. Zum Beispiel:

- *„Ich habe ganz viele Vorteile für das Unternehmen abgebildet. Aber wie sieht es eigentlich aus mit den Vorteilen für die Mitarbeiter? Das fehlt mir noch im Bild."*
- *„Hier oben im Baum sind die Früchte, die Ergebnisse der Innovationsinitiative. Vielleicht können wir die noch etwas besser strukturieren ... Welche sind zum Beispiel ‚Low hanging Fruits', die zeitnah und ohne viel Aufwand gepflückt bzw. realisiert werden können?"*
- *„Als ich die Prozessphasen aufgezeichnet habe, ist mir etwas aufgefallen: Diese beiden Phasen laufen zum Teil parallel, oder täusche ich mich ...?"*

Wenn man diese Ideen teilt, sind sie oft eine gute Anregung für den weiteren Verlauf der Reflexion und Diskussion.

Reflektieren

Wie hilft das Bild, sich intensiv mit dem Gesagten auseinanderzusetzen?

Missverständnisse aufdecken, ergänzen, korrigieren
Die Visualisierung ist in gewissem Sinn ein „Spiegel" für die, die bisher geredet haben, und zeigt, wie ihre Inhalte von jemand anderem wahrgenommen wurden. Häufig zeigt der Spiegel ein etwas anderes Bild als das, was ursprünglich gedacht war. Das heißt aber nicht, dass der Visualisierer etwas „falsch" gemacht hat. Kommunikation ist, was beim Empfänger ankommt. Gut möglich, dass nicht nur der Visualisierer, sondern auch andere Teilnehmer der Runde den Redebeitrag anders verstanden hatten.

Perspektivwechsel
Redebeiträge werden von jeder Person am Tisch, je nach Rolle oder Charakter, unterschiedlich gefiltert und bewertet. Führungskräfte haben andere Prioritäten als Sachbearbeiter. „Gestalter" schätzen Risiken anders ein als „Verwalter". Es ist oft nicht so leicht zu verstehen (und zu akzeptieren!), dass das, was für die eine Person richtig ist, für eine andere problematisch sein kann. Oft ist es ein erster Schritt zu einer Lösung, beide Perspektiven separat aufzuzeichnen. Dabei geht es nicht um A *oder* B, sondern um A *und* B. Das hilft den Teilnehmenden, die Perspektive zu wechseln und so die Diskussion von „Wer hat recht?" in die Richtung „Was ist richtig?" zu lenken.

Gemeinsam priorisieren und strukturieren
Die meisten von uns werden schon einmal die Erfahrung gemacht haben, dass alle im Meeting-Raum der anscheinend gleichen Meinung waren, aber später trotzdem jeder „sein eigenes Ding" gemacht hat, ohne dass dabei böse Absicht im Spiel war. Anscheinend wurden die Aussagen im Meeting unterschiedlich gefiltert, interpretiert und priorisiert. Das Visualisieren hilft, die verschiedenen Wertungen aufzudecken und gemeinsam einzusortieren.

Spiel & Witz
Es gibt viele wissenschaftliche Studien, die belegen, wie wichtig Spiel und Spaß sind, wenn es darum geht, etwas zu lernen und zu verinnerlichen.

Eine gute Visualisierung hat auch etwas von einem Spiel. Jedes Element stellt Zuschauer vor eine kleine Aufgabe: „Verstehe ich, was dort abgebildet ist? Wie passt das, was dort gezeichnet ist, zu meiner eigenen Vorstellung?" Wie bei einem Puzzle hat der Zuschauer bei jedem Element, das „passt", ein kleines Erfolgserlebnis.

Humor funktioniert ähnlich. Witze basieren oft darauf, dass eine Information anders als gewohnt interpretiert wird. Schafft man es, diese andere, unübliche Interpretation nachzuvollziehen, hat man den Witz verstanden und freut sich.

Assoziieren
Metaphorische Darstellungen regen diese spielerische, humorvolle Auseinandersetzung ganz besonders an.

Beim Anschauen eines Inselarchipels, das die aktuelle IT-Landschaft widerspiegelt, hat der Zuschauer eine Menge kleiner Aha-Erlebnisse und entdeckt lustige Assoziationen ...

- Insel ... = Unternehmensbereich
- Gebäude ... = IT-Lösung
- Alte Ruinen ... = Legacy Systems
- Wege ... = Prozesse
- Brücken ... = Schnittstellen
- Stau ... = Bottleneck
- ...

Ich finde es immer besonders spannend, wenn das Bild anfängt, „zurückzureden". Dann entwickelt sich zwischen dem eigentlichen Thema und der metaphorischen Bilderwelt ein „Ping-pong"-Spiel:

„Warte mal! Zwischen den Inseln gibt es doch bestimmt auch eine Fähre, oder? Das wäre so was wie E-Mail ... Und die Autos sind die Excel-Sheets im Anhang!" Und schon geht man mit neuen Einsichten, klarem Fokus, inspirativer Assoziation oder anderen Anregungen in die nächste Diskussionsrunde, die durch die Visualisierung „getriggert" wurden ...

Wertschöpfung

Bei jedem Durchlauf der Phasen Diskutieren – Visualisieren – Präsentieren – Reflektieren gelangt man zu neuen Einsichten. Man bewegt sich nicht im Kreis, sondern erreicht, wie in einer Spirale, neue Erkenntnisebenen.

Komplexe Zusammenhänge abbilden und verstehen

Vor einigen Jahren war der Begriff „VUCA“ in aller Munde. Die Welt wird zunehmend **V**olatile (unbeständig), **U**ncertain (unsicher), **C**omplex (komplex) und **A**mbigues (mehrdeutig). Das gilt nicht nur für das Umfeld, in dem Unternehmen bestehen müssen, sondern auch für das „Innenleben“ der Firmen selbst. Auch Arbeit wird immer mehr „VUCA“: Hierarchien werden zu Netzwerken. Statt *der einen* Sicherheit gibt es mehrere Wahrscheinlichkeiten. Durchdeklinierte Wasserfallprojekte machen Platz für agile Co-Creation. Die Inhalte, die diskutiert werden, werden dadurch auch immer reichhaltiger und „multidimensionaler“. Wie kann unsere Kommunikation damit Schritt halten?

Jedes Hilfsmittel, das der Multidimensionalität der Information besser gerecht wird (auch wenn es nur ein paar Post-its auf der Wand sind), trägt zum besseren Verständnis bei.

- Bei einem gesprochenen oder geschriebenen Text muss der Empfänger sich das große Bild schrittweise zusammenreimen. Eine visuelle Darstellung kann hingegen gleich im Ganzen erfasst werden.
- In einem Text kann eine Information nur von zwei anderen Informationen flankiert werden (davor und danach). In einem Bild kann über räumliche Nähe, Farbe, Verbindungslinien und Kästchen eine Vielzahl von Zusammenhängen dargestellt werden.
- In einem Text ist die Reihenfolge, in der ein Sender seine Informationen vermittelt und in der ein Empfänger sie empfängt, recht starr. Bei einer Visualisierung hat man jedoch die Möglichkeit, die Reihenfolge, in der die Informationen verarbeitet werden, selbst zu bestimmen und an die eigenen Vorstellungen anzupassen.

Kreative Lösungen entwickeln

Neue, kreative Ideen und Lösungen entstehen meist dann, wenn Wissen, Bilder, Ideen oder andere Elemente auf eine neue, sinnvolle Art und Weise verknüpft werden. Oft fragt man sich, warum man nicht früher darauf gekommen ist! „Kreativitätstechniken" fördern den Prozess des „Neuverknüpfens".

Dabei findet die Entwicklung von Lösungen meist in mehreren Iterationen statt, in einer Wechselwirkung zwischen:

- Chaos (hohe Quantität an Ideen, Assoziationen, divergierende Gedanken) und
- Fokus (Steigerung der Qualität durch Priorisierung, Vertiefung, Aggregieren, konvergierende Gedanken)

Es gibt verschiedene Parameter, die Kreativität positiv oder negativ beeinflussen:

- Bei den einzelnen Teilnehmerinnen: Assoziationsfreude, Wissen, Selbstvertrauen, Motivation, Neugierde
- Innerhalb der Gruppe: Offenheit, Umgang mit Fehlern, Vertrauen, Konkurrenzdenken
- Das physische Umfeld: Arbeitsmaterialien, Inspirationsquellen, Stuhlordnung
- Organisatorische Rahmenbedingungen: Zeitfenster, Mandat, Teamzusammensetzung

Ich stelle den kreativen Prozess daher gerne als chemischen Vorgang dar. Betrachte dein Blatt Papier als ein Reaktionsgefäß, in dem sich Diskussionsbeiträge oder Einfälle zu neuen, kreativen Lösungen verbinden!

Eines der bekanntesten Zitate Albert Einsteins lautet: *„Probleme kann man niemals mit derselben Denkweise lösen, durch die sie entstanden sind."* Wie wäre es, wenn du deine Denkweise von „Worte sprechen" auf „Bilder zeichnen" umstellst?

Vom Denken ins Handeln kommen

Neben dem Visualisieren auf Papier wird der Begriff auch für das Sehen mit dem „inneren Auge" benutzt. Gemeint ist damit die eigene Fantasie oder Vorstellungskraft. Ein rein mentaler Vorgang also, ohne dass dabei Stift, Papier oder Tablet zum Einsatz kommen.

Diese Form des Visualisierens wird oft in der Meditation, Hypnose oder Psychotherapie eingesetzt und zielt darauf ab, über innere Bilder einen Zugang zum Unterbewussten herzustellen. Wenn wir unser Unterbewusstsein durch die Visualisierung auf den gewünschten Zielzustand ausrichten, helfen wir unserem Hirn, unter den Tausenden von externen Reizen, die täglich auf uns einströmen, genau die Impulse zu erkennen, die uns nützlich sein können. Das Visualisieren hilft, das Gehirn so zu „programmieren", dass es bei Entscheidungen die Weichen in Richtung unserer Zukunftsvision stellt.

Dabei gilt: Je konkreter, emotionsgeladener, lebhafter wir uns eine Vorstellung davon machen, wie eine Welt aussieht, in der unsere Wünsche und Bedürfnisse erfüllt werden, desto besser kann uns unser Unterbewusstsein dabei helfen, diese Welt real werden zu lassen.

Beide Ausprägungen des Begriffs „Visualisieren" – also auf Papier und im Kopf – scheinen erst einmal wenig miteinander zu tun zu haben. Auf den zweiten Blick haben sie aber vieles gemeinsam.

Die Änderungen, die in Unternehmen angestrebt werden, sind oft sehr abstrakter Art. Das Zeichnen zwingt einen aber, seine Ideen so bildhaft wie möglich vorzustellen und so konkret wie möglich zu beschreiben.

Schrittweise entwickelt sich aus den einzelnen Bildern in den Köpfen der Teilnehmenden ein gemeinsames Bild auf dem Whiteboard. Es ist der erste greifbare Schritt auf dem Weg zur Realisierung. Wenn sich alle mental darauf einlassen, hilft das, wie bei der Meditation, um ins Handeln zu kommen.

Als ich in 2012 angefangen habe, mich für Graphic Recording und Visual Facilitation zu interessieren, habe ich im Internet nach Büchern zum Thema „Visualisieren" gesucht.

Ich bekam zwei Sorten von Suchergebnissen. Die meisten Links verwiesen auf verschiedene Methoden, etwas zeichnerisch oder grafisch darzustellen. Es gab aber auch Ergebnisse, die sich dem Visualisieren mit dem „inneren Auge" widmeten, also mit dem mentalen Vorgang, sich seine Wünsche und Gedanken konkret und bildhaft vorzustellen. So stieß ich auch auf das Buch „Kreatives Visualisieren", das als „der Bestseller der spirituellen Wunscherfüllung" angepriesen wurde. Es versprach dem Leser das Wissen, *„wie man seine schöpferische Fantasie als Methode bewusst anwendet, um zu erschaffen, was man wirklich will"*.

Das klang verlockend. Mein Interesse für Graphic Recording war ja ausgelöst worden von der Frage, ob ich meine Zeit, die ich bislang als Senior Manager in einem Großkonzern verbracht hatte, nicht schöner und sinnstiftender verbringen könnte. Mit dem Zeichnen von Bildern zum Beispiel. Aber könnte ich das wirklich? Und würde ich, ohne mein festes Gehalt, eine Familie versorgen können?

Und so lag ich zwei Tage später mit dem Buch in der Badewanne und sagte zehnmal laut vor mich hin: *„Meine Zeichnungen helfen Menschen dabei, ihre Ideen in die Welt zu setzen, und ich verdiene damit mein Geld."*

Seitdem ist viel passiert. Zuerst habe ich versucht, eine Diskussionsrunde im Freundeskreis mitzuzeichnen. Bald darauf gab es zufällig eine Gelegenheit, für einen Bekannten einzuspringen, der als Live-Zeichner bei einer Forumsdiskussion angefragt worden war. Als ich einer Freundin davon erzählte, wollte sie wissen, ob ich eine Konferenz, die sie organisierte, zeichnerisch begleiten könnte. Bei diesem Auftrag wurde mir bewusst, dass das, was ich als Mitarbeiter bei Sony und Deutsche Telekom selbst erlebt und gelernt hatte, eine große Hilfe war, um mich in die Situation meiner Kunden zu versetzen und diese passend zu bebildern. Meine ersten Auftraggeber wollten mich nochmals buchen oder empfahlen mich weiter. Schon bald war die Selbstständigkeit keine vage Zukunftsoption mehr, sondern der einzig logische nächste Schritt.

Ob das alles nicht genauso gut ohne das mentale Visualisieren in der Badewanne passiert wäre? Ich sage es mal so: Der Glaube an ein bisschen Magie hat in jedem Fall nicht geschadet!

Spielarten der Visualisierung

Erinnerst du dich an die verschiedenen „Visualisierungsspielarten“ aus dem Stammbaum der Visualisierungsarbeit zu Beginn des Kapitels (s. S. 14)? Jetzt, da wir den Wertschöpfungskreis des Visualisierens näher kennengelernt haben, schauen wir uns die unterschiedlichen Ausprägungen aus dieser Perspektive noch einmal an.

Gedankenskizze

Bei der Gedankenskizze ist die Diskussion auf eine innere Stimme reduziert. Auch muss man sich selbst nicht präsentieren, was man gerade gezeichnet hat. Dafür liegt der Akzent auf dem Visualisieren und Reflektieren. Die Gedankenskizze ist oft eine Vorstufe für eine andere Visualisierungstätigkeit, wie Graphic Recording oder Business Illustration.

Graphic Recording

Der Graphic Recorder protokolliert die Inhalte einer Veranstaltung für die Teilnehmenden. Sein Arbeitsschwerpunkt liegt daher auf dem Visualisieren. Allerdings findet in der Pause meist ein Austausch, also Reflexion und Diskussion, mit den Teilnehmenden statt. Oft wird am Ende der Veranstaltung das fertige Bild der Gruppe präsentiert.

Sketchnotes

Beim Sketchnoting hält der Visualisierer externe Impulse fest, zum Beispiel aus einem Vortrag oder einer Forumsdiskussion – in erster Linie für sich selbst, Präsentieren und Reflektieren spielen eher selten eine Rolle.

Visual Facilitation

Bei der Visual Facilitation werden alle Phasen der Wertschöpfungsspirale in kurzen Zyklen (und oft gleichzeitig) durchlaufen. Im Dialog mit den Teilnehmenden entsteht während eines Workshops oder Meetings ein gemeinsames Bild. Der Visual Facilitator spielt eine zentrale Rolle im Erkenntnisprozess.

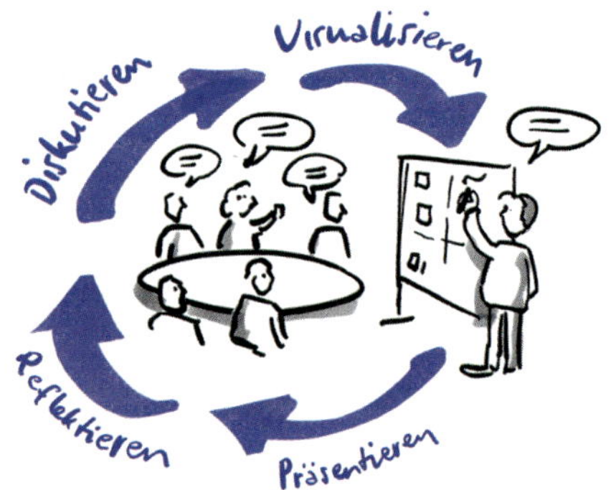

Training
Beim Training steht oft das Präsentieren von Informationen im Vordergrund. Dabei greift der Trainer oft auf Visualisierungen zurück, die er schon vorher angefertigt hat. Manche Trainer zeichnen auch, während sie die Gruppe unterrichten. Die Reflexionen und Diskussionen werden unterstützt, indem Fragen, Kommentare oder Ideen der Kursteilnehmerinnen zu Ergänzungen im Bild führen.

Business Illustration
Um eine Business Illustration zu entwickeln, wird der ganze Wertschöpfungskreis mehrfach durchlaufen. Zwischen Auftraggeber und Illustrator gibt es zuerst ein Briefing, dann Skizzen und Feedback, bevor es zu der finalen Ausarbeitung kommt. Bei der Anwendung der Illustration liegt der Schwerpunkt auf der Präsentation.

Coaching/Beratung
Hier liegt der Akzent oft auf der Reflexion und Diskussion. Berater und Coachs greifen häufig auf vorgefertigte Bilder zurück, statt selbst etwas zu zeichnen. In anderen Situationen wird beim Coaching/der Beratung auch spontan etwas gescribbelt. Das ist dann so etwas wie eine „Gedankenskizze zu zweit“ oder „Visual Facilitation für eine Zweiergruppe“.

Erklärfilm
Auch bei der Entwicklung eines Animationsvideos werden alle Phasen durchlaufen. Das Endergebnis ist, wenn alles stimmt, selbsterklärend und wird meist individuell und zeitversetzt angeschaut. Reflexion und Diskussion finden dann höchstens über die Kommentarfunktion statt.

Einführung – Abschlussübung

In diesem Kapitel wurde vermittelt, wie und warum das Visualsieren die Kommunikation bereichert.

Damit du das Gelernte gleich verinnerlichen oder anwenden kannst, findest du am Ende jedes Kapitels eine abschließende Übung.

Das Visualisieren von „Take-aways" ist eine wirkungsvolle Methode, um Inhalte zu behalten und zu verankern (siehe auch Seite 206). Zeichne das unten stehende Bild ab oder lass dich dazu inspirieren, deine eigenen persönlichen Aha-Erlebnisse zu visualisieren.

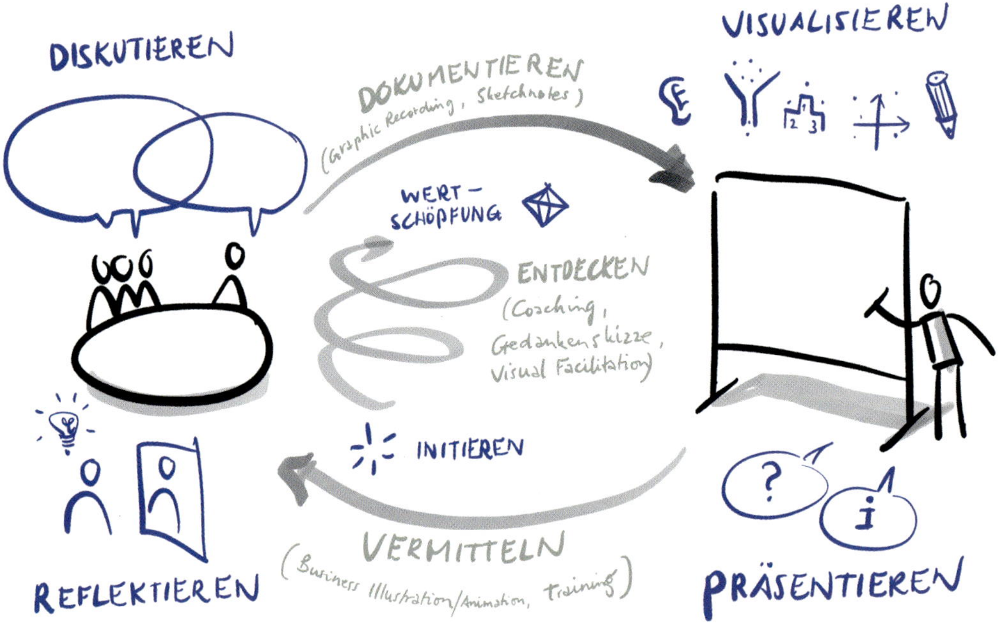

DISKUTIEREN

DOKUMENTIEREN
(Graphic Recording, Sketchnotes)

VISUALISIEREN

WERT-
SCHÖPFUNG

ENTDECKEN
(Coaching,
Gedankenskizze,
Visual Facilitation)

INITIEREN

VERMITTELN
(Business Illustration/Animation, Training)

REFLEKTIEREN

PRÄSENTIEREN

Teil 2

Zeichenmaterialien

(Küchenausstattung)

Im zweiten Teil betreten wir die Bilderküche. Beim Kochen läuft nichts ohne eine solide Grundausstattung. Die brauchst du auch für die Rezepte in diesem Buch: ein paar Stifte, Papier und Klebezettel. Wir werden uns aber auch ambitionierte Küchenmaschinen und Kochutensilien namens iPad Pro und Pro-Create anschauen und uns über die Vor- und Nachteile digitaler Hilfsmittel Gedanken machen.

Ausstattung & Ausbaustufen

Wenn es darum geht, deine Visualisierungsküche auszustatten, empfehle ich, mit einer überschaubaren Auswahl an Stiften und Materialien anzufangen. Wenige Stifte reichen schon, um die meisten kommunikativen Herausforderungen visuell zu meistern. Wenn du auf den Geschmack gekommen bist, kannst du deine Ausstattung Schritt für Schritt gezielt erweitern und neue Möglichkeiten erkunden.

Minimalausstattung

Im nächsten Teil werden wir die grafischen Bausteine einer Visualisierung nicht nur kennenlernen, sondern auch anhand von kleinen Übungen direkt aufs Papier bringen. Notfalls kannst du diese Übungen auch mit einem Kugelschreiber oder Bleistift auf Schmierpapier machen, wenn das alles ist, was du gerade zur Hand hast. Allerdings sieht das Ergebnis besser aus (und es macht mehr Spaß), wenn du dir die folgenden Materialien schon mal bereitlegst.

- Marker in den Farben Schwarz, Grau und Hellblau
- Ein A4-Skizzenbuch (ohne Linien) oder ein Stapel Kopierpapier

Starter-Set

Wenn du nicht nur die einfachen Übungen machen willst, sondern schon die ein oder andere größere Visualisierung anfertigen möchtest, ist es empfehlenswert, folgende Materialien zu besorgen:

- Marker in den Farben Rot, Orange, Gelb, Grün, Himmelblau, Lila, Pink
- Ein extra dicker Marker in den Farben Grau und Hellgrau
- Farbige Kreide
- Großer Zeichenblock (mindestens DIN A2)
- Kreppklebeband
- Post-its

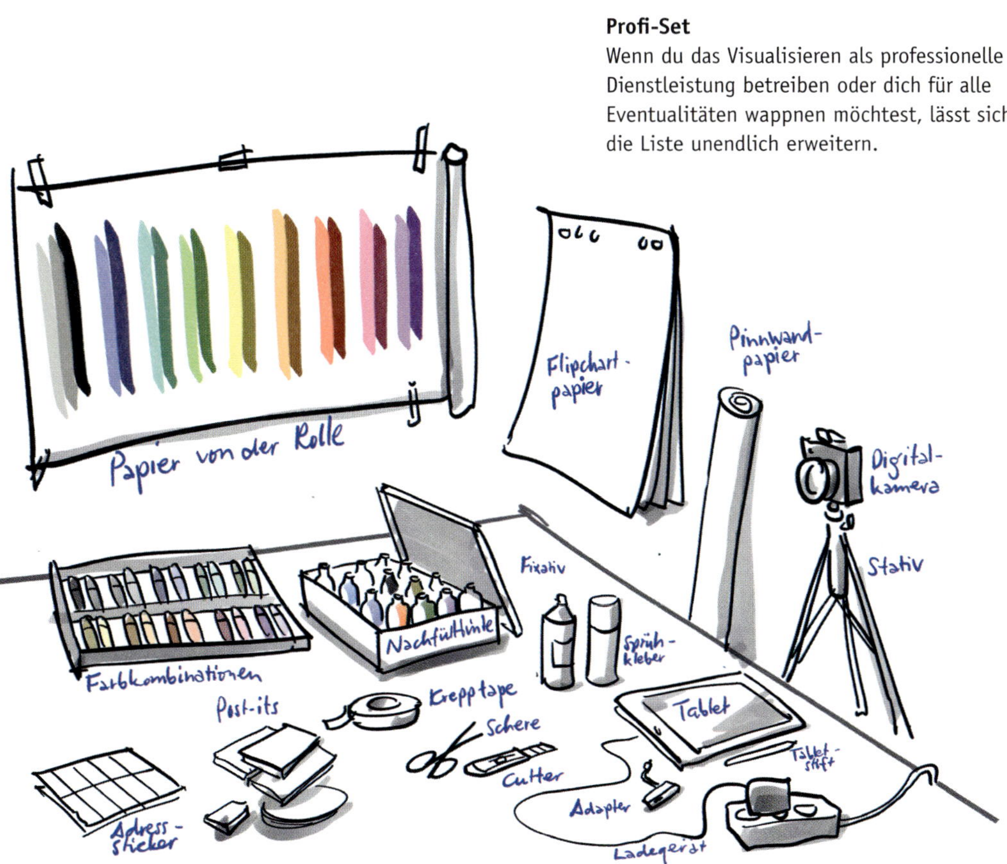

Profi-Set

Wenn du das Visualisieren als professionelle Dienstleistung betreiben oder dich für alle Eventualitäten wappnen möchtest, lässt sich die Liste unendlich erweitern.

Persönlich arbeite ich gerne mit Markern in folgenden Farbkombinationen:

- Schwarz, Grau, Hellgrau
- Dunkelblau und Pastellblau
- Petrol und Türkis
- Dunkelgrün und Pastellgrün
- Braun und Ocker
- Gold und Sand
- Dunkelrot und Lachsrosa
- Brombeere und Pink
- Dunkellila und Pastelllila

Zusätzlich gibt es in meinem Rollkoffer noch:

- Extra dicke Marker (für Farbflächen)
- Nachfülltinte (für viel benutzte Farben)
- Haftzettel (in verschiedenen Größen)
- Papier von der Rolle
- Flipchart-Papier
- Pinnwandpapier
- Kreppband (zum Aufhängen von Papier)
- Taschentücher (zum Einreiben von Kreide oder Auftupfen von Tinte)
- Adresssticker (zum Korrigieren)
- Schere und Cutter
- Fixativ (Fixieren von Kreide)
- Sprühkleber (zum Aufziehen von Papier)
- Digitalkamera & Kamerastativ (zum Abfotografieren von Ergebnissen)
- iPad, Ladegerät, Beamer-Adapter (für digitales Arbeiten)

Stifte & Kreide

Es gibt Marker in allen möglichen Variationen mit unterschiedlichsten Farben, Tinten und Spitzen: Bevor du dich für den Kauf eines größeren Satzes entscheidest, lohnt es sich, mit den verschiedenen Varianten zu experimentieren.

Rundspitzen
Marker mit einer einfachen runden Spitze sind allgemein bekannt und einfach zu handhaben. Nachteilig ist, dass die Stifte nur sehr geringe Variationen bei der Strichstärke ermöglichen. Aus der Ferne wirken die Linien möglicherweise zu dünn.

Keilspitzen
Eine Keilspitze ist rechteckig geformt und meist schräg abgeschnitten. Je nachdem wie man den Stift auf dem Papier aufsetzt, kann man verschiedene Linienstärken zeichnen. Auch kalligrafische Effekte sind möglich, indem eine Spitzenkante konsequent in eine Richtung aufgesetzt wird. Diese Stifte eignen sich gut für größere Formate, für Farbflächen und Schatten, die aus der Ferne sichtbar sein müssen. Mit dünneren Strichstärken lassen sich Details abbilden oder auch Visualisierungen auf kleineren Papierformaten erstellen.

Pinselspitzen
Pinselspitzen laufen spitz zu und sehen einem Pinsel ähnlich. Die Liniendicke ändert sich abhängig von Druck und Strichrichtung. Ich mag die Stifte, insbesondere wenn ein künstlerisch ansprechendes Ergebnis erzielt werden soll. Für Sketchnotes, die eher auf einem kleinen Format angefertigt werden, eignen sie sich sehr gut. Für die intensive Nutzung auf größeren Flächen (also viele dicke Linien oder größere Farbflächen) sind sie meiner Meinung nach schlechter geeignet, weil sich die Spitzen recht schnell abnutzen.

Kombistifte
Es gibt auch Stifte auf dem Markt, die Keil- und Pinselspitze an zwei Seiten kombinieren. So ist man für alle Fälle gewappnet. Allerdings muss man ständig aufpassen, auf welcher Seite man den Stift gerade geöffnet hat. Und das Nachfüllen der Tinte ist nicht so leicht wie bei anderen Stiften.

Tinte auf Wasser- oder Alkoholbasis?
Die meisten Stifte enthalten Tinte auf Wasserbasis. Sie sind günstig, geruchsneutral, drücken nicht durch und eventuelle Flecken auf Händen oder Kleidung lassen sich auswaschen. Für die Arbeit in Sketchbüchern, auf Flipcharts oder großen Papierwänden sind sie daher ideal. Sogenannte „Outliner" sind nicht wasserlöslich, sodass Konturlinie und Farbfläche nicht ineinander laufen. Ein Nachteil von wasserlöslicher Tinte ist, dass die Tinte leicht verschmiert, insbesondere auf glatten Oberflächen.

Permanent-Marker oder Marker mit Tinte auf Alkoholbasis trocknen schneller und haften besser. Normales Papier saugt aber sehr viel dieser Tinte auf, dadurch können die Marker auf die darunterliegenden Seiten, den Tisch oder die Wand durchdrücken. Außerdem trocknen sie ohne Deckel sehr schnell aus.

Aufbewahren und mitnehmen
Es gibt viele Mäppchen und Kistchen speziell für Marker. In Gegensatz zu Etuis oder tiefen Kartons behält man mit flachen Kartons eine gute Übersicht über die Stifte und findet sie leicht. Tipp: Lege die Stifte, die du gerade beim Zeichnen benutzt, in den Deckel des geöffneten Kartons, damit du sie schnell bei der Hand hast.

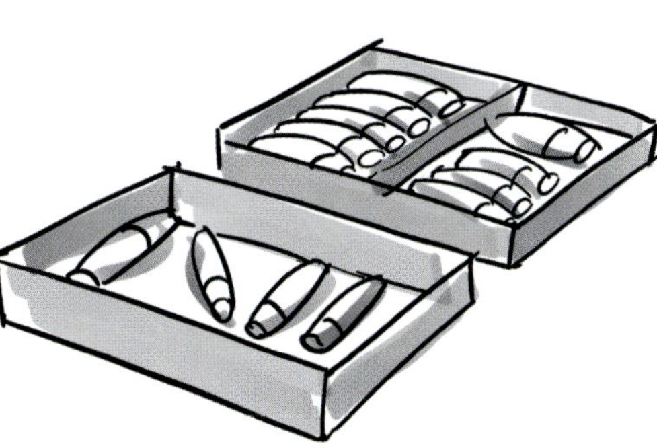

Nachfüllen
Egal, um welche Art von Spitzen und Tinte es geht: Achte darauf, dass deine Stifte nachgefüllt werden können. Bei intensiver Nutzung ist das nicht nur umweltfreundlicher, sondern auch günstiger.

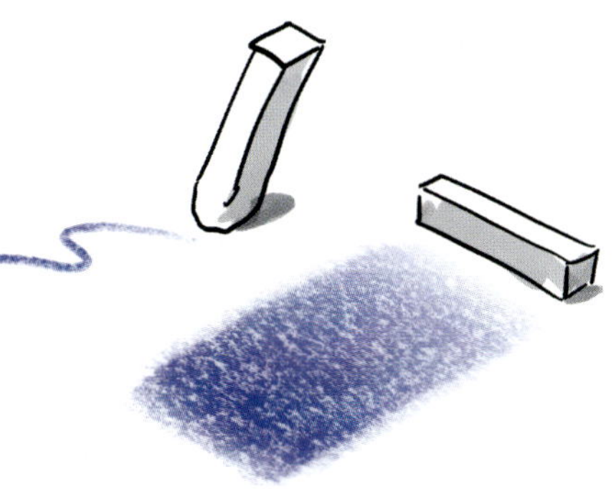

Pastellkreide
Für größere farbige Hintergrundflächen empfiehlt sich Kreide. Pastellkreide lässt sich mit einem Taschentuch schnell verreiben, wodurch eine gleichmäßige Oberfläche entsteht. Ich nutze Pastellkreide auch, wenn ich etwas vorzeichnen möchte. Die helle Pastellkreide sieht man kaum und sie lässt sich mit einem Papiertuch leicht wieder wegwischen. Ein Nachteil von Pastellkreide ist, dass sie leicht verschmiert oder abfärbt. Um das zu vermeiden, muss man die Kreide einreiben oder die Arbeit zum Schluss mit Fixativ besprühen.

Ölkreide
Mit Ölkreide kann man auch großflächig arbeiten, aber die Farben lassen sich weniger gut vermischen, einreiben oder ausradieren. Ihr Vorteil ist, dass die Kreide weniger staubt und besser auf glattem Papier haftet.

Papier

Ein schlichtes Blatt Papier griffbereit in der Nähe zu haben, ist in einer digitalisierten Welt längst nicht mehr selbstverständlich. Sollte in deinem Besprechungsraum weder Flipchart, Whiteboard, Pinnwand oder Smartboard zu finden sein, so solltest du dir umgehend eins bestellen (und das Papier gleich dazu!). Halte die Hemmschwelle für das spontane Visualisieren von Gesprächssituationen so niedrig wie möglich.

Kopierpapier
Am besten ist ein Vorrat an DIN A4- oder A3-Kopierpapier in der Büroschublade. Einzelne Blätter nehmen den Druck, gleich finale, druckfertige Bilder zeichnen zu wollen. Gelungene Visualisierungen laden förmlich dazu ein, aufgehängt zu werden, damit die Inhalte präsent bleiben.

Skizzenbuch
Alternativ kannst du dir auch ein DIN-A4-Skizzenbuch besorgen. Für manche ist ein schickes Buch verbunden mit der Vorstellung, es von vorne bis hinten vollzuzeichnen, eine wichtige Motivation, um „dranzubleiben".

Haftzettel
Post-its kann man nie genug haben! Beim Visualisieren spielt das Filtern, Priorisieren und Strukturieren von Informationen eine zentrale Rolle. Dieser Prozess wird erleichtert, wenn die einzelnen Informationen auch als einzelne „Bröckchen" vorliegen, die man aufhängen, umhängen, zusammenfügen oder verwerfen kann.

Mittlerweile gibt es Haftzettel in unzähligen Formaten, Farben und Formen. In den meisten Fälle komme ich mit Post-its von 7,5 x 12,5 cm prima klar: Die Größe reicht, um einzelne Schlagworte oder Symbole auch aus der Ferne erkennen zu können. Gleichzeitig sind sie klein genug, damit eine Menge davon auf ein Flipchart oder eine Pinnwand passen.

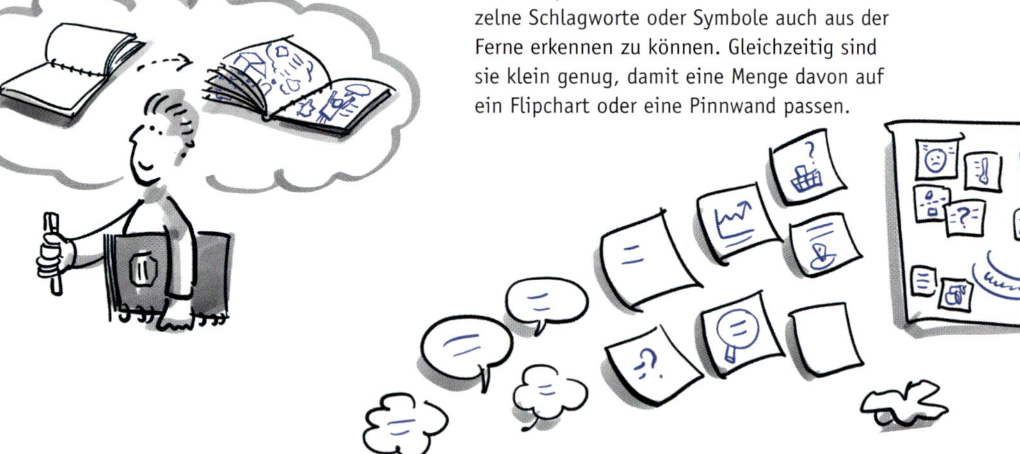

Flipchart
Der Klassiker in fast jedem Meeting-Raum. Viele Flipchart-Blöcke haben ein vorgedrucktes Raster. Fürs Schreiben ist das vielleicht hilfreich, aber beim Zeichnen stören die Punkte oder Linien eher. Wenn man den Block umdreht und auf die Rückseite des Papiers zeichnet, stören sie weniger. Sollte man sich doch am Raster orientieren wollen, reicht meistens das, was von der Rückseite noch durchschimmert.

Pinnwand
Wer eine komplexe Situation visualisieren möchte, wird auf einem Flipchart schnell an die Grenzen des Papiers stoßen. Dann sind Pinnwände ideal für die Arbeit mit größeren Bildern oder Arbeits-Templates. Achtung: Häufig gibt es nur braunes „Packpapier". Das mag als Hintergrund für Moderationskarten gut geeignet sein, für Zeichnungen ist es aber oft zu dunkel. Achte auch darauf, dass die Oberfläche nicht zu glatt ist, sonst verschmiert die Tinte beim Zeichnen.

Papier von der Rolle
Fast jeder Meeting-Raum hat eine weiße leere Wand, die sich wunderbar in eine schier unendliche Arbeitsfläche verwandeln lässt, indem man sie mit Papier von der Rolle beklebt. Ich nutze häufig Zeichenpapier mit 160g/m^2 von der Rolle, 1,5 Meter breit und bis zu 10 Meter lang.

Digital

Der digitale Siegeszug
Der Einzug der Tablet-Computer ins Büro hat dem digitalen Zeichnen den Weg geebnet. Auch die einfache Zeichenfunktion in PowerPoint erlaubt es, kleine Skizzen zu machen. Mit der Einführung des iPad Pro und des Apple Pencil wurden die Möglichkeiten, digitale Zeichnungen mit der Hand anzufertigen, noch viel beeindruckender. Was vorher nur Grafikern mit teuren Zeichenprogrammen und digitalem Zeichenbrett vorbehalten war, ist jetzt für jeden realisierbar.

Viele professionelle Graphic Recorder und Visual Facilitators haben bereits vor einigen Jahren angefangen, auch digital zu arbeiten. Bei Live-Veranstaltungen kann die Entstehung des Bildes auf einer Leinwand oder einem großen Monitor mitverfolgt werden.

Die Coronakrise hat viele von uns gezwungen, von zu Hause aus zu arbeiten. Meetings, Workshops und Veranstaltungen wurden in den virtuellen Raum verlegt. Das digitale Visualisieren hat dadurch einen enormen Schub erfahren.

Auch ich arbeite zunehmend digital. Die Zeichnungen für dieses Buch sind ausnahmslos auf meinem iPad Pro entstanden.

Ausstattung
Was braucht man, wenn man digital visualisieren möchte?

- Tablet (z.B. iPad Pro)
- Tabletstift (z.B. Apple Pencil)
- Zeichen-App (z.B. ProCreate)
- Ladegerät mit hoher Leistung
- Beamer-Adapter (z.B. Lightning auf HDMI).

Die technische Entwicklung ist so rasant, dass vieles, was ich heute dazu schreiben könnte, schon bald überholt wäre. Wer sich detaillierter über den aktuellen Stand von Tablets und Zeichen-Apps informieren möchte, wird mit einer Google-Suche nach „digital visualisieren“ schnell fündig.

Digital ist einfacher

Digital gibt es eine riesige Auswahl an virtuellen Stiften, Farben und malerischen Stilen. Darüber hinaus ist vieles möglich, was mit Stift und Papier kaum oder gar nicht geht:

- Rückgängig machen und ausradieren
- Verschieben, verformen und multiplizieren
- Zeichenhilfen für geometrische Formen und Perspektiven
- Arbeiten in mehreren Ebenen
- Importieren von Bildern und Fotos
- Exportieren von Bildern oder Animationen für die weitere Nutzung und Verarbeitung in anderen Programmen

Ist man einmal mit den technischen Funktionen und Hilfsmitteln vertraut, ist es leichter, auf dem Tablet ein „schönes" Bild zu machen als mit Stift auf Papier.

Digital und/oder analog?

Trotz der Vorteile der digitalen Lösung wird das analoge Zeichnen nicht verschwinden. Im Gegenteil. Wie du im vorherigen Kapitel erfahren hast, trägt nicht nur das Bild an sich, sondern auch der Entwicklungsprozess in hohem Maße zur Wertschöpfung bei. In Gruppen lässt sich dieser interaktive Entstehungsprozess oft besser mit analogen als mit digitalen Tools gestalten. In dieser durchdigitalisierten Welt freut man sich über haptische Ergebnisse!

Ich habe mich daher entschieden, dieses Buch aus der Perspektive des analogen Visualisierers zu schreiben, auch wenn vieles davon sich mit einem Tablet umsetzen lässt. Wenn du auf einem Tablet arbeiten möchtest, empfehle ich, die Übungen in diesem Buch sowohl digital als auch analog durchzuführen, damit du nachher auch auf Papier arbeiten kannst.

In Kapitel 7 werde ich auf das digitale Visualisieren bei Live-Veranstaltungen und Videokonferenzen näher eingehen (siehe S. 218 ff.). Dort findest du Beispiele, wie analog gezeichnete Ergebnisse digital weiterverarbeitet werden können. Oder umgekehrt: wie digitale Informationen und Vorlagen in analoge Visualisierungsprozesse einfließen können.

Zeichenmaterialien – Abschlussübung

Ein „Kanban-Board“ hilft, Projekte zu planen und deren Fortschritt zu verfolgen. Zuerst wird die Herausforderung in kleinere Aufgaben unterteilt und auf Post-its festgehalten, dann deren Reihenfolge priorisiert. Je nach Bearbeitungsstatus wandern die Zettel von links nach rechts.

Kreiere dein eigenes Kanban-Board zu dem Projekt „Visualisierungsausstattung“.

WUNSCHLISTE	RECHERCHE/ AUSPROBIEREN	KAUFEN	DONE
dicke Marker	Kreide	Skizzen-buch	Schwarzer Marker
Sprüh-kleber	Farbige Marker	Flipchart-papier	Post-its
Tablet	Nachfüll-tinte	Zeichen-block	A4-papier
Digital-Kamera	Papier-rolle		
Stativ	Ordnungs-kiste		
photo-shop			

Teil 3

Visualisierungsbausteine
(Zutaten)

Jetzt bitte Hände waschen, Schürze anlegen und Ärmel hochkrempeln: Es geht los! In diesem Teil plündern wir den Vorratsschrank und räumen den Kühlschrank leer: Wir lernen alle Zutaten kennen. Auf dem Visualisierungsmenü stehen sowohl die Basics wie Linien, Grundformen und Buchstaben als auch „Leckereien" wie Figuren, Symbole, Gegenstände und Emoticons. Abgeschmeckt wird mit Schatten und Farbe und garniert wird mit einem passenden Rahmen.

Bildsprache – die verlernte „Muttersprache"

Noch bevor wir lesen und schreiben konnten, haben wir (fast alle) gezeichnet. Doch kaum in die Grundschule angekommen, wird der Kugelschreiber zum Kuckucksjungen und werden die Buntstifte aus dem Nest geworfen. Innerhalb kürzester Zeit verdrängt das Schreiben das Zeichnen als bevorzugte Methode, seine Gedanken auf Papier zu bringen. Spätestens ab der Oberstufe gilt das Zeichnen dann eher als kindisch, nicht seriös genug.

Weil das Zeichnen in der Schule nur noch nach „künstlerischem" Maßstab beurteilt wird, wird ihm die Alltagstauglichkeit genommen. Der praktische, kommunikative Nutzen des Zeichnens führt fortan ein Schattendasein. Die als Kind gelernten Fähigkeiten verkümmern langsam, statt dass sie lebendig gehalten werden und mit den kommunikativen Herausforderungen im Job mitwachsen. Zum Glück lässt sich das korrigieren!

Wer eine einmal gelernte Fremdsprache nie mehr spricht, gerät aus der Übung. Reisen wir aber in ein Land, in dem man auf die Sprache angewiesen ist, werden schlummernde Fähigkeiten (re-)aktiviert und man lernt Neues wie von selbst dazu. Am Anfang denkt man noch in der Muttersprache und übersetzt seine Gedanken Wort für Wort. Im Laufe der Zeit traut man sich dann auch, direkt in den ungewohnten Klängen zu formulieren, ohne den Umweg über die Muttersprache zu gehen.

Ein Visualisierungstraining ist praktisch wie eine Sprachreise ins Ausland. Die Teilnehmer müssen von Anfang an zeichnen, zeichnen und noch mal zeichnen. Sie haben gar nicht die Gelegenheit, sich von der Theorie oder eigenen Ängsten ausbremsen zu lassen. Hemmungen werden in der Gruppe spielerisch überwunden und die meisten bekommen schnell wieder Vertrauen in die eigene visuelle Ausdrucksfähigkeit.

Damit du hier nicht nur theoretisches Wissen ansammelst, sondern das Gelernte auch gleich in praktische Erfahrungen verwandelst, streue ich immer wieder Übungen ein. An dieser Stelle bin ich daher streng:

Nur wer Stift und Papier zur Hand hat, darf jetzt weiterblättern!

Solltest du (noch) keine schönen Marker und edles Papier zur Hand haben: Auch mit einem Kugelschreiber und der Rückseite der Telefonrechnung darfst du ins Land der Visualisierer eintreten …

Das ABC der Bildsprache

So wie beim gesprochenen oder geschriebenen Wort kann man auch die Bildsprache auf verschiedenen Ebenen betrachten. Wir werden schrittweise die einzelnen Bausteine erkunden und daraus immer detailreichere und anspruchsvollere Bilder entwickeln.

Grundformen (Buchstaben)
Auf der basalen Ebene, vergleichbar mit Klängen oder Buchstaben, gibt es beim Zeichnen einfache Grundformen wie Linien, Kreise und Quadrate.

Bildelemente (Wörter)
Mit grafischen Bausteinen lassen sich einfache Bildelemente zeichnen, die, wie Wörter, vom Hirn gedeutet werden können. Fast alle Gegenstände, Figuren, Gesichtsausdrücke oder Symbole lassen sich auf wenige Striche und Grundformen reduzieren und somit schnell und erkennbar darstellen.

Szenen und Wort-Bild-Elemente (Sätze)
Auf der nächsten Ebene werden aus einzelnen Elementen kleine Szenen gebildet. So wie es für die Zusammensetzung von Wörtern zu Sätzen Grammatikregeln gibt, gibt es auch für Szenen Regeln, die einem dabei helfen, sich verständlich auszudrücken.

Protokolle und Bilderwelten (Aufsätze und Geschichten)
Sätze lassen sich wiederum zu längeren Erzählungen aneinanderreihen. Damit die Geschichte Hand und Fuß hat, braucht es eine klare Erzählstruktur. Genauso braucht es, wenn man Bilderelemente und Szenen in einem großen Bild zusammenstellt, eine klare Bildstruktur. Diese kann eher abstrakt oder eher bildhaft-konkret sein.

Die „Zutaten“ in diesem Kapitel drehen sich um das Erlernen der ersten zwei Level. Im darauf folgenden Kapitel zur „Zubereitung“ werden wir diese dann zu komplexeren Visualisierungen kombinieren.

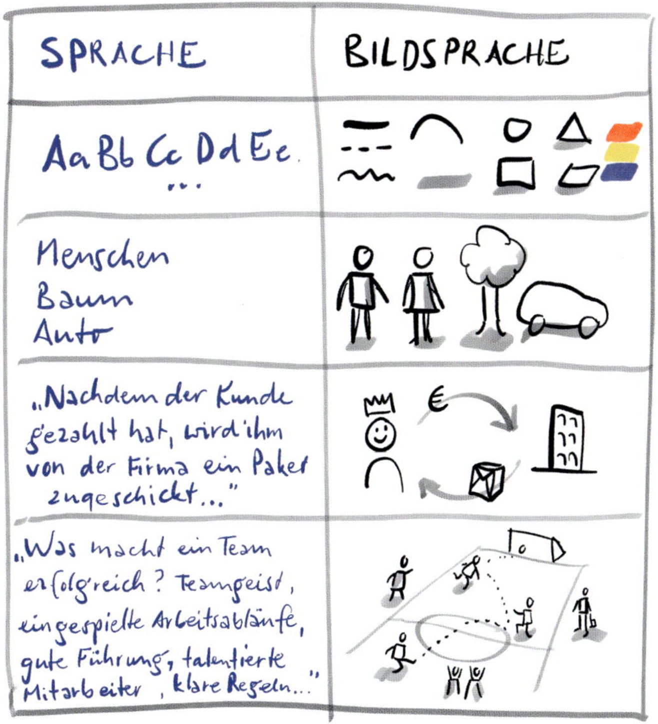

SPRACHE	BILDSPRACHE
AaBbCcDdEe ...	
Menschen Baum Auto	
„Nachdem der Kunde gezahlt hat, wird ihm von der Firma ein Paket zugeschickt ...“	€
„Was macht ein Team erfolgreich? Teamgeist, eingespielte Arbeitsabläufe, gute Führung, talentierte Mitarbeiter, klare Regeln ...“	

Linien

Eine laute, klare Stimme nimmt der Zuhörer eher wahr als leises Gemurmel. Eine regelmäßige, gut lesbare Schrift wirkt überzeugender als eine „Sauklaue". Eine Zeichnung mit klaren Linien und deutlichen Formen wird positiver wahrgenommen als ein Bild mit unsicheren, dünnen Strichen. Wir werden also zuerst eine „selbstbewusste", klare Linienführung üben.

Zeichne unterschiedliche Linien:

- gerade und krumme Linien
- so breit wie möglich/so dünn wie möglich
- vertikal, horizontal, diagonal
- geschwungen, zickzack, gestrichelt ...

Stiftwinkel & Handposition

Experimentiere mit verschiedenen Stiftwinkeln und Handpositionen. Versuche, bei Keilstiften mal die breite, mal die schmale Seite auf dem Papier anzulegen.

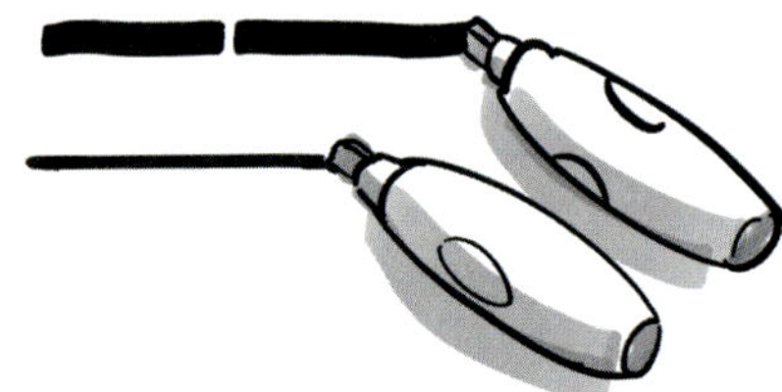

Hand-Augen-Koordination

Wenn du auf einem großem Papier arbeitest, bewegst du nicht nur die Hand, sondern den ganzen unteren Arm. Schau nicht auf deine Hand, sondern auf die Stelle, zu der du die Hand hinbewegen möchtest.

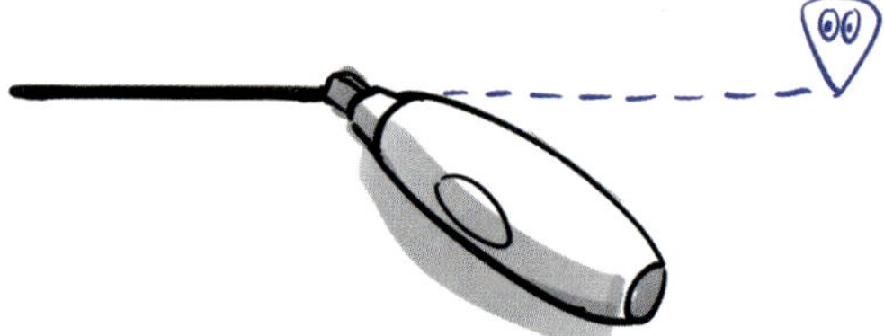

„Ziehen" vs. „Schieben"

Es ist einfacher, gerade Linien in eine Richtung zu zeichnen, wenn die Hand eine ziehende Bewegung macht, anstatt den Stift „voraus zu schieben". Außerdem vermeidet man so, dass die eigene Hand die frischgezogene Linie verschmiert.

Grundformen

Im zweiten Schritt füllen wir unseren Visualisierungsbaukasten mit verschiedenen Grundformen und Grundkörpern. Wie mit Legosteinen können wir damit später die ganze Welt abbilden. Nebenbei üben wir auch schon einmal eine ausgewogene Verteilung auf dem Blatt.

Verhältnis von Strichstärke und Objekt
Die Strichstärke soll zur Größe der Grundform passen: größere Objekte mit einem dicken Strich, kleinere Objekte mit einem dünnen Strich.

Nicht unnötig korrigieren!
Durchgestrichene oder doppelt gezogene Linien stören den „Fluss" und lenken nur die Aufmerksamkeit auf vermeintliche „Fehler". Ohne „Gepfusche" fällt es weit weniger auf, dass das nicht ganz so gemeint war.

Selbstbewusstsein vermitteln
Ziehen Sie die Linie in einer Bewegung komplett durch, nicht „zerstückeln" oder „haarig" zeichnen. Lieber eine „krumme" selbstbewusste Linie als ein „korrigierter" unsicherer Strich.

Schattierungen

Der graue „Schattenstift“ ist *die* Geheimwaffe der Visualisierer. Sie erlaubt es, mit nur ein bis zwei Strichen Tiefe und Räumlichkeit herzustellen. Jede Arbeit sieht damit auf Anhieb professioneller aus. Wenn ich Teilnehmer zum Schluss eines Trainings nach ihrem Aha-Erlebnis frage, ist der Einsatz des grauen Stifts immer dabei.

Der Eigenschatten ist der Schatten auf dem Objekt selbst. Dieser gibt einem Körper Form und Volumen.

Der Schlagschatten ist der Schatten, der in den Raum geworfen wird. Dieser sagt etwas über die räumliche Position des Objekts.

Flächig und flott
Nimm für den Schatten einen breiteren Stift als für die Linien deines gezeichneten Objekts. Ein flotter, skizzenhafter Strich wirkt besser als eine krampfhaft ausgemalte Fläche. Mehrmaliges „Versuchen“ führt zu unregelmäßigen, dunklen Grautönen.

Konsequent ausrichten
Bei mehreren Objekten auf einem Blatt sollte der Schatten im Prinzip immer gleich ausgerichtet sein. Stell dir eine Sonne links oder rechts oben auf dem Blatt Papier vor. Ausnahmen sind natürlich möglich, zum Beispiel wenn jemand vor dem Bildschirm sitzt oder wenn zwei Personen einander zugewandt sind.

Schnell und erkennbar zeichnen

Weniger ist mehr

Unser Hirn ist unglaublich geübt darin, sich auf Basis von sehr wenigen Informationen die ganze Welt zusammenzureimen. Stell dir vor, du stehst auf dem Berliner Fernsehturm und schaust über die Stadt. Auf Basis von ein paar Lichtwellen, die dein Auge erreichen, meinst du, eine ganze Stadt wahrzunehmen! Die gleiche Fähigkeit erlaubt es dir, in nur wenigen Strichen und Formen auf einem Papier einen Menschen zu erkennen, der ein Auto mag.

Die Kunst ist, diesen „natürlichen Vorgang" nicht zu stören. Viele Details hindern uns nur daran, das Bild in unserem Kopf zu vervollständigen. Schlimmstenfalls lenken sie auch noch ab oder stiften Verwirrung.

- *„Die Frau hat eine Tasche in der Hand – sie freut sich aufs Einkaufen!"*
- *„Also Sie meinen: Frauen lieben nur Mercedesfahrer?"*

Auf Grundformen aufbauen

Fast alle Figuren, Gegenstände oder Symbole lassen sich schon mit wenigen Grundformen darstellen, ergänzt durch ein paar Linien und Schatten.

Reihenfolge

Vor allem für Anfänger ist es manchmal schwierig, in welcher Reihenfolge sie die einzelnen Elemente zeichnen sollen. Durch eine bestimmte Abfolge der Zeichenstriche können jedoch Fehler vermieden und die Zeichengeschwindigkeit gesteigert werden. Bei den Beispielen auf den nächsten Seiten hilft dir eine einfache Farbkodierung, die Grundformen zu erkennen und die Abfolge nachzuvollziehen.

1. Die in Magenta eingefärbten Elemente werden zuerst gezeichnet. Oft ist das die eigentliche Grundform, an der sich alles Weitere orientiert.

2. In einem dunklen Lila wird die Figur dann mit weiteren Grundformen und Linienelementen vervollständigt.
3. Zum Schluss kommt der Schatten. In den folgenden Beispielen ist dieser auch in Lila.

Diese Farben sind nur als Zeichenhilfe gedacht. Du kannst die Beispiele natürlich weiterhin in Schwarz und Grau oder anderen passenden Farbkombinationen abmalen und anwenden.

Menschliche Figuren

Bilder mit menschlichen Figuren haben einen viel größeren Impact als Bilder ohne diese. Die menschlichen Figuren lenken unsere Aufmerksamkeit auf das Bild. Darüber hinaus helfen sie dabei, uns mit dem Geschehen zu identifizieren und uns schnell im Bild zu orientieren:

- Für wen stehen die Figuren im Bild?
- Bin ich selbst dabei?
- Welche Informationen sind für mich am relevantesten?
- Aus welchen anderen Perspektiven könnte das Bild auch noch betrachtet werden?

Bevor du eine Figur zeichnest, überlege dir, was du zum Ausdruck bringen möchtest. Erst dann folgt die Auswahl einer Form sowie der wesentlichen Merkmale, die transportieren, was vermittelt werden soll – nicht mehr, aber auch nicht weniger! Als grundlegende Orientierung können folgende Darstellungsformen und Beispiele dienen:

Neutrale Darstellung

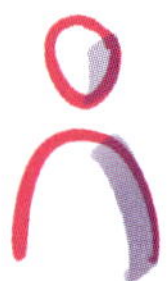

Häufig geht es nur darum, „irgendeinen Menschen" oder „irgendwelche Menschen" darzustellen. In dem Fall sind einfache Figuren aus Bögen und Kreisen die schnellste Lösung. Dank Schattenstrich verwandeln sich die Linien in Körper mit Volumen. Es wirkt am besten, wenn Kopf und Rumpf sich nicht berühren.

Körperliche Haltung, Bewegung und Körpersprache

Wenn du eine bestimmte Haltung oder Bewegungen zum Ausdruck bringen möchtest, braucht es eine Figur mit einem ganzen Körper. Kopf und Rumpf lassen sich einfach mit einem Kreis und einem abgerundeten Rechteck darstellen. Für die Arme und Beine reichen einfache Striche oder spitz zulaufende Gliedmaßen.

Hände und Füße werden nicht oder nur rudimentär angedeutet. Wenn du Schwierigkeiten hast, dir eine Figur in einer bestimmten Haltung vorzustellen, spiele die Situation einfach nach und beobachte dabei deinen eigenen Körper.

Der Schlagschatten zeigt, ob die Figur auf einem Untergrund steht, über dem Boden schwebt oder sich vor einer Wand befindet.

Emotionen
Meistens tun wir so, als ob unser Handeln von objektiven Überlegungen gesteuert würde. In der Realität bestimmen aber oft Emotionen unsere Aktionen und Reaktionen. Mit einem einfachen „Emoji" kannst du schnell Freude, Verwirrung, Widerstand, Angst, Stress oder Scham visualisieren. Viele Emotionen lassen sich mit der einfachen Kombination aus Augenbrauen und Mündern charakterisieren. Spicken ist erlaubt! Lass dich von den Emojis auf deinem Handy inspirieren!

Bestimmte Rollen oder Tätigkeiten
Menschen in einer bestimmten Rolle oder bei einer bestimmten Tätigkeit erkennt man oft an ihrer Kleidung oder an Gegenständen, die sie benötigen. Dafür reicht es meist aus, nur den Oberkörper darzustellen.

Geschlecht, Ethnie und Alter

Generell sollte man versuchen, Figuren möglichst neutral zu zeichnen, um auf diese Weise so wenig Menschen wie möglich auszuschließen. Manchmal aber – zum Beispiel für die Darstellung von Zielgruppen oder spezielle Nutzungsszenarien – ist es wichtig, die Figuren klar differenzieren zu können. Mit wenigen Körpermerkmalen (wie Haarlänge, Taille, Schulterbreite, Kopfgröße, Hautfarbe oder Haltung) lassen sich Geschlecht, Ethnie oder Alter andeuten.

Dynamik

Über Körperhaltung und Gesichtsausdruck sollte so viel Dynamik wie möglich dargestellt werden. Mit kleinen Strichen, Tropfen und Schattenlinien können Bewegungen und Emotionen anschließend noch verstärkt werden.

Ich weiß: Das Visualisieren bedient sich jeder Menge Klischees. Natürlich darfst du auch ein Mädchen mit kurzen Haaren und einer Hose zeichnen. Das könnte aber leicht falsch interpretiert werden ... Aber dafür habe ich leider auch keine optimale Lösung parat.

Wie fühlst du dich gerade? Oder was hast du heute schon alles getan? Zeichne einfach einmal drauflos!

Die große Stärke menschlicher Figuren ist die Möglichkeit, sich mit ihnen zu identifizieren. Zu viel Identifikation führt aber auch zu neuen Problemen. Für ein Beratungsunternehmen habe ich einmal ein großes Plakat gezeichnet, anhand dessen die angebotenen Dienstleistungen potenziellen Neukunden erklärt werden sollten. Der Auftrag lief wie geschmiert. Doch ganz zum Schluss musste das Bild dann doch noch durch einige Abstimmungsschleifen. Und das nur wegen einer winzigen Szene …

In der ursprünglichen Skizze wurde das Thema „Regelmäßige Abstimmung zwischen Beraterteam und Kunde" sehr einfach dargestellt. Alle fanden es gut so.

Nach der Ausarbeitung hieß es bei der telefonischen Abnahme dann: *„Moment mal! Unser Beratungsteam besteht aus zwei Frauen und einem Mann! Können Sie das bitte korrigieren? Und kundenseitig sollen mindestens genauso viele Personen zu sehen sein wie von uns. Sonst wirken wir zu dominant."* (Ich: *„Kein Problem, das kann ich verstehen!"*)

Am nächsten Morgen: *„Das ging ja schnell. Das mit der Brille passt auch. Herr Dumont sieht tatsächlich so aus. Können Sie vielleicht die anderen beiden Personen auf unserer Seite des Tischs so zeichnen, dass sie ein bisschen wie Frau Tillmann und Frau Brand aussehen? Ich schicke Ihnen zwei Fotos mit."* (Ich: *„Klar, das werde ich versuchen."*)

Kurz bevor das Bild zum Drucker musste: *„Danke schön. Das Team war begeistert. Aber eine Frage haben wir noch … Wenn Herr Dumont ein Jacket trägt, soll der Kunde nicht hemdsärmlig dasitzen … ließe sich das noch schnell ändern?"* (Ich: *„Schaffe ich noch!"*)

Am Ende konnten sich dann alle im Bild wiederfinden. Ich kann es natürlich nachvollziehen, dass sich jeder richtig repräsentiert fühlen möchte. Aber das geht in einer einfachen Skizze oft besser als bei einer Darstellung mit vielen Details. Je ungenauer und unspezifischer die Figur ist, desto mehr Menschen können sich problemlos mit ihr identifizieren. Auch für Figuren gilt: Weniger ist oft mehr!

Basis-Bildvokabular

Du wirst beim Visualisieren schnell merken, dass du auf einige Motive immer wieder zurückgreifst. Auf den nächsten fünf Seiten findest du eine bunte Mischung an Bildern, die du stets aufs Neue einsetzen kannst. Viele davon sind in ganz unterschiedlichen Bedeutungszusammenhängen nutzbar.

1
2
3
%

Bildvokabular erweitern

Um sich das Grundvokabular der Bildsprache anzueignen, hilft es, Motive mehrmals abzuzeichnen. Es hat aber wenig Sinn, so viele Bilder wie möglich „auswendig" zu lernen. Denn es gibt immer wieder Situationen, die genau nach den Motiven verlangen, die du gerade nicht gelernt hast. Ich möchte dich daher ermutigen, auf deine Intuition zu vertrauen und von Anfang an auch eigene Darstellungsformen zu „erfinden". Am Anfang hilft es vielleicht, sich folgende Fragen zu stellen und so schrittweise sein eigenes Motiv zu entwickeln:

Physische Objekte

1. Was möchte ich zeichnen?

2. Was sind die zwei bis drei wichtigsten optischen Merkmale?

2 x Räder
1 x Kasten

3. Welche Grundform(en) kann ich als Basis nehmen, um das Objekt zu konstruieren?

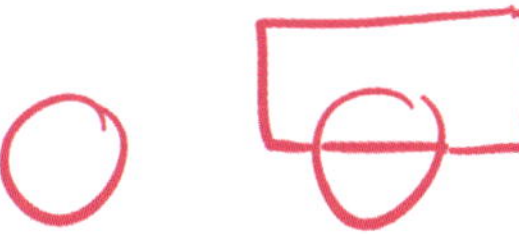

4. Wie bringe ich mit weiteren Grundformen und Linien die optischen Merkmale zum Ausdruck?

5. Braucht es weitere Details zur Erkennbarkeit? Wenn nicht, ist die Zeichnung fertig!

6. Schatten und kleine Akzente, verleihen der Darstellung Körperlichkeit, Räumlichkeit und Dynamik.

Abstrakte Begriffe

1. Was genau möchte ich zum Ausdruck bringen?

2. Welche der Möglichkeiten könnte funktionieren:

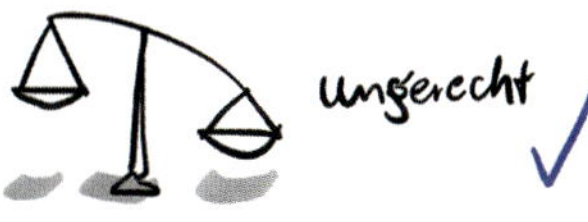

   - Gibt es dazu ein allgemein bekanntes Symbol? (Lass dich dabei von Google oder Emojis inspirieren!)

Sozial

   - Fällt mir eine passende Analogie ein, ein Spruch oder eine Metapher?

"Schere zwischen Arm & Reich"

   - Kann ich den abstrakten Begriff mit einer konkreten Szene illustrieren?

3. Wähle die einfachste Lösung, oder kombiniere mehrere Ideen in einem neuen Motiv.

Beschriften

Eine häufiger „Anfängerfehler“ besteht darin, plötzlich nur noch zeichnen zu wollen. Visualisieren ist jedoch zeichnen *und* schreiben!

Beschriftung von „Wort-Bild-Elementen“
Die meisten Bildelemente können mehrdeutig interpretiert werden. Mit einer passenden Unterschrift können Missverständnisse und zeitraubendes Rätseln vermieden werden.

Bild- und Text-Hierarchie
Bedeutung und Größe der Buchstaben sollten zusammenpassen: je wichtiger der Text, desto größer und dicker die Buchstaben.

Schriftgröße und Linienstärke
Achte darauf, dass die Strichstärke zu der Größe der Buchstaben passt.

„Kalligrafische“ Schrift
Wenn du einen Stift mit Keil- oder Pinselspitze benutzt, achte darauf, den Stift so zu halten, dass die vertikalen Striche breiter sind als die horizontalen.

ÜBERSCHRIFT
Kernbegriffe
Bildunterschriften
Zitate oder Erklärungen

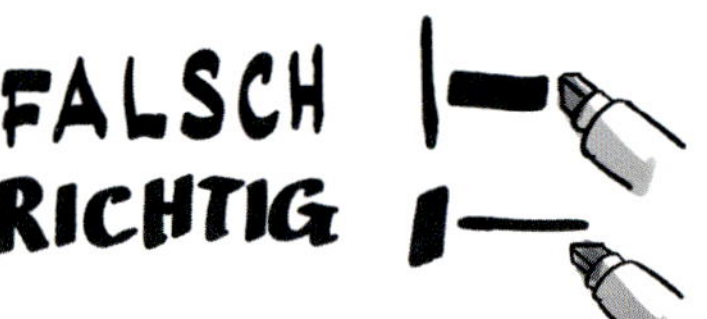

1. Gestalte eine der folgenden Möglichkeiten:
   - kurzer Steckbrief zu deiner Person,
   - eine Stellenbeschreibung oder
   - ein Kochrezept.
2. Nutze dazu mindestens drei verschiedene Schriftgrößen.
3. Illustriere den Text mit passenden Symbolen.

Textcontainer

„Container" sind eine effektvolle und schöne Möglichkeit, Text und Bild zu kombinieren oder um die Aufmerksamkeit auf Überschriften zu lenken. Schon ein einfaches Banner hebt eine Überschrift auf dem Flipchart hervor. Es gibt unzählige Formen, die sich als Textcontainer eignen und gleichzeitig etwas über den Inhalt vermitteln.

Zuerst schreiben, dann zeichnen
Möchte man längere Worte oder gar Sätze in einen Textcontainer schreiben, werden zuerst die Begriffe aufgeschrieben und erst dann wird die Grundform gezeichnet. So passt der Text immer in den Rahmen.

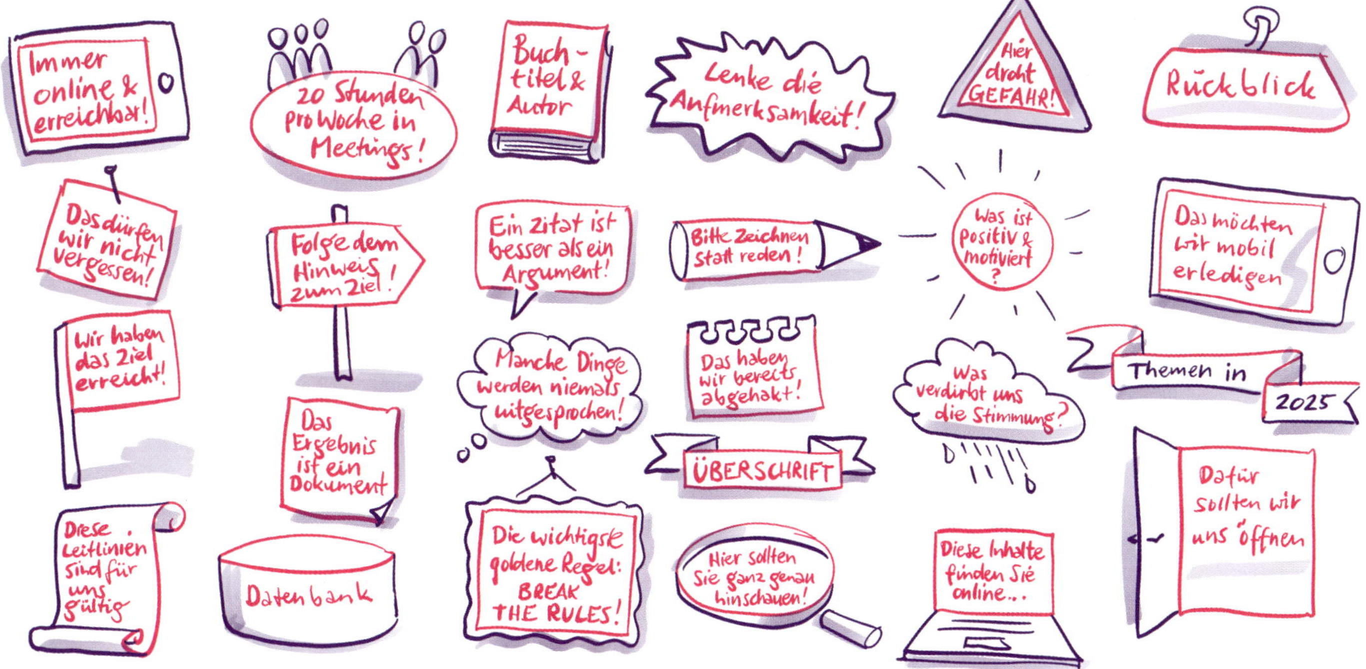

Wort-Bild-Elemente kombinieren

Im Arbeitsumfeld gibt es viele Themen, die relativ abstrakt sind oder die sich nicht auf ein Bild reduzieren lassen. So wie du aus einzelnen Worten Sätze bilden musst, um dich verständlich auszudrücken, kombinieren wir auch einzelne Figuren, Gegenstände, Symbole und ggf. Beschriftungen zu kleinen Szenen. Ich nenne dies „Wort-Bild-Elemente".

Wie visualisiert man zum Beispiel die Aussage *„Die Zusammenarbeit zwischen der R&D und der Marktforschungsabteilung soll verbessert werden"*? Sie können dabei grundsätzlich auf drei verschiedene Arten vorgehen:

Wort für Wort in Bild für Bild „übersetzen"
Wer eher in Worten als in Bildern denkt, neigt dazu, zu jedem einzelnen Begriff ein Bild zu suchen, um diese Bilder dann zusammenzusetzen. Das sieht dann manchmal so aus …

Es entsteht eine Art „Bilderrätsel", das – selbst für Insider – nur schwer zu entschlüsseln ist. Im Vergleich zu einem ausgeschriebenen Satz ist es keineswegs leichter zu lesen und so gibt es auch keinen Zeit- oder Verständnisgewinn. Daher rate ich von dieser „Methode" ab. Wie aber dann?

Metaphorische oder symbolische Darstellung
Bei diesem Ansatz suchen wir zunächst nach einer Metapher, die den Kern der Thematik erfasst. In diesem Beispiel könnte die Zusammenarbeit von zwei Zahnrädern, die ineinandergreifen, dargestellt werden.

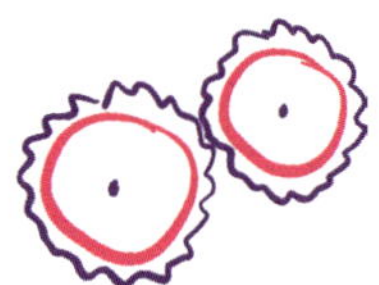

Jetzt kann man mit Worten oder weiteren Symbolen diese Zahnräder als die Abteilungen für R&D und Marktforschung kenntlich machen. In der gewählten Bildsprache lässt sich das „Verbessern" durch eine Ölkanne symbolisieren, die den reibungslosen Ablauf fördert.

Dieses Bild ist in sich rund und auf einen Blick zu erfassen. Der Betrachter wird sich freuen, die Metapher verstanden zu haben, und sich deshalb besser an das Thema erinnern.

Konkretisieren

„Zusammenarbeit“ ist ein abstrakter Begriff und schwer darzustellen. Wäre es nicht viel besser, zu klären, wie eine bessere Zusammenarbeit konkret aussehen würde? Frage dich selbst oder deine Teamkollegen, was sie unter einer besseren Zusammenarbeit genau verstehen! Das hilft nicht nur dabei, passende Bilder zu finden, sondern auch inhaltlich zu einem besseren Verständnis zu kommen.

Regelmäßige Meetings, um Ideen und Erkenntnisse auszutauschen?

Einfach mal öfter zusammen einen Kaffee trinken?

Oder gemeinsam durchgeführte Prototypen-Tests mit Kunden in bestimmten Marktsegmenten?

ÜBUNG

Welche Herausforderung beschäftigt dich gerade im Job? Denke über drei bis vier aktuelle Herausforderungen nach und experimentiere mit unterschiedlichen symbolischen und konkreten Visualisierungen.

Farbige Objekte und Figuren

Bring – wortwörtlich – Farbe in dein Arbeitsleben!
Aber bevor du einen bunten Stift in die Hand nimmst, solltest du dir überlegen, was du mit der Farbe bewirken möchtest. Nach welcher „Logik" willst du die Farbe einsetzen? Entscheide dich bewusst für *eine* Farblogik, sonst kommt der Beobachter garantiert durcheinander!

Erkennbarkeit vergrößern

Die gelbe Sonne, das rote Feuerwehrauto, der grüne Baum … Mit Farbe kann man sie noch leichter erkennen.

Mach das aber nur, wenn du keinen der folgenden Farbeffekte einsetzen möchtest! Auch ohne „Kolorieren" sind die Bildelemente oft gut erkennbar. Zudem sieht eine bunt ausgemalte Visualisierung schnell wie eine Kinderzeichnung aus.

Unterschiedliche Informationsebenen

Wenn zum Beispiel jeder Text in Blau und alle Pfeile in Orange gezeichnet werden, kann der Beobachter die Inhalte leichter sortieren und die Visualisierung schneller überblicken und „durchschauen".

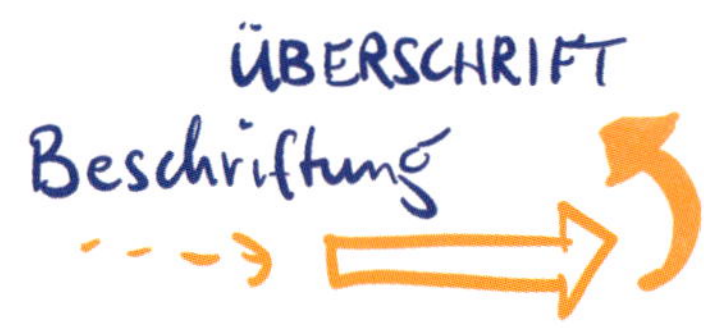

Symbolfarben

Durch die Farbgebung werden die Inhalte mit Wertungen versehen. Zum Beispiel:

- Rot: Stopp, negativ, Gefahr, heiß
- Grün: Go, positiv, umweltfreundlich
- Blau: rational, logisch, technisch, kühl
- Gelb/Orange: emotional, kreativ, Achtung, warm

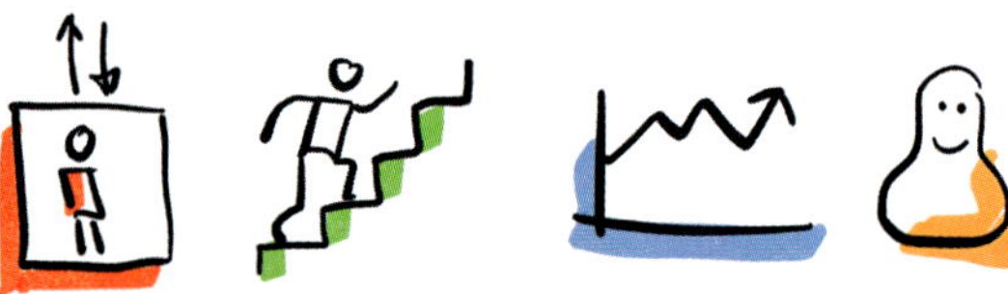

Gruppieren oder verbinden

Im nächsten Kapitel wirst du zudem sehen, dass man in größeren Darstellungen mit Farben Zusammenhänge zwischen einzelnen Figuren, Objekten und Texten herstellen kann, auch wenn sie räumlich voneinander getrennt sind.

Es gibt verschiedene Arten, Bildelemente zu kolorieren:

Ausmalen
Zeichne mit Schwarz zuerst den Umriss und füll die Fläche mit einer Farbe aus. Damit die Tinten sich nicht vermischen, gibt es spezielle „Outliner", deren schwarze Tinte sich nicht auflöst. (Bei der Firma Neuland durch eine orange Hülle erkennbar.)

Farbige Schatten
Damit ein Objekt als farbig wahrgenommen wird, reicht es, wenn du dem Bildelement einen farbigen „Schatten" gibst. Das geht wesentlich schneller als eine Gesamtkoloration und reicht für die Visualisierung vollkommen aus. Nutze dafür eher helle als dunkle Farben.

Farblinien
Wer sich von Beginn an ein Farbkonzept überlegt hat, kann auch die Linienzeichnung mit einem farbigen Stift vornehmen. Dabei sollten eher dunkle Farben genutzt werden. Nimm dann für den Schatten eine passende, hellere Farbe. Auf Seite 38 f. nenne ich einige Markerkombinationen, die für diese Anwendung besonders gut zusammenpassen.

Ein Vorteil der beiden ersten Methoden ist, dass man sich bei der Linienzeichnung noch nicht für ein bestimmtes Farbkonzept entscheiden muss und dass erst später die Farbe hinzukommt.

Titel und Untertitel

Was im Kleinen gilt (Bildelemente brauchen eine Beschriftung), gilt auch im Großen: Eine große, komplexe Visualisierung braucht eine Überschrift, damit der Betrachter das Bild leicht erschließen kann. Oft ist es sinnvoll, am Anfang der Visualisierung den Untertitel zu definieren, dann die Details zu erarbeiten und erst zum Schluss den Titel zu bestimmen.

Der Untertitel: Was zeigt mir diese Visualisierung?
Der Untertitel soll in einem kurzen Satz vermitteln, was auf dem Bild zu sehen ist. Er darf recht sachlich formuliert sein. Zum Beispiel:

- „Grafisches Protokoll der Bereichsversammlung am 23. Januar"
- „Architektur der neuen IT-Infrastruktur"
- „Der Onboarding-Prozess neuer Mitarbeiter"
- „Das Wie und Warum guter Führung in der Gesundheitsversorgung"
- „Wichtigste Inhalte der Präsentation von Prof. Dr. Schneider"

Man könnte sagen, dass der Untertitel die „Systemgrenze" der Visualisierung ist. Ein klarer Untertitel hilft nicht erst beim Anschauen, sondern bereits beim Anfertigen des Bildes. Wer für sich und für die anderen im Raum die „Systemgrenze" des Bildes definiert hat, hat einen ganz wichtigen Schritt hin zu Struktur und Ordnung auf dem Papier getan!

Der Titel: Einladung und Kernbotschaft in einem
Ein guter Titel ist mitentscheidend, ob der Betrachter Zeit und Aufmerksamkeit investieren möchte, um sich das Bild im Detail anzuschauen. Der Titel sollte daher kurz sein und einladend wirken. Inhaltlich muss er nicht alles abdecken, sondern darf sich auf eine wichtige Kernbotschaft konzentrieren. Zum Beispiel:

- „Warum wir immer dümmer werden"
- „Wir schaffen das!"
- „Schneller, stabiler, billiger"
- „Welcome to the future"
- „We're in the people business"

Oft wird die wichtigste Aussage erst gegen Ende der Diskussion oder Präsentation klar. Manchmal bitte ich die Gruppe um Vorschläge für einen passenden Titel. Das hilft, um den Blick noch einmal auf das Wesentliche zu lenken und führt nebenbei zu einer stärkeren Identifikation der Teilnehmenden mit dem Endergebnis.

Lettering

Ein schöner, aufwendig gestalteter Titel in einer passenden Schrift lenkt die Aufmerksamkeit und macht das Ergebnis unverwechselbar. Es gibt ganze Bücher zu diesem Thema. Hier eine kleine Kostprobe:

Hast du ein Lebensmotto? Suche dir aus den untenstehenden Beispielen ein passendes „Lettering“ aus und schreibe deinen Leitsatz in der entsprechenden Schrift:

- Nach welchem „Prinzip“ funktioniert die Schrift?
- Wie sehen nach diesem Prinzip die fehlenden Buchstaben aus?

ZIRKUS Handwriting FUTURE

ZWANZIGER NEGATIV Eng aneinander

Outline Schatten ANGEPASST Neon

BUBBLEGUM Schatten

Zeitung UMRISSE Romantisch

3-dimensional EXTRA BREIT

Der Rahmen

So wie der Untertitel die inhaltliche Systemgrenze deiner Visualisierung definiert, so markiert der Rahmen dein grafisches „Spielfeld".

Der Rahmen am Anfang
Oft lohnt es sich, den Rahmen gleich am Anfang zu zeichnen. Ein schöner Rahmen wertet ein leeres Blatt Papier auf und vermittelt so: *„Das, was hier hineinkommt, ist besonders wertvoll."* Es wird aber nicht nur eine qualitative, sondern auch eine quantitative Erwartungshaltung an die Gruppe kommuniziert: *„Ich erwarte jede Menge Input. Wir sind erst dann fertig, wenn der Rahmen gefüllt ist."*

Der Rahmen zum Schluss
Es gibt aber auch gute Gründe, mit dem Rahmen bis zum Ende der Diskussion zu warten:

- Der Rahmen kann dann passend um die Visualisierung gezogen werden und ist weder zu groß noch zu klein.
- Bei eventuellen Überlappungen muss der Rahmen unterbrochen werden, sonst durchkreuzt er den Inhalt.
- Das Ziehen des Rahmens signalisiert, dass das Ende der Diskussion gekommen ist.

Kein Rahmen
Bilder mit einer abstrakten Grundstruktur (siehe S. 104 f.) sehen ohne Rahmen meist besser aus.

Tipp: Am Papier orientieren
Wenn die Visualisierung das Papier ausfüllt, kannst du dich am Rand des Papiers orientieren. Manchmal hilft es, mit einem Finger am Papierrand entlangzustreifen.

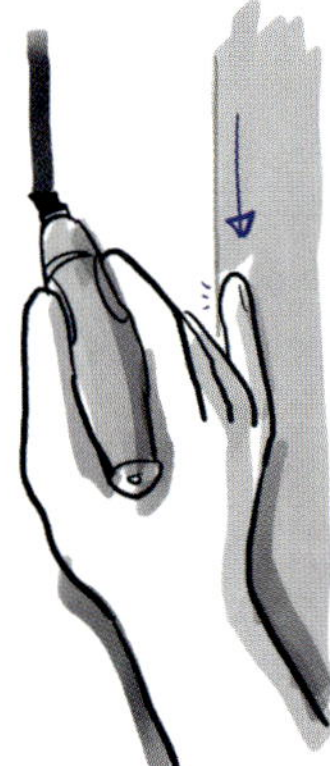

Form

Der Rahmen muss nicht rechteckig sein. Manchmal ist es inhaltlich und grafisch passender, eine kreisförmige oder unregelmäßig geformte Linie zu ziehen.

Überlappung

Wenn es Elemente am Rand gibt, die nicht in die Form hineinpassen, unterbricht man einfach die Linie, damit sie aus dem Rahmen „hinaushüpfen". Das verleiht dem Bild Mehrdimensionalität und Offenheit.

Effekte

Es gibt viele nette Effekte, die dem Bild einen besonderen Kick verleihen können:

- Schatten
- Kreise
- Ecken
- Eselsohren
- „Hinaushüpfen" von Inhalten
- „Zuschauer" vor dem Bild
- Kombinieren von Rahmen und Titel

Farbflächen und Hintergrundfarben

Egal, wie viel man auch zeichnet: Aus der Ferne bleibt Weiß die vorherrschende Farbe – es sei denn, du nutzt die Farbe flächig! Farbflächen und Hintergrundfarben machen das Bild optisch einzigartig und können gleichzeitig dabei helfen, das Bild noch „lesbarer" zu machen.

Elemente hervorheben
Einzelne Elemente können mit einer Farbfläche hervorgehoben werden und so an Bedeutung gewinnen.

Tiefe kreieren
Wenn der Hintergrund mit einer dezenten Farbe abgesetzt wird, legen sich die ausgesparten Bildelemente auf den Hintergrund und kommen so nach vorne. Das Einfärben des Hintergrunds hilft, die Gesamtstruktur leichter erkennbar zu machen.

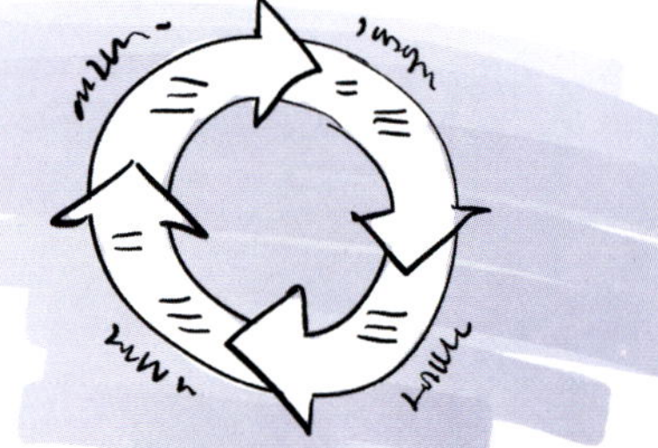

Unterschiedliche Bereiche oder Cluster kennzeichnen
Werden einzelne Bereiche oder Cluster mit einer eigenen Farbe hinterlegt, kann man sie noch besser von den anderen unterscheiden.

Farbperspektive
In einer Landschaft sind die Farben im Vordergrund eher warm (rot, orange, gelb, gelbgrün) und werden nach hinten hin immer kühler (grünblau, blau, lila, violett). Bilderwelten bekommen dadurch Tiefe und Mehrdimensionalität.

Große Flächen mit Kreide
Für größere Farbflächen empfiehlt es sich, Kreide zu benutzen. Dafür gibt es zwei Optionen: Öl oder Pastell (siehe S. 39). Entscheide dich für einen Typ und benutze die Kreiden nicht durcheinander.

Hintergrundfarbe zuletzt
Damit deine Markerspitzen nicht schmutzig werden, ist es besser, die Kreide erst gegen Ende der Visualisierung anzuwenden. Die dunklen Linien der Markerzeichnungen legen sich optisch über die helleren Farben der Kreide, auch wenn diese zuletzt aufgetragen wird. Außerdem ist es „dramaturgisch" immer ein schöner WOW- oder AHA-Effekt, wenn zum Schluss durch die Farbe plötzlich Struktur und Tiefe entsteht.

Glatter Untergrund
Achte darauf, dass die Oberfläche unter dem Papier möglichst glatt ist, damit sich keine Struktur durchdrückt. Alternativ kann man dickeres Papier nutzen oder mehrere Blätter aufeinander legen.

Farbflächen
Damit eine gleichmäßige Farbfläche entsteht, trage die Kreide mit der breiten Seite auf das Papier auf. Bewege dabei die Kreide, ohne zu fest zu drücken, in einer Richtung hin und her (meistens horizontal).

Für Pastellkreide gilt außerdem:

Gleichmäßige Farbflächen: Pastellkreide lässt sich mit einem Taschentuch gleichmäßig verreiben. Zwei Kreidefarben mit ähnlichem Farbton (zum Beispiel Himmelblau und ein bisschen Kobaltblau) können zu einem schönem Farbverlauf gemixt werden.

Ausradieren: Wenn Pastellkreide auf Stellen aufgetragen worden ist, die eigentlich weiß bleiben sollten, kann man zumindest helle Farbtöne mit einem weichen Radiergummi wieder entfernen. Dunkle Farben sind schwerer auszuradieren.

Fixieren: Je gröber das Papier, desto besser lässt sich die Pastellkreide einreiben, damit sie nicht mehr abfärbt. Bei glattem Papier sollte man das Bild zum Schluss mit Fixativ einsprühen.

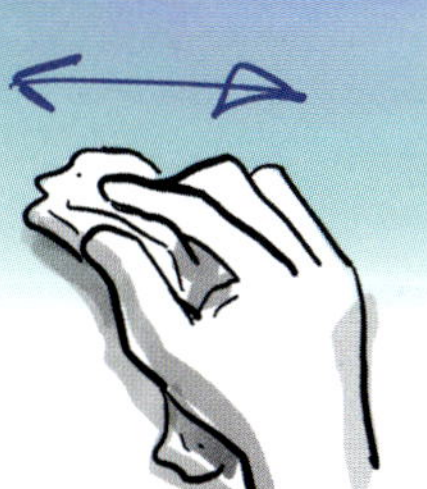

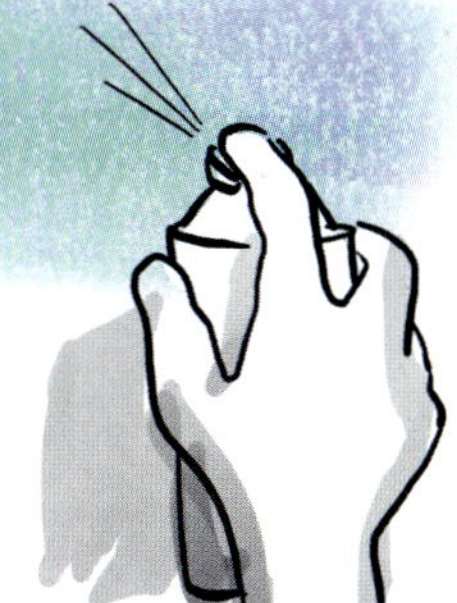

Visualisierungsbausteine – Abschlussübung

ÜBUNG

Zeichne das Bild ab oder lass dich dazu inspirieren, deine eigenen persönlichen Aha-Erlebnisse zu visualisieren.

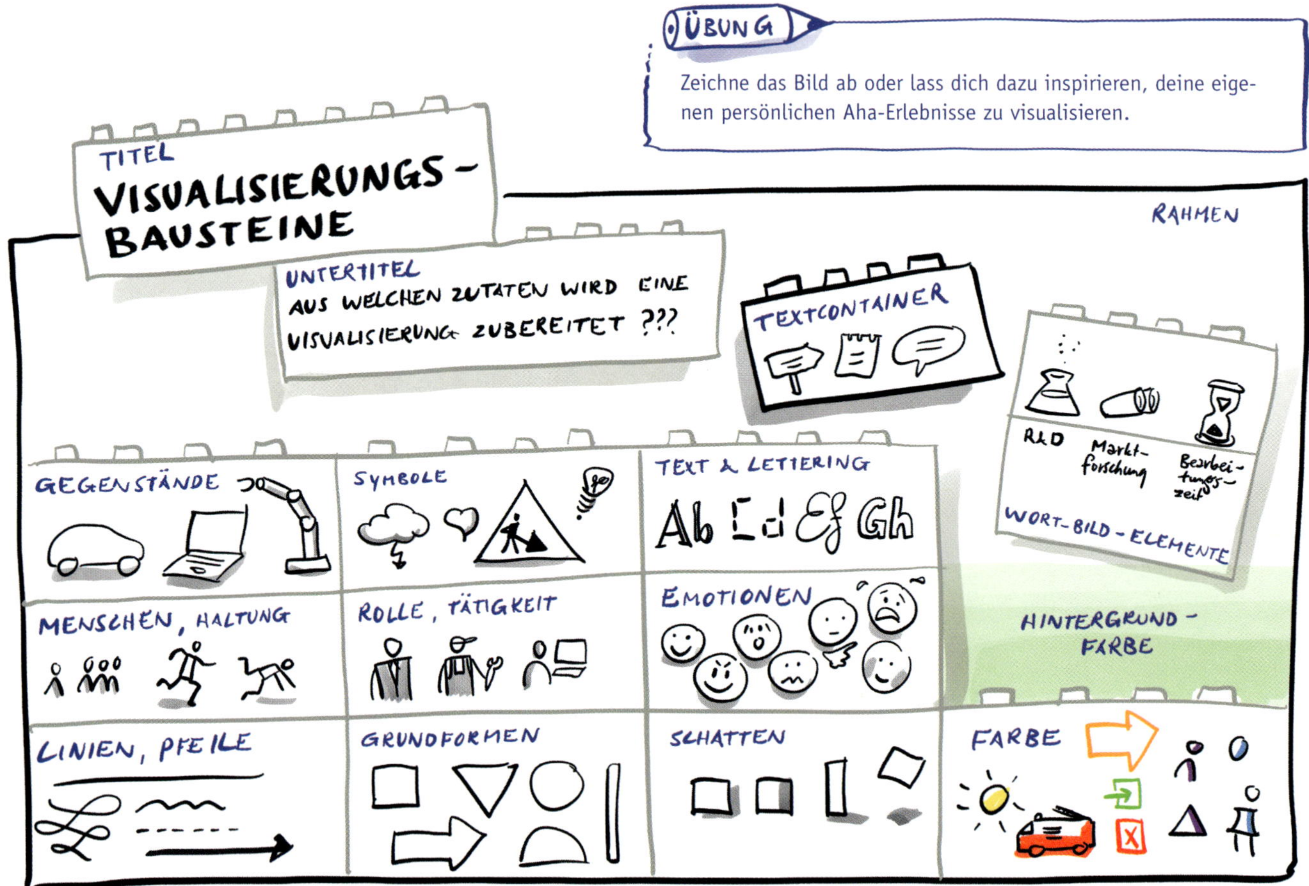

Teil 4

Visualisierungsstrategien
(Zubereitung)

Ein Tisch voller Zutaten ist noch kein Gericht. Genauso wenig ist eine Ansammlung von Wort-Bild-Elementen auf einem großen Blatt bereits eine gute Visualisierung. Für ein wirksames Ergebnis müssen die Zutaten in der richtigen Menge in einer bestimmten Reihenfolge verarbeitet und kombiniert werden.

In diesem Kapitel widmen wir uns daher der Frage: Wie stellen wir zwischen den einzelnen Inhalten Zusammenhänge her, damit das Ganze mehr ist als die Summe der einzelnen Teile?

Zuerst werden unterschiedliche Möglichkeiten erläutert, Inhalte zu strukturieren. Im Anschluss gebe ich dir zehn Strategien an die Hand, mit denen du eine zusammenhängende Visualisierung „zubereiten" kannst.

ÜBUNG

TED-Talk

Fangen wir dieses Kapitel mit einer herausfordernden Aufgabe an:

1. Nimm dir ein Blatt Papier (mindestens DIN A3) und ein paar Stifte.

2. Gehe auf *www.ted.com* und suche dir ein Video zu einem Thema aus, das dich interessiert.
   - Du kannst natürlich gerne auch einen Vortrag nehmen, den du schon einmal gehört hast.

3. Höre dir den Vortrag an und visualisiere deine wichtigsten Erkenntnisse.

4. Versuche, einige der Zutaten, die du im vorherigen Kapitel kennengelernt hast, zum Einsatz zu bringen.

Mach dir keinen Druck. Schönheit, Vollständigkeit, Verständlichkeit – das alles ist zweitrangig. Das Wichtigste ist, dass du es probierst und ins Tun kommst!

Und, wie war's?

Ist es dir leichtgefallen? Super!
Auf den nächsten Seiten wirst du entdecken, welche Methoden oder Strategien du intuitiv schon zum Einsatz bringst!

War es schwer? Auch super!
Dadurch hast du die Schwierigkeiten, Inhalte visuell festzuhalten und in Zusammenhang zu bringen, schon mal am eigenen Leib erfahren. Nun kannst du herausfinden: Welche Methoden und Strategien auf den folgenden Seiten können dir helfen, diese Herausforderung zu meistern?

Du hast heimlich den Strich überquert, ohne die Übung gemacht zu haben? Das hätte mir auch passieren können. Wage dich doch ruhig noch an die Aufgabe – es lohnt sich!

Fünf Möglichkeiten, Zusammenhänge darzustellen

Zusammenhänge zu visualisieren, ist eine der wichtigsten Grundlagen für das, was dieses Buch verspricht: verstehen, gestalten und steuern mit Bildern.

- Wenn wir etwas „verstehen“, bedeutet das oft, dass wir den *Zusammenhang* zwischen einzelnen Vorgängen logisch nachvollziehen können.
- Wer etwas „gestaltet“, kreiert neue *Zusammenhänge*. Zum Beispiel entwickelt sich aus einzelnen Tätigkeiten ein untereinander abgestimmter Prozess oder es wird aus bestehenden Komponenten ein neues Produkt konfiguriert.
- Wer „steuert“, gibt Impulse, die zu einer gewünschten Situation führen sollen. Dazu braucht es eine Hypothese über den *Zusammenhang* zwischen dem Impuls und seinen Folgen.

Wie kann man so etwas Kompliziertes, oft Abstraktes, auf ein Blatt Papier bringen?

Nach meiner Beobachtung gibt es fünf verschiedene Möglichkeiten, die zwar nicht ganz trennscharf sind, aber eine praktikable Orientierung geben. Sie werden auf dieser Seite kurz vorgestellt und auf den nachfolgenden Seiten inhaltlich vertieft.

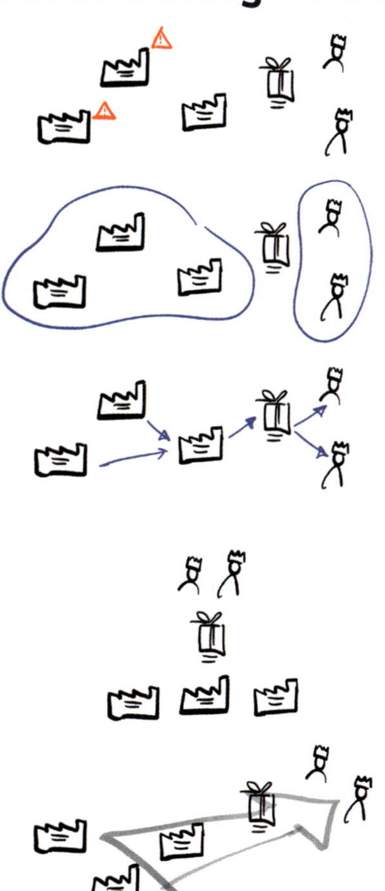

Kennzeichnen
Beim Kennzeichnen nutzen wir Farben, Symbole und Nummern, um Verbindungen zwischen einzelnen Elementen herzustellen. Das geht auch, wenn diese räumlich getrennt sind.

Gruppieren
Was gehört zusammen und was nicht? Mit dem Einordnen in Gruppen werden auf einen Schlag viele „Zusammenhänge“ klar.

Verbinden
Mit Verbindungslinien und Pfeilen können wir auch komplexe Abläufe oder Beziehungen auf eine simple Art ausdrücken, für die wir sonst viele Worte benötigen würden.

Räumliche Anordnung
Konfrontiert mit einer Sammlung einzelner Elemente, suchen wir automatisch nach einem Muster oder einer Logik hinter der Anordnung.

Grundstruktur
Eine Grundstruktur ist eine abstrakte oder metaphorische Darstellung, die den einzelnen Elementen einer Visualisierung unterlegt wird. Durch das Einordnen in die Struktur entstehen Gruppen und die Elemente bekommen eine inhaltliche Bedeutung.

Kennzeichnen

Mit Farbe hinterlegen
Wenn verschiedene Elemente mit der gleichen Farbe hinterlegt werden, sind sie für das Auge leicht als „Mitglieder" der gleichen Gruppe erkennbar. Nimm dazu eine hellere Farbe, damit diese sich optisch hinter den Text oder die Zeichnung legt. Entscheide dich für eine logische Farbkodierung, die inhaltlich zur Gruppe passt (siehe auch S. 66 f.).

Unterstreichen, Umkreisen oder Rahmen
Durch Unterstreichen, Umkreisen oder Rahmen kann man auch ohne Wechsel der Farbe Aufmerksamkeit auf bestimmte Elemente lenken oder sie einer Gruppe zuordnen.

Nummerieren
Nummern sind eine gute Möglichkeit, um eine bestimmte Reihenfolge für das Lesen der Bildinhalte vorzugeben. Damit das Bild nicht zum „Adventskalender" wird, sollte die Nummerierung mit einer logischen räumlichen Anordnung einhergehen.

Symbole
Symbole kennzeichnen nicht nur die einzelnen Elemente einer Gruppe, sondern sagen auch inhaltlich oder qualitativ etwas über diese Gruppe aus. Eine Übersicht guter Symbole zeigt die rechte Seite.

Positiv

   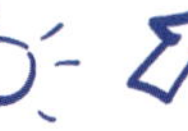 

Negativ

Erledigt (oder nicht), verstanden (oder nicht)

Emotionen

Achtung!

Preis, Qualität

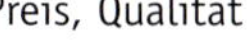  

Status, Fortschritt

Anschauen, wegwerfen, „parken", modifizieren

Reihenfolge

Info, Idee, Ziel, Ergebnis

Optionen & Varianten

Erarbeiten, stoppen, aufhören, Engpass

Bitte reduziert verwenden!
Durch Kennzeichnen lassen sich Zusammenhänge auf einfache Weise vermitteln: Wir können zunächst einfach loszeichnen, ohne uns groß über die Gruppenzugehörigkeit, Anordnung oder Reihenfolge des Gezeichneten Gedanken zu machen. Erst am Ende müssen wir uns überlegen, wie die einzelnen Elemente miteinander in Verbindung stehen oder welche Bedeutung sie genau haben. Dies machen wir dann mit Nummern, Farben oder Symbolen „kenntlich".

Der Nachteil ist jedoch, dass mit dem Kennzeichnen das Bild nicht übersichtlicher, sondern eher chaotischer wird, da wir weitere optische Elemente hinzufügen, die das Auge erst einmal suchen und zusammenbringen muss. Daher solltest du nie mehr als zwei bis drei unterschiedliche Symbole, Farben oder Nummern nutzen – sonst blickt der Betrachter nicht mehr durch.

Wichtig: Kennzeichnen ist eher eine „Notfalllösung" für den Fall, dass andere Methoden, um Zusammenhänge zu veranschaulichen, nicht greifen.

Gruppieren

Räumliche Nähe und Distanz
Können wir vorhersehen, welche Elemente zusammengehören, können wir sie von Beginn an näher zueinander zeichnen.

Farblich hinterlegen
Das Hinterlegen durch Farbflächen wirkt ruhig und aufgeräumt. Dafür müssen wir Kreide zur Hand haben.

Umrahmen, umkreisen, trennen
Gruppen werden gebildet, indem Elemente, die zusammengehören, durch eine Linie „eingezäunt“ oder „abgetrennt“ werden.

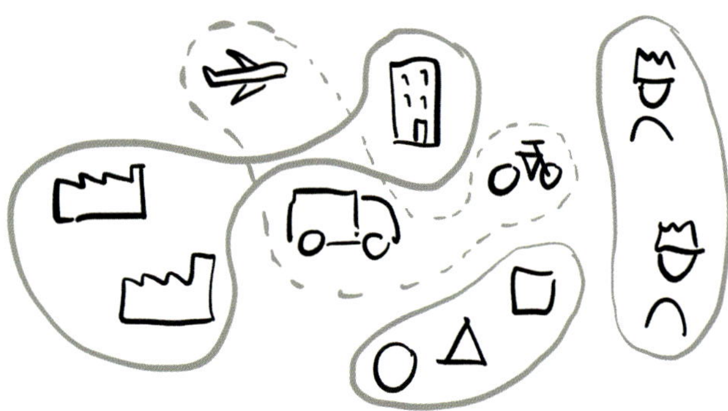

Farbgebung
Elemente in der gleichen Farbe sind leicht als Gruppe erkennbar. So können wir auch Elemente, die weiter auseinander liegen, in die gleiche Gruppe einordnen.

„Brücken bilden“
Manche Elemente sind weder der einen noch der anderen Gruppe zuzuordnen, sondern bilden eine Art Brücke oder Schnittstelle zwischen beiden Bereichen.

Gruppen zusammenlegen
Wir können viele kleine Gruppen oft sinnvoll zusammenlegen.

Überschneidungen
Oft sind einzelne Elemente nicht nur einer Gruppe zuzuordnen. Oder anders gesagt: Die Gruppen überschneiden sich.

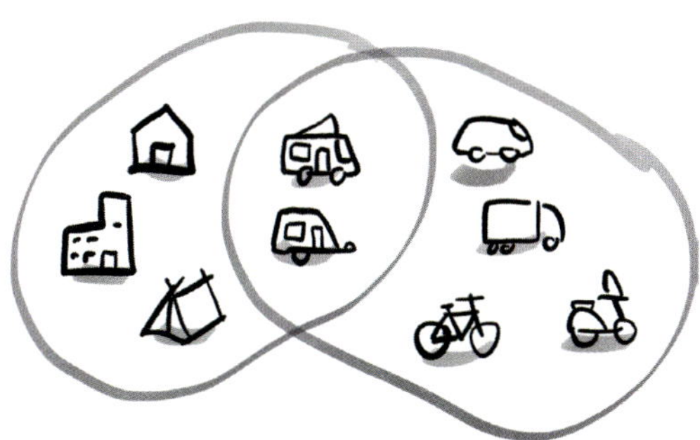

Gruppen aufteilen
Wird eine Gruppe zu groß, sollten wir sie in Subgruppen unterteilen.

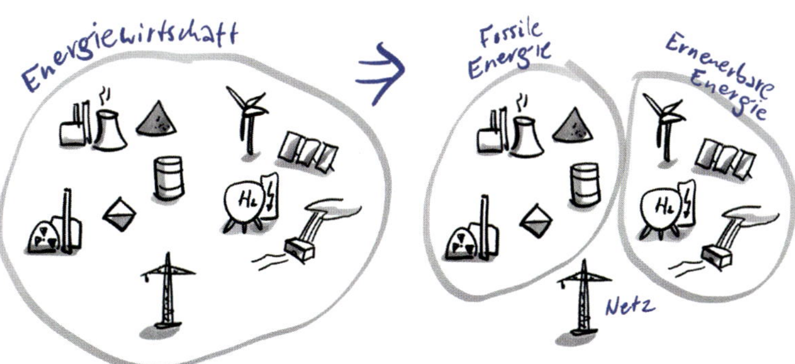

Verbindungen und Pfeile

Verbindung
Ein Strich zwischen zwei Bildelemente – und schon gehören sie zusammen. Nutze Farbe und Linienstärke, um etwas über die Art und Intensität der Verbindung zum Ausdruck zu bringen.

Bewegung
Auch ohne Animation können wir im Bild Bewegung andeuten. Ein Pfeil, der auf ein Element zugeht, zeigt, aus welcher Richtung die Bewegung gekommen ist. Ein Pfeil, der von einem Element weggeht, zeigt, wohin sich dieses bewegt.

Vernetzen
Vermeide zu viele Pfeile und Verbindungslinien. Wenn alles mit allem verbunden ist oder in Zusammenhang steht, blickt man nicht mehr durch. Bilde in diesem Fall lieber Kreise um Gruppen.

Prozesse
„Flowcharts" oder „Prozessdiagramme" sehen oft ziemlich formal oder technisch aus. Wenn du die Inhalte der einzelnen Kästchen als Bildelemente darstellst, wird das Ganze ansprechender und zugänglicher.

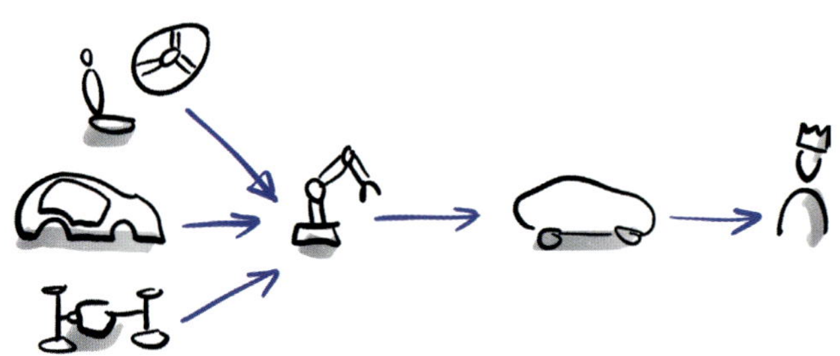

Ströme

Fließen Material, Geld, Information oder Produkte von der einen zur anderen Stelle, können wir das gut mit einem Pfeil und einer entsprechenden Bezeichnung darstellen. Unterschiedliche Ströme werden durch unterschiedliche Farben und Symbole kenntlich gemacht.

Achsen

Liegt der räumlichen Anordnung einzelner Elemente eine innere Logik zugrunde, können wir dies mit einem Pfeil veranschaulichen oder verstärken.

Kausalität

Welche Ursache hat welche Folge? Pfeile bringen kausale Zusammenhänge (zum Beispiel bei einer Argumentationskette oder einer Erklärung des Geschehens) zum Ausdruck.

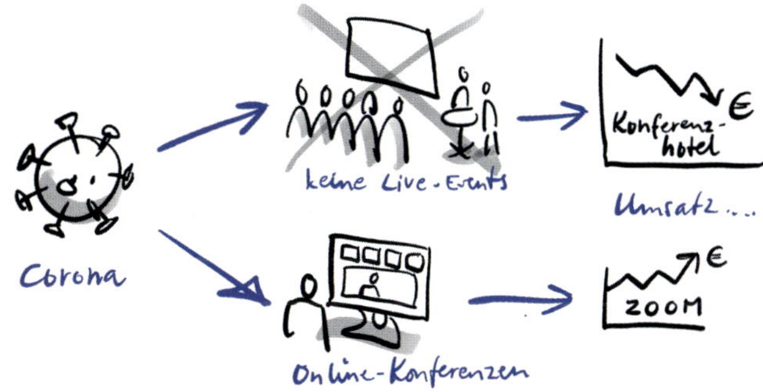

Vorsicht mit der Absicht, Aufmerksamkeit zu lenken

Manchmal werden Pfeile auch genutzt, um die Aufmerksamkeit auf wichtige Details zu lenken, die sonst leicht übersehen werden könnten. Oft ist diese Art von Pfeil aber nur eine „Krücke", die dafür herhalten muss, dass es in der Zeichnung zu viele Details gibt, die vom Wesentlichen ablenken.

Räumliche Anordnung

„Vorprogrammierte" Anordnungsprinzipien
In unseren Regionen liest man meist von links nach rechts und von oben nach unten. Auch wenn wir auf ein Bild schauen, sucht unser Hirn automatisch nach einer bestimmten „Leserichtung", um sich damit Sinn und Zusammenhang zu erschließen.

Ohne wissenschaftliche Belege dazu gefunden zu haben, vermute ich, dass beim Betrachten eines Bildes mit mehreren Elementen die auf dieser Doppelseite aufgeführten Möglichkeiten im Kopf durchgespielt werden.

Wir können unserem Hirn beim Herstellen von Zusammenhängen auf die Sprünge helfen, indem wir die einzelnen Bildelemente entsprechend logisch anordnen. Verstoßen wir gegen diese Prinzipien (indem wir zum Beispiel eine zeitliche Abfolge von rechts nach links abbilden), ist Verwirrung garantiert und es braucht eine Menge Pfeile, Nummern oder mündliche Erläuterungen, um Fehlinterpretationen zu vermeiden.

Von links oben nach rechts unten
(z.B. schrittweise konkretisieren)

Von links nach rechts
(z.B. zeitlicher Ablauf, linearer Prozess)

Von links unten nach rechts oben
(z.B. schrittweise entwickeln)

Von oben nach unten
(z.B. Priorität, Hierarchie)

Von unten nach oben
(z.B. aufeinander aufbauen, Nahrungskette)

Von innen nach außen (z.B. Berührungspunkte)

Im Uhrzeigersinn (z.B. Kreisläufe)

Gleichmäßige Blattverteilung?
Eine ausgewogene Verteilung der Inhalte ist schön, aber kein Muss. Wenn ein bestimmter Bereich voller ist als der Rest, erfährt ein Betrachter, welcher Themenbereich offensichtlich am intensivsten besprochen wurde. Die Visualisierung wird zu einer „Heatmap" der Diskussion.

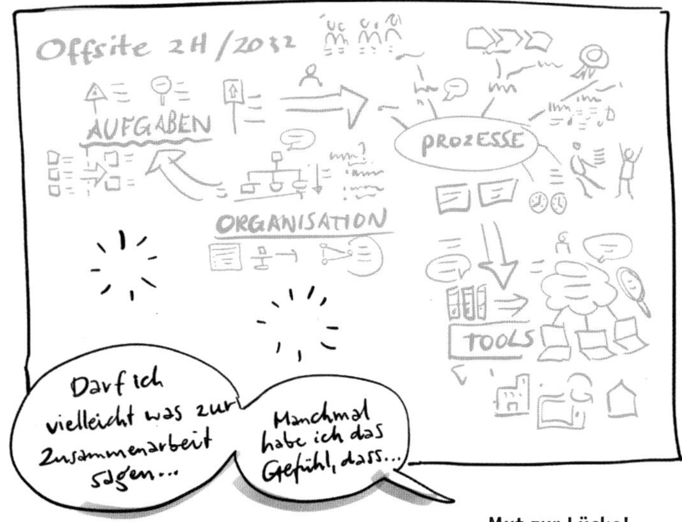

Mut zur Lücke!
Manchmal bleibt das Bild an einer Stelle leer. Frage dich und die Gruppe, was an der leeren Stelle sinnvoll in das Bild hineinpassen könnte. Ich habe schon oft erlebt, dass diese Einladung Anlass ist, einen wichtigen, neuen Aspekt auf den Tisch zu bringen, den man bisher übersehen oder vor dem man sich insgeheim „gedrückt" hatte!

Grundstruktur

Die bisher gezeigten Methoden für das Herstellen von Zusammenhängen stoßen irgendwann an ihre Grenzen: Gibt es zu viele Gruppen, Verbindungen, Pfeile oder Achsen, blicken wir nicht mehr durch.

Hier kommt die Grundstruktur ins Spiel: Wenn wir einzelne Elemente in ein Hintergrundmotiv einordnen, können wir auch komplexere Situationen und Abläufe visualisieren.

Auf dieser Seite findest du vier Beispiele. Weitere Bildstrukturen wirst du im weiteren Verlauf des Buchs kennenlernen. Und darüber hinaus wirst du hoffentlich selbst noch weitere entdecken!

Metaphorische Bilderwelt

Abstrakte Struktur

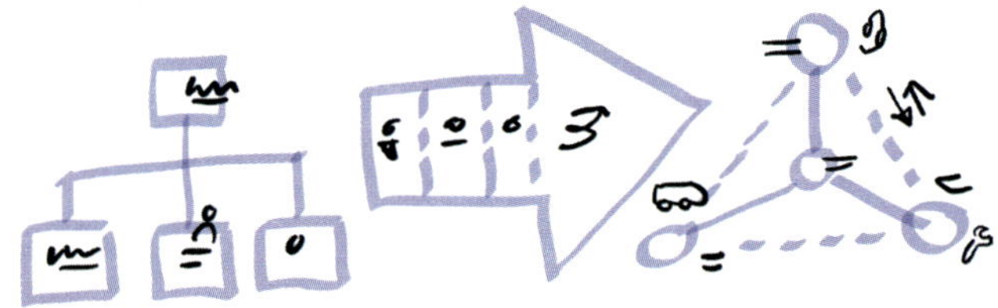

Canvas

Karte

Denken in Ebenen

Wenn wir mit Grundstrukturen arbeiten, betrachten wir die Visualisierung nicht mehr als eine zweidimensionale Fläche, sondern als das Ergebnis übereinandergelegter Ebenen.

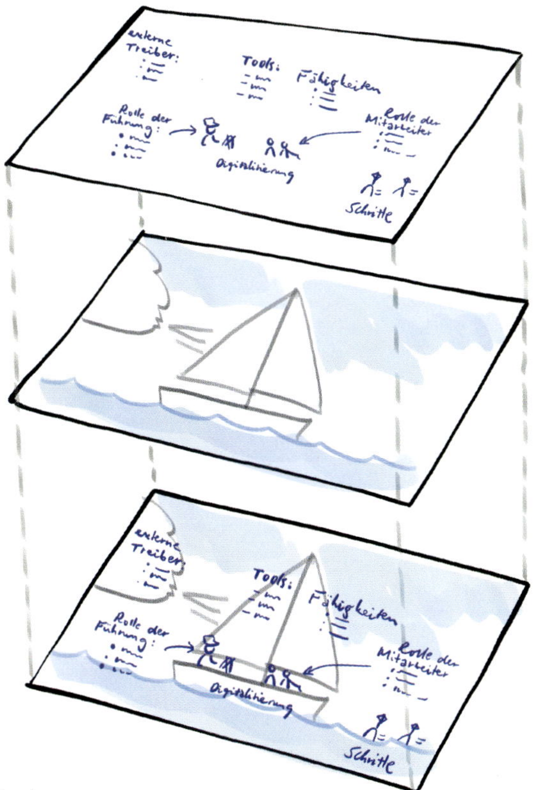

Maler, Architekten, Photoshop-Künstler und Modedesigner arbeiten oft sehr vielschichtig. Für unsere Visualisierung reicht es, wenn wir uns das Bild als die Summe zweier Ebenen vorstellen.

Obere Ebene: Inhaltliche Elemente

- Die Inhaltsebene besteht aus Text sowie Wort-Bild-Elementen, die die einzelnen Teile der Inhalte repräsentieren.
- Die Elemente können einzeln betrachtet und verstanden werden.
- Die Elemente sollten in einer dunklen Farbe gezeichnet werden, damit sie sich über die Grundstruktur legen.

Untere Ebene: Grundstruktur

- Die Linien und/oder Farbflächen der Grundstruktur füllen einen großen Teil oder sogar die ganze Visualisierung aus.
- Das Motiv kann vom Betrachter als eigenständiges Bild wahrgenommen und gedeutet werden.
- Linien und Farbflächen sollten in hellen oder pastelligen Farben gezeichnet werden, damit die Ebene sich optisch unter die Inhalte legt, unabhängig davon, in welcher Reihenfolge gezeichnet wird.

Obere plus untere Ebene zusammen

- Kombiniert man die Grundstruktur mit den inhaltlichen Elementen, wird der Zusammenhang zwischen den einzelnen Wort-Bild-Elementen hergestellt.
- Die Grundstruktur verleiht den einzelnen Elementen zusätzliche Bedeutung und hilft, das Bild als Ganzes zu verstehen.

Zehn Visualisierungsstrategien

Wie gehst du beim Kochen vor? Schaust du einfach, was du im Kühlschrank vorfindest und machst etwas daraus? Oder kochst du lieber nach Rezept und besorgst dir dazu gezielt die Zutaten? Je nachdem, ob du spontan eine einfallende Horde hungriger Kinder mit Essen zu versorgen hast oder ob du für das Weihnachtsessen mit den Schwiegereltern zuständig bist, wirst du diese Frage unterschiedlich beantworten. Ganz ähnlich ist es beim Visualisieren.

Ad hoc Visualisieren
Machst du dich in einem Meeting, Workshop oder einer Konferenz spontan oder ohne Vorkenntnisse ans Visualisieren? Dann musst du „ad hoc“ die wichtigsten Inhalte in passende Wort-Bild-Elemente übersetzen und Zusammenhänge aufzeigen. Um noch mal auf die Kochmetapher zurückzukommen: Die Teilnehmenden holen irgendwelche Zutaten aus dem Kühlschrank und du musst versuchen, das Beste daraus zu machen.

Auf den nächsten Seiten schauen wir uns sechs Strategien an, die dir dabei helfen, eine solche Herausforderung zu meistern. Diese sind:

1. Pimp your Protocol
2. Post-it-Poster
3. Der rote Faden
4. Mind Map
5. Organische Cluster
6. Key Visual

Visualisieren auf Basis einer Grundstruktur
Statt dich überraschen zu lassen, kannst du auch umgekehrt vorgehen: Du weißt bereits, welche Themen diskutiert werden sollen und welche Grundstruktur diese unterstützen würden? Jetzt musst du die Gruppe dazu anleiten, die entsprechenden Themen zu diskutieren, damit du die Struktur mit individuellen Inhalten passend „füllen“ kannst. Übersetzt auf das Kochen hieße das, dass du dir zuerst ein passendes Rezept aussuchst und dann die Gruppe anregst, die notwendigen Zutaten zu besorgen.

Für das „Visualisieren auf Basis einer Grundstruktur“ werden dir im Anschluss folgende Strategien vorgestellt:

7. Canvas
8. Abstrakte Hintergrundstruktur
9. Metaphorische Hintergrundstruktur
10. Form follows Format

In November 2018 trafen sich rund hundert „Visual Practitioners" in Hamburg, um Erfahrungen auszutauschen und sich gemeinsam über die Entwicklungen in ihrem beruflichen Umfeld Gedanken zu machen. Was auf mich einen bleibenden Eindruck hinterlassen hat, war ein kollektives Experiment, wobei *ein* Vortrag von *jedem* einzelnen Graphic Recorder protokolliert wurde. Derselbe Inhalt wurde also 100-mal visualisiert.

Obwohl wir alle genau den gleichen „Input" bekommen hatten, war jeder „Output" extrem individuell! Über mein eigenes Ergebnis war ich schwer enttäuscht. In einer Mischung aus Neid und Bewunderung erfuhr ich aus nächster Nähe, wie gut meine Kollegen in der Lage waren „ad hoc" mit unbekannten Zutaten zu improvisieren. Wie konnte es sein, dass ich so kämpfen musste, um etwas halbwegs Anschauliches zu produzieren, wo manche Kollegen, scheinbar spielerisch, so hervorragende Bilder produzieren konnten?

Ich war damals sehr auf das Visualisieren auf Basis einer Grundstruktur festgelegt. Ich realisierte für mich aber nicht, dass das für das gegebene Setting keine gute Strategie war. Außer dass der Redner über „Bildung" sprechen würde, hatte ich keine Ahnung, was auf mich zukam. Und so musste ich mir eingestehen, dass in manchen Situationen eine „organische" Arbeitsweise, bei der ohne viel nachzudenken einfach mitgezeichnet wird, einer „systematischen" Herangehensweise überlegen sein kann.

Im Nachhinein klingt es banal, aber mir wurde es erst in Hamburg bewusst: Unterschiedliche Herausforderungen brauchen unterschiedliche Strategien. *Die* Patentlösung gibt es nicht.

Pimp your Protocol

Jeder weiß, wie er Notizen macht, wichtige Stichwörter auf einem Flipchart mitschreibt oder eine Folie mit Bulletpoints erstellt. Darauf wollen wir bei der ersten Visualisierungsstrategie aufbauen. Die Überschrift könnte auch heißen: „Hübsche deine Notizen auf", „Schmücke dein Flipchart aus" oder „Poliere deine PowerPoints".

Bei dieser Strategie machen wir uns hauptsächlich das „Kennzeichnen" (siehe S. 78 f.) zunutze, um Zusammenhänge zu erstellen.

1. Schreibe wichtige Inhalte auf, genau wie du es sonst beim Protokollieren oder Mitschreiben tun würdest. Lass aber ein bisschen mehr Platz neben den Texten.

Protokoll Jour-Fix 20.05

Update "Projekt Saturn"
WP I: fast abgeschlossen, Bug-fixes
WP II: >50% fertig
WP III: Abstimmung mit Marketing läuft

Projekt-Akquise: Siehe: Hitlist-Mai.xls
⇒ Follow-up Messe-leads

Feedback FK-Off-site (PT&FV)
– Roll-out-Plan komplett überarbeitet
– Neuer Prozess Zielvereinbarungen
Nicht mehr individuell, sondern auf Team-Ebene

Urlaubsplanung:
– Einreichen bis 01.06.
– Eintragen in Team-Kalender
⇒ Während Schulferien haben Eltern "Vorfahrt"

Interner Umzug
· Umzug in 4. Stock
· PK macht ersten Vorschlag für die Raumbelegung
· Diskussion: Mitspracherecht?
· Alternative: flexible Arbeitsplätze?
⇒ FS erkundigt bei HR bis nächste Woche

2. Male um den Titel einen passenden Textcontainer (siehe S. 63).
3. Schmücke einzelne Worte oder Sätze mit passenden Symbolen.
4. Kennzeichne und unterstreiche Informationen einer ähnlichen Qualität. Überlege dir eine klare Logik. Zum Beispiel:
   - Ziele werden mit einem goldenen Sternchen gekennzeichnet.
   - Aufgaben werden mit dickem grünen Marker unterlegt.
   - Probleme werden mit einem roten Gefahrendreieck markiert.
5. Zeichne einen Rahmen: um das Ganze, um einzelne Themenbereiche oder um Agendapunkte.
6. Hinterlege die Themenbereiche mit Kreide in hellen Farben. Die Flächen müssen nicht komplett ausgefüllt werden, sondern dürfen nach innen heller werden.

Jetzt kann man sich natürlich fragen: Ist das nicht zu aufwendig? So wichtig ist der Jour fixe doch auch wieder nicht … Dazu die folgenden Überlegungen:

- Wenn du eh ein Protokoll machst (Schritt 1), dann kannst du es auch gleich hübsch machen! Wenn du es ein paarmal „gepimpt" hast (Schritt 2-6), brauchst du kaum mehr Zeit als „normal".
- Wie wäre es, wenn das letzte aktuelle Protokoll einen festen Platz an der Wand in der Kaffeeküche bekommt? So sind die Inhalte immer präsent, auch für die, die im Metting nicht dabei waren. Mit dem visuellen Protokoll wird der Jour fixe insgesamt „aufgewertet".
- Nutze interne Meetings, um Erfahrungen im schnellen Visualisieren zu sammeln. Beim nächsten Meeting mit einem wichtigen Auftraggeber zahlt sich das aus!

Protokoll Jour-Fix 20.05

1 Update "Projekt Saturn"

WP I: fast abgeschlossen, Bug-fixes

WP II: >50% fertig

WP III: Abstimmung mit Marketing läuft

2 Projekt-Akquise: Siehe: Hitlist-Mai.xls

⇒ Follow-up Messe-leads

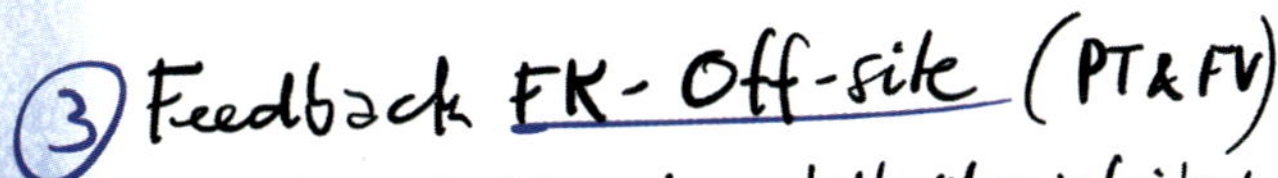

3 Feedback FK-Off-site (PT & FV)

– Roll-out-Plan komplett überarbeitet

– Neuer Prozess Zielvereinbarungen

Nicht mehr individuell, sondern auf Team-Ebene

4 Urlaubsplanung:

– Einreichen bis 01.06.

– Eintragen in Team-Kalender

⇒ Während Schulferien haben Eltern "Vorfahrt"

5 Interner Umzug

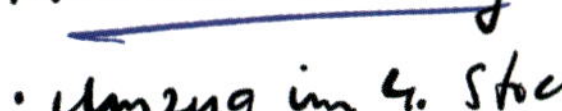

· Umzug im 4. Stock

· PK macht ersten Vorschlag für die Raumbelegung

· Diskussion: Mitspracherecht?

· Alternative: flexible Arbeitsplätze?

⇒ FS erkundigt bei HR bis nächste Woche

Post-it-Poster

Mit dem Post-it-Poster können wir alle möglichen Informationen festhalten und strukturieren. Dabei ist es eigentlich egal, ob es sich um die Inhalte einer Gruppendiskussion handelt oder ob wir Ordnung in unsere eigenen Gedanken bringen wollen.

Die Strategie benutzt das Gruppieren (siehe S. 80 f.) und das räumliche Anordnen (siehe S. 84 f.), um Zusammenhänge zwischen den einzelnen Informationen zu kreieren.

Beim Schreiben von Post-its üben wir viele grundlegende Fähigkeiten für das Visualisieren:

- Was sind die wichtigsten Kernbegriffe? Wie kann ich die durch einfache Symbole ersetzen oder illustrieren?
- Wie lässt sich eine komplexe Thematik in einzelne „Informationsbröckchen" zerlegen?
- Gibt es ein knackiges Zitat? Wie kann ich Kernbotschaften in wenigen Worten zusammenfassen?
- Was gehört thematisch zusammen? Wo gibt es noch Lücken?
- Welche Anordnung der Information erklärt die Zusammenhänge und unterstützt das Verständnis?

Außerdem ist das Post-it-Poster eine wichtige Basis für zahlreiche weitere Methoden und Anwendungsszenarien, zum Beispiel:

- Canvas (siehe S. 102)
- Metaphorische Grundstruktur (siehe S. 106)
- Post-it-Präsentation (siehe S. 199)
- Strategien visualisieren (siehe S. 222)

1. Erstelle von den Inhalten, die protokolliert werden sollen, einzelne Post-its mit Wort-Bild-Elementen. Wichtige Kernbegriffe (z.B. Agendapunkte, Kernfragen oder Hauptthemen) werden auf Post-its mit einer auffälligen Farbe geschrieben.
2. Wird ein Post-it zu voll, breche den Inhalt in mehrere Elemente und auf mehrere Post-its herunter.

3. Klebe anschließend die Post-its in einem passenden „Muster" auf eine große Arbeitsfläche:
   - Sind es die einzelnen Schritte eines Kreislaufs?
   - Bilden sich Cluster rund um einzelne Agendapunkte?
   - Bilden sie verschiedene Levels?
   - Zeigen sie uns den Weg nach oben?
4. Eventuell kannst du den Anwesenden mit wenigen Linien oder Pfeilen die Logik verdeutlichen, nach der du die Post-its auf der Arbeitsfläche angeordnet hast.

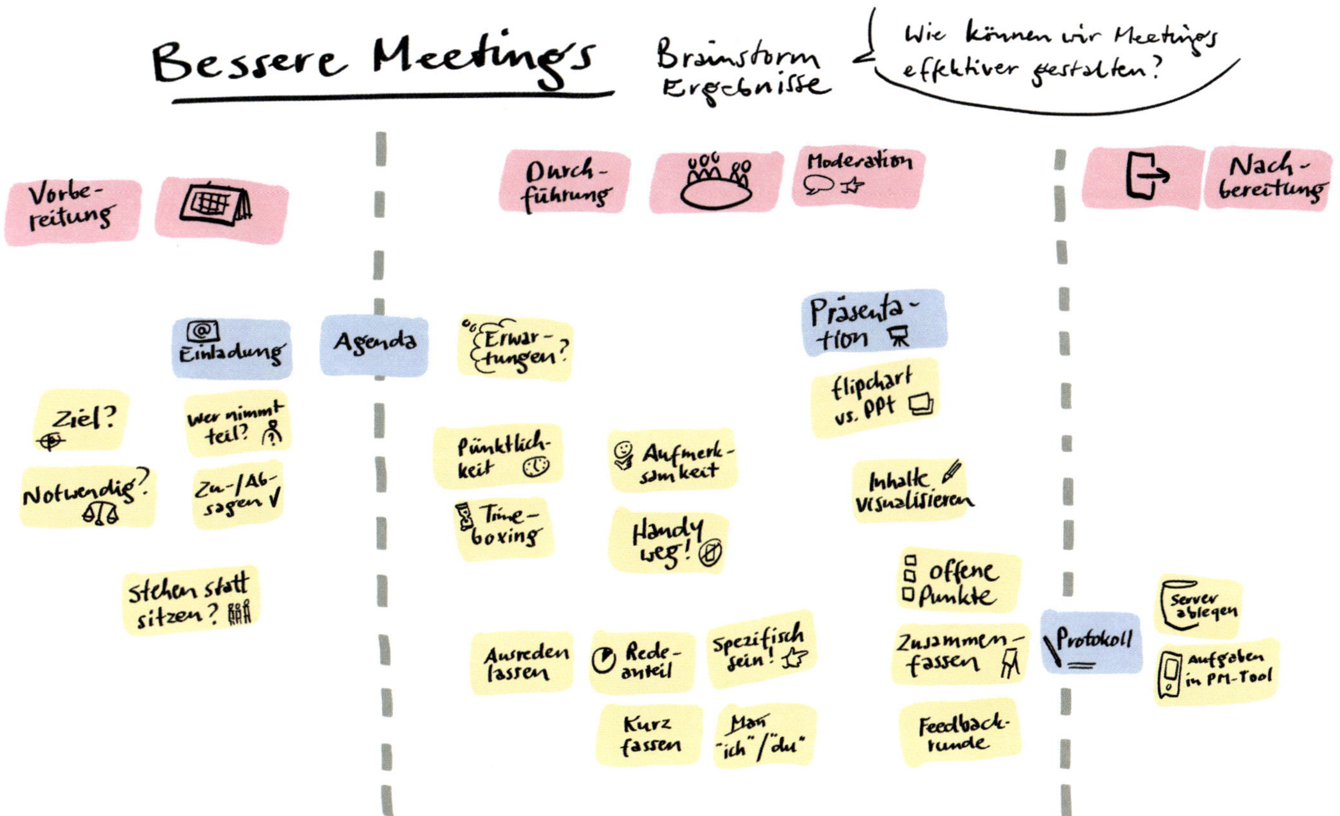
Bessere Meetings
Brainstorm Ergebnisse
Wie können wir Meetings effektiver gestalten?
Vorbereitung
Durchführung
Moderation
Nachbereitung
Einladung
Agenda
Erwartungen?
Präsentation
flipchart vs. PPT
Ziel?
wer nimmt teil?
Notwendig?
Zu-/Absagen
stehen statt sitzen?
Pünktlichkeit
Aufmerksamkeit
Timeboxing
Handy weg!
Inhalte visualisieren
offene Punkte
Ausreden lassen
Redeanteil
spezifisch sein!
Zusammenfassen
Protokoll
Server ablegen
Aufgaben in PM-Tool
Kurz fassen
Man "ich"/"du"
Feedbackrunde

Der rote Faden

Diese Strategie ist am ehesten für Inhalte geeignet, die einem klaren zeitlichen Ablauf, einer Storyline oder Argumentationskette folgen.

Der lineare Zusammenhang zwischen den einzelnen Inhalten wird durch das Verbinden (siehe S. 82 f.) hergestellt und ggf. durch weiteres Kennzeichnen (siehe S. 78 f.) unterstützt.

1. Zeichne die einzelnen „Stationen" der Diskussion oder des Vortrags mit Text-Bild-Elementen oder kleinen Szenen mit.
2. Verbinde nun die einzelnen Stationen mit einem durchgehenden roten Faden.
3. Überlege dir einen passenden Titel, der im Idealfall auch zum verbindenden Element passt.
4. Gibt es außer einem chronologischen Zusammenhang noch andere Zusammenhänge zwischen den einzelnen Szenen, so können diese z.B. einheitlich gekennzeichnet werden.
5. Sollten die einzelnen Stationen nicht klar erkennbar sein, kannst du sie mit Farbflächen hinterlegen und damit räumlich voneinander trennen.
6. Bei diesem Vorgehen braucht das Bild keinen Rahmen. Der würde optisch zu stark mit dem roten Faden konkurrieren.

Alternativ zum roten Faden kannst du die einzelnen Stationen auch mit einem anderen durchlaufenden Element verbinden. Auch hier am besten eines, das inhaltlich und/oder optisch zum Thema passt.

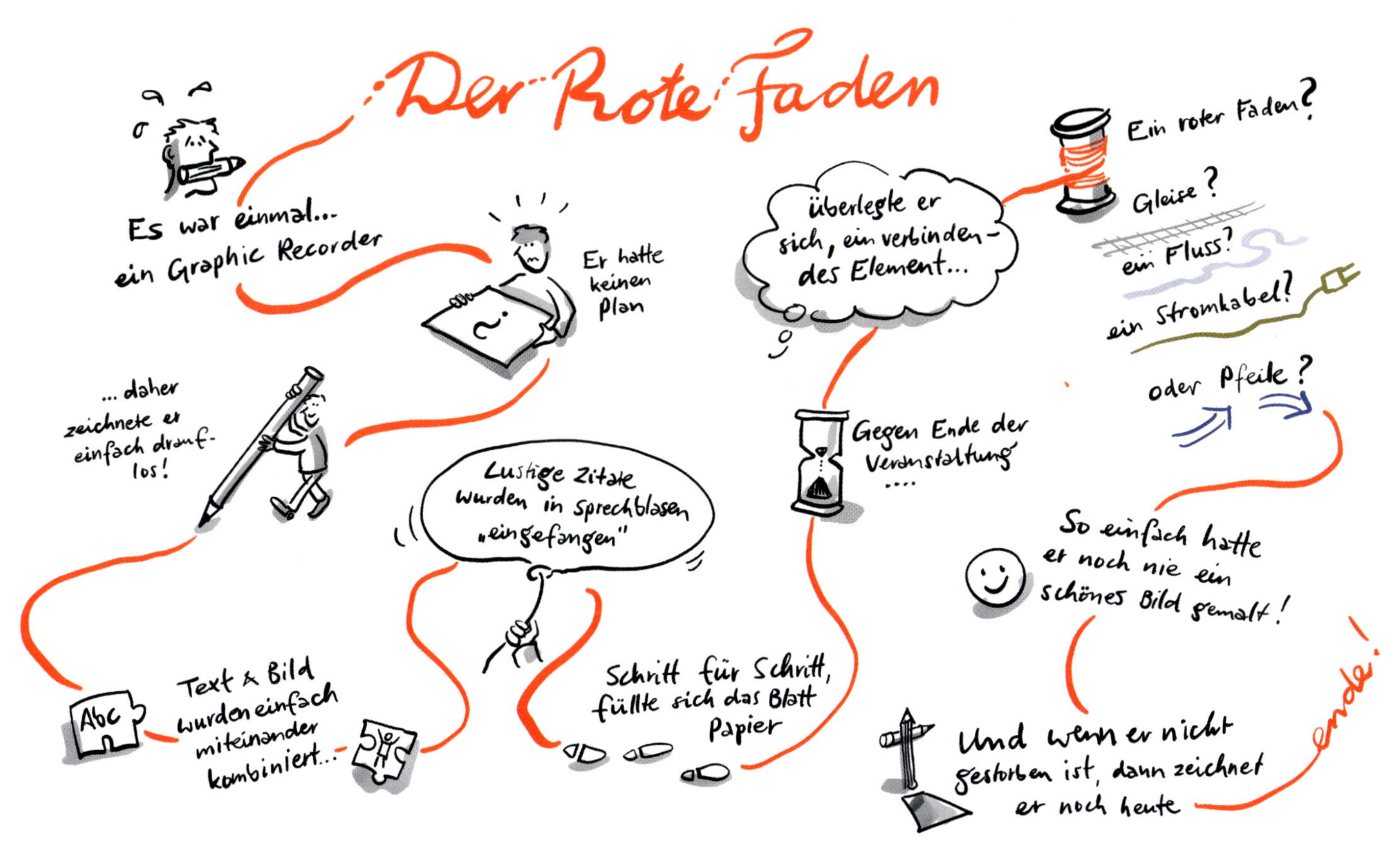
Der Rote Faden
Es war einmal...
ein Graphic Recorder
Er hatte keinen Plan
... daher zeichnete er einfach drauf-los!
Text & Bild wurden einfach miteinander kombiniert...
Abc
Lustige Zitate wurden in Sprechblasen „eingefangen"
Schritt für Schritt, füllte sich das Blatt Papier
überlegte er sich, ein verbindendes Element...
Gegen Ende der Veranstaltung ....
Ein roter Faden?
Gleise?
ein Fluss?
ein Stromkabel?
oder Pfeile?
So einfach hatte er noch nie ein schönes Bild gemalt!
Und wenn er nicht gestorben ist, dann zeichnet er noch heute
ende!

Mind Map

Das „Mind Mapping“ kennst du bestimmt. Mit einfachen Mitteln kannst du eine Darstellung noch bildhafter gestalten.

Mind Maps nutzen die Methode „Verbinden“ (siehe S. 82 f.), um komplexe Inhalte in eine Struktur zu bringen. Kennzeichnungen (siehe S. 78 f.) helfen auch hier, Zusammenhänge und Querverbindungen zu verdeutlichen.

1. Notiere das Hauptthema in der Mitte der Arbeitsfläche – entweder in einem Textcontainer oder illustriert mit einem Bildelement.
2. Male für die wichtigsten Teilaspekte des Hauptthemas einen eigenen farbigen Ast und notiere die einzelnen Begriffe entlang der Linie. Mache diese unterschiedlichen Schwerpunkte oder Perspektiven mit einem Bildelement leicht erkennbar.
3. Füge weitere Unterpunkte, Assoziationen oder Argumente auf Seitenästen in der gleichen Farbe hinzu. Lassen sich manche Wörter durch Symbole oder Icons zusätzlich unterstützen?
4. Querverbindungen können mit einer dezenten Strichlinie dargestellt werden. Doch übertreibe es nicht, sonst ist irgendwann alles mit allem verbunden!
5. Besonders wichtige Erkenntnisse kannst du mit Farben oder Symbolen zusätzlich hervorheben.
6. Da die Baumstruktur an sich schon die Inhalte verbindet, ist ein Rahmen oft nicht notwendig.

Eine Mind Map kannst du thematisch variabel gestalten: zum Beispiel als Obstbaum, Leiterplatte, U-Bahn-Netzplan oder Oktopus …

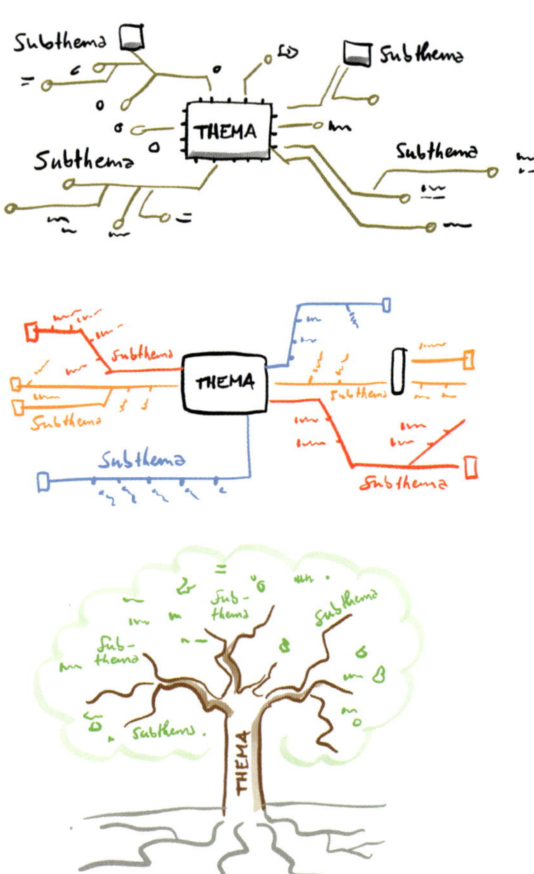

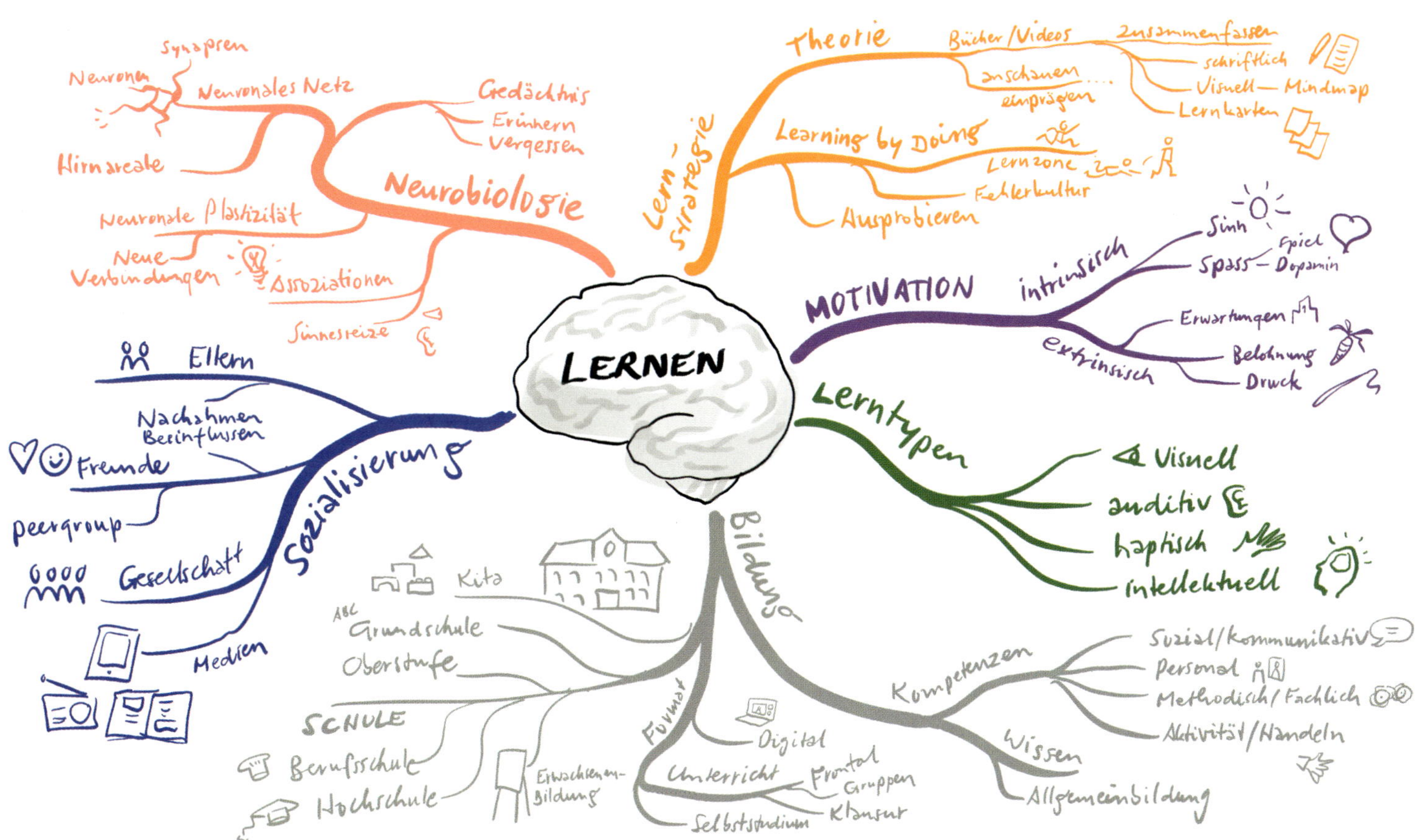

LERNEN
Neurobiologie
Synapsen
Neuronen
Neuronales Netz
Gedächtnis
Erinnern
Vergessen
Hirnareale
Neuronale Plastizität
Neue Verbindungen
Assoziationen
Sinnesreize
Lern-Strategie
Theorie
Bücher/Videos
Zusammenfassen
schriftlich
Visuell – Mindmap
Lernkarten
anschauen ...
einprägen
Learning by Doing
Lernzone
Fehlerkultur
Ausprobieren
MOTIVATION
intrinsisch
Sinn
Spass – Dopamin
Spiel
extrinsisch
Erwartungen
Belohnung
Druck
Lerntypen
Visuell
auditiv
haptisch
intellektuell
Sozialisierung
Eltern
Nachahmen
Beeinflussen
Freunde
peergroup
Gesellschaft
Medien
Bildung
Kita
ABC
Grundschule
Oberstufe
SCHULE
Berufsschule
Hochschule
Erwachsenen-Bildung
Format
Digital
Unterricht
Frontal
Gruppen
Klausur
Selbststudium
Kompetenzen
Sozial/kommunikativ
Personal
Methodisch/Fachlich
Aktivität/Handeln
Wissen
Allgemeinbildung

Organische Cluster

Bei dieser Strategie wachsen die Inhalte während einer Diskussion oder eines Vortrags organisch mit. Dabei bedienen wir uns aus allen möglichen Methoden, um Zusammenhänge deutlich zu machen. Zum Schluss nutzen wie das „Gruppieren“, um Ordnung „auf den ersten Blick“ zu schaffen.

1. Schreibe das erste Hauptthema der Diskussion/des Vortrags mit größeren Buchstaben irgendwo links oberhalb der Mitte auf deine Arbeitsfläche.
2. Positioniere weitere Inhalte als Text-Bild-Elemente rund um das Thema. Hierbei können durch Gruppierungen, Verbindungen oder Kennzeichnungen Zusammenhänge hervorgehoben werden.
3. Offenbart sich das nächste Hauptthema, „eröffne“ ein neues Cluster in der Nähe des ersten. Bewege dich dabei am Anfang Richtung Mitte und später dorthin, wo es Sinn und Platz hat. Wähle für das neue Thema ggf. eine andere Farbe.
4. Zum Schluss überlege dir einen passenden Titel. Füge ihn dort ein, wo es noch einen freien Platz gibt.
5. Hinterlege die einzelnen Cluster mit einer eigenen Farbe – oder zeichne eine „Wolkenstruktur“ um einzelne Themencluster herum.
   - Nutze helle Marker oder Kreide.
   - Text-Bild-Elemente müssen nicht exakt in die Struktur hineinpassen.
6. Je nach gewählter Struktur koloriere die leeren Flächen zwischen den Clustern und/oder gebe der gesamten Visualisierung einen Rahmen.

Alternativ zur den Farbflächen kann man auch ein einfaches Motiv wählen. Wichtig ist, dass sich die Formen flexibel an die entstandenen Cluster anpassen.

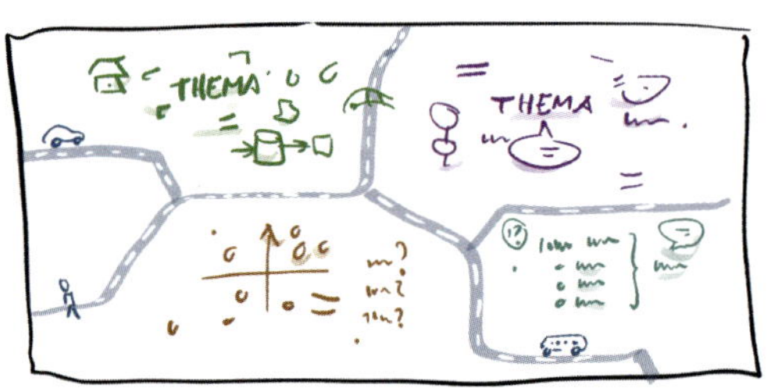

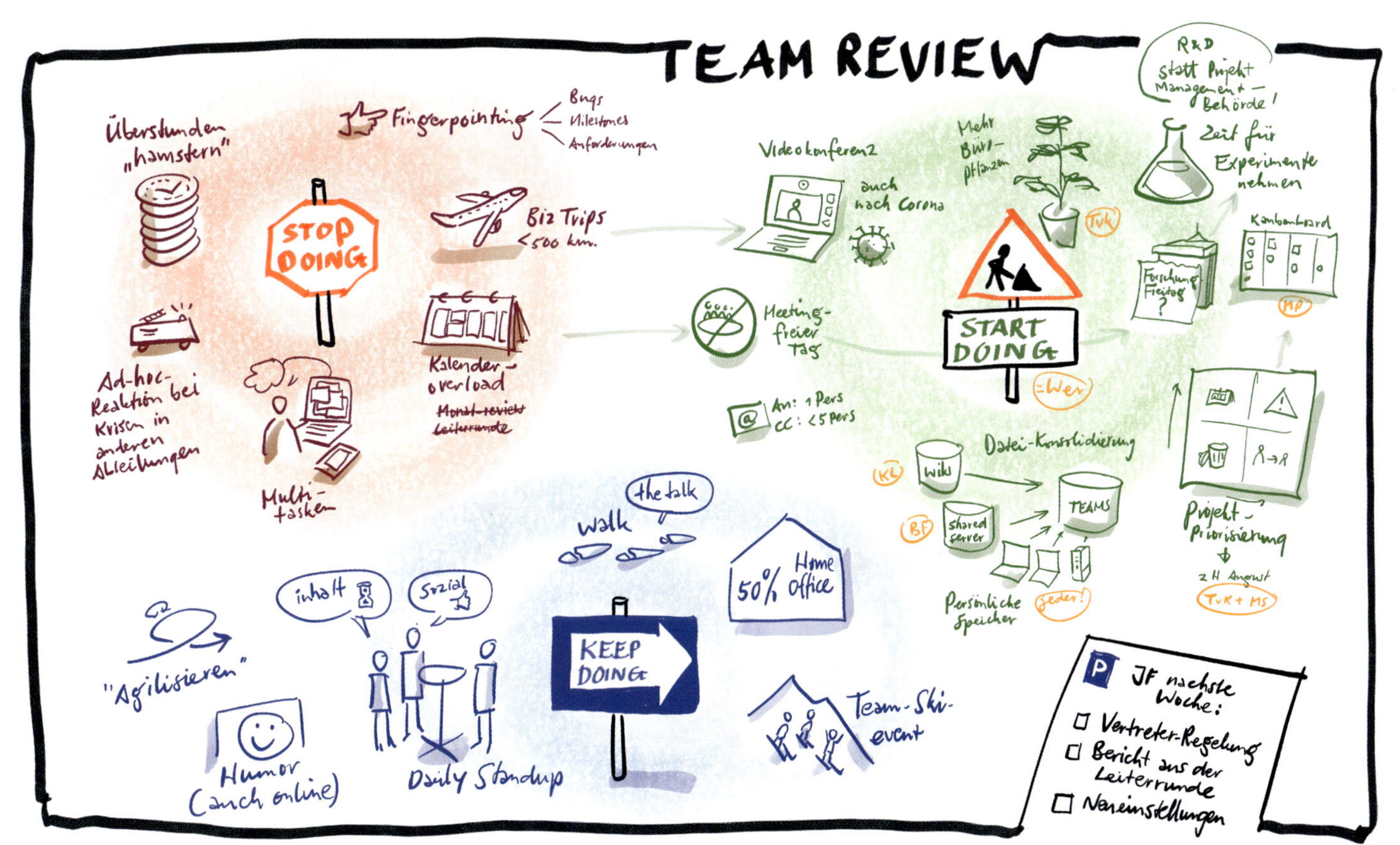

TEAM REVIEW
R&D statt Projekt Management-Behörde!
Überstunden „hamstern"
Fingerpointing
Bugs
Milestones
Anforderungen
STOP DOING
Biz Trips <500 km.
Kalender-overload
~~Monat-reviews Leiterrunde~~
Ad-hoc-Reaktion bei Krisen in anderen Abteilungen
Multi-tasken
Videokonferenz
auch nach Corona
Mehr Büro-pflanzen
TvK
Zeit für Experimente nehmen
Kanbanboard
Forschungs Freitag ?
MP
Meeting-freier Tag
START DOING
=Wer
An: 1 Pers
CC: <5 Pers
Datei-Konsolidierung
KL
Wiki
BF
Shared server
TEAMS
Persönliche Speicher
jeder!
Projekt-Priorisierung
z H August
TvK + MS
walk
the talk
Home 50% office
inhalt
sozial
"Agilisieren"
Humor (auch online)
Daily Standup
KEEP DOING
Team-Ski-event
P
JF nächste Woche:
Vertreter-Regelung
Bericht aus der Leiterrunde
Neueinstellungen

Key Visual

Ein „Key Visual“ ist eine ansprechende Illustration im Zentrum der Visualisierung, die auf die Kernbotschaft einer Diskussion oder eines Vortrags Bezug nimmt.

Ein Key Visual unterscheidet sich von einer Grundstruktur dadurch, dass die Kernbotschaft auf der gleichen Ebene platziert ist, also nicht als hinterlegte Struktur oder Ordnungshilfe für die Inhalte fungiert.

Variante 1: Inhalt zuerst

1. Reserviere einen Platz in der Mitte deiner Arbeitsfläche. Die brauchst du zum Schluss!
2. Schreibe wichtige Inhalte mit. Hierbei kannst du die Strategien „Pimp your Protocol“, „roter Faden“ oder „organische Cluster“ anwenden (siehe S. 90 f., S. 94 f. und S. 98 f.).
3. Überlege dir ein Motiv für das Key Visual:
   - Schöpfe dabei aus den Themen, die du aufgeschrieben hast. Alternativ kannst du dich von den Bildern in Kapitel 5, der Speisekarte, inspirieren lassen.
   - Das Bild sollte ein richtiger „Eye Catcher“ sein – alse gerne auch bunt und humorvoll!
4. Zeichne das Key Visual in die Mitte der Visualisierung.
5. Überlege dir einen Titel, eine „Key Message“.
6. Frage dich oder die Teilnehmenden nach dem persönlichen „Takeaway“:
   - Welche Aussage stößt bei allen Teilnehmenden auf Resonanz?
   - Welche „Key Message“ passt am besten zum Key Visual?
7. Schreibe die Key Message über oder unter das Key Visual.
8. Gib dem Ganzen einen schönen Rahmen.

Variante 2: Key Visual zuerst

Man kann die Reihenfolge auch umdrehen! Ist schon ein Titel vorgegeben oder weißt du schon, was die Key Message deiner Visualisierung sein soll, kannst du auch zuerst das Key Visual gestalten. Das Beispiel rechts ist so entstanden.

1. Überlege dir ein Motiv für das Key Visual.
2. Zeichne das Key Visual und ergänze es mit dem Titel und Untertitel der Visualisierung.
3. Wenn du weißt, was die wichtigsten Themen sind (oder wie viele es geben wird), kannst du die Fläche rund um das Key-Visual schon einmal grob einteilen.

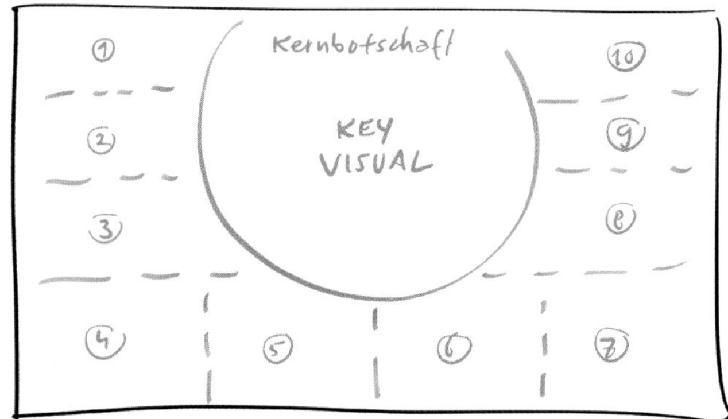

4. Schreibe/zeichne die wichtigsten Inhalte mit.
5. Gib dem Ganzen einen klaren Rahmen.

Wie erobern Sie das HERZ Ihres Publikums?
Zehn Schlüssel zum guten Vortrag
Recherchieren
Dauer
VORBEREITUNG
Manuskript → Stichwörter
Einfache Folien
üben, üben, üben
Mikro?
Beamer?
TECHNIK
ppt.
Prezi
Licht
Laserpointer
Publikum
Vorkenntnisse
Interessen
Zielgruppe
Erwartungen
Anmoderieren
Biografie??
Fakten
objektiv
Wissen
Bilder
Grafiken
Argumente
INHALT
Aktualität
Erfahrungen
Persönlich
subjektiv
Meinung
Aufbau
Spannungsbogen
Botschaft
STORY
Metapher
Opening
Zitate
Anekdoten
Abschluss
Fragen
Visualisieren
provozieren
Augenkontakt
(INTER)AKTION
Überraschen
pausieren
Sidekick
Rollenspiel
Gegenstände
Lächeln
Authentizität
Charme
HALTUNG
Kleidung
Aufregung
Selbstvertrauen
Locker bleiben
Zittern
Lampenfieber
Blackout
Hoch/tief
Bauchatmung
Luft holen
STIMME
Wasser trinken!
Äöh.. uh....
Stimmübungen
Klarheit
Lautstärke
Frei sprechen
Fachbegriffe?
Beamtensprache?
Abkürzungen?
SPRACHE
Du/Sie?
Gendern
Lebendig
Pointiert
Cartoons
HUMOR
Wenn es schiefgeht
Witze
Selbstironie

Canvas

Ein Canvas ist eine einfache Grundstruktur in Form eines Rasters. Es hilft, die unterschiedlichen Aspekte einer komplexen Frage miteinander in Verbindung zu bringen. Anhand der Struktur des Canvas kann die Gruppe die Thematik systematisch diskutieren und gleichzeitig dokumentieren.

Bestehende Vorlagen nutzen

Es gibt mittlerweile Canvases zur Erarbeitung von Themen und Herausforderungen aus unterschiedlichsten Unternehmensbereichen, z.B.:

- Projektmanagement, Projektbeschreibung, Rollendefinition
- Planung, Lessons Learned ...
- Personas, Customer Journey, Produktideen, User-/Experten-Feedback
- Business Model, Value Proposition, Minimal Viable Product
- Event-Planung, Brand-Strategie, Digital Engagement
- Führung, Team, Stop/Keep/Start Doing
- HR-Innovation, Unternehmenskultur
- Unternehmensstrategie, SWOT, Bold Steps Vision, Wachstumsstrategie

Im Internet wirst du zum Thema, das du bearbeiten möchtest, mit hoher Wahrscheinlichkeit ein passendes Canvas finden. Auch viele Online-Collaboration-Tools (siehe S. 221) bieten eine große Auswahl an Vorlagen.

Wenn du kein passendes Canvas findest, kannst du auch selbst eins entwickeln. Ich habe zum Beispiel für die Auftragsklärung von Visualisierungsprojekten ein eigenes Canvas entwickelt. Diese Vorgehensweise lässt sich natürlich auch auf deine spezielle Thematik übertragen.

Selbst ein Canvas entwickeln

1. Schreibe zunächst die Themen und Fragen, die erarbeitet werden sollen, auf Post-its.
2. Spiele mit der Anordnung der Post-its: Wie stehen die Fragen in Zusammenhang? Welche Fragen sind zentral? Welche sind unterstützend? Welche Fragen haben eine ähnliche „Qualität" oder stehen sich gegenüber? Welche sind eigentlich fast gleich?

3. Zeichne der Anordnung der Post-its entsprechend eine Kästchenstruktur auf eine große Arbeitsfläche (mindestens Pinnwandgröße).
4. Benenne die einzelnen Felder und illustriere sie mit einem passenden Icon.
5. Gebe dem Canvas einen Titel.

Anwendung

6. Die Gruppe soll das Thema diskutieren und dabei die Felder des Canvas befüllen. Schreibe eventuell die einzelnen Inhalte zuerst auf Post-its, damit sie geändert, zusammengefasst oder umplatziert werden können.

VISUALISIERUNG – AUFTRAGSKLÄRUNG

ABSENDER/ AUFTRAGGEBER	THEMEN / BOTSCHAFT		EMPFÄNGER / ZIELGRUPPE(N)
· RKD · HR	· Wir starten einen Incubator · Gründer willkommen! · Angebot: Räumlichkeiten, Budget, Mentoring, Netzwerk Prozess?		· Gründer · Start-ups · Absolventen (eigene Mitarbeiter)
INPUT/QUELLEN	**VISUALISIERUNGSPROZESS / TECHNIK**		**OUTPUT / ERGEBNIS**
· Projektplan · PowerPoint	Workshop → Skizze → Feedback 1 Ausarbeitung → Feedback 2 → Korrekturen → Formatierung.		· Poster 9x16 · Freigestellte Vignetten · Übertragung in PowerPoint
KONTEXT / EVENT	**TERMIN**	**DAUER**	**ANWENDUNG / NUTZEN**
Firma ist auf "Start-up" Day vertreten	Briefing : 22.02. Abgabe : 20.03.	ca. 40 St.	· Präsentation am Start-up Day · MA-Zeitschrift · Give-away-Poster
	LOCATION	**BUDGET**	
	Video-Konferenz	4–6 TG	

Abstrakte Grundstruktur

Auch Prozessdiagramme, Organisationsstrukturen und andere abstrakte Motive können als Grundstruktur genutzt werden. Anders als bei einer PowerPoint-Vorlage geht es nicht darum, jedes einzelne Kästchen mit Inhalt zu füllen. Vielmehr dient die abstrakte Struktur als visuelle Grundlage, um alle wichtigen Informationen räumlich einordnen zu können.

Vorbereitung

1. Erstelle eine Liste mit Themen und Fragen, die gemeinsam erarbeitet werden sollen.
2. Wähle passend zu den Themen ein oder mehrere abstrakte Motive, wie sie rechts als Beispiele abgebildet sind.
3. Skizziere die Grundstruktur. Achte dabei auf eine logische räumliche Anordnung der Motive.
4. „Teste" die Struktur, indem du die wichtigsten Themen, die visualisiert werden sollen, schon mal grob hineinscribbelst.

Durchführung

5. Zeichne die Grundstruktur in einem hellen Grau oder mit pastellfarbigem Marker auf eine große Arbeitsfläche.
6. Die Diskussion findet statt und orientiert sich an deiner Fragenliste.
7. Sammle die zentralen Aspekte der Diskussion auf Post-its und ordne diese in die Grundstruktur ein.
8. Zeichne die wichtigsten Inhalte als Text-Bild-Elemente in die Struktur hinein. Dabei musst du sie wahrscheinlich noch einmal filtern und zusammenfassen.
9. Am Ende kannst du die skizzierte Grundstruktur mit Linien und Farben stärker ausarbeiten, ihr einen passenden Titel geben und sie ggf. mit einem Rahmen finalisieren.

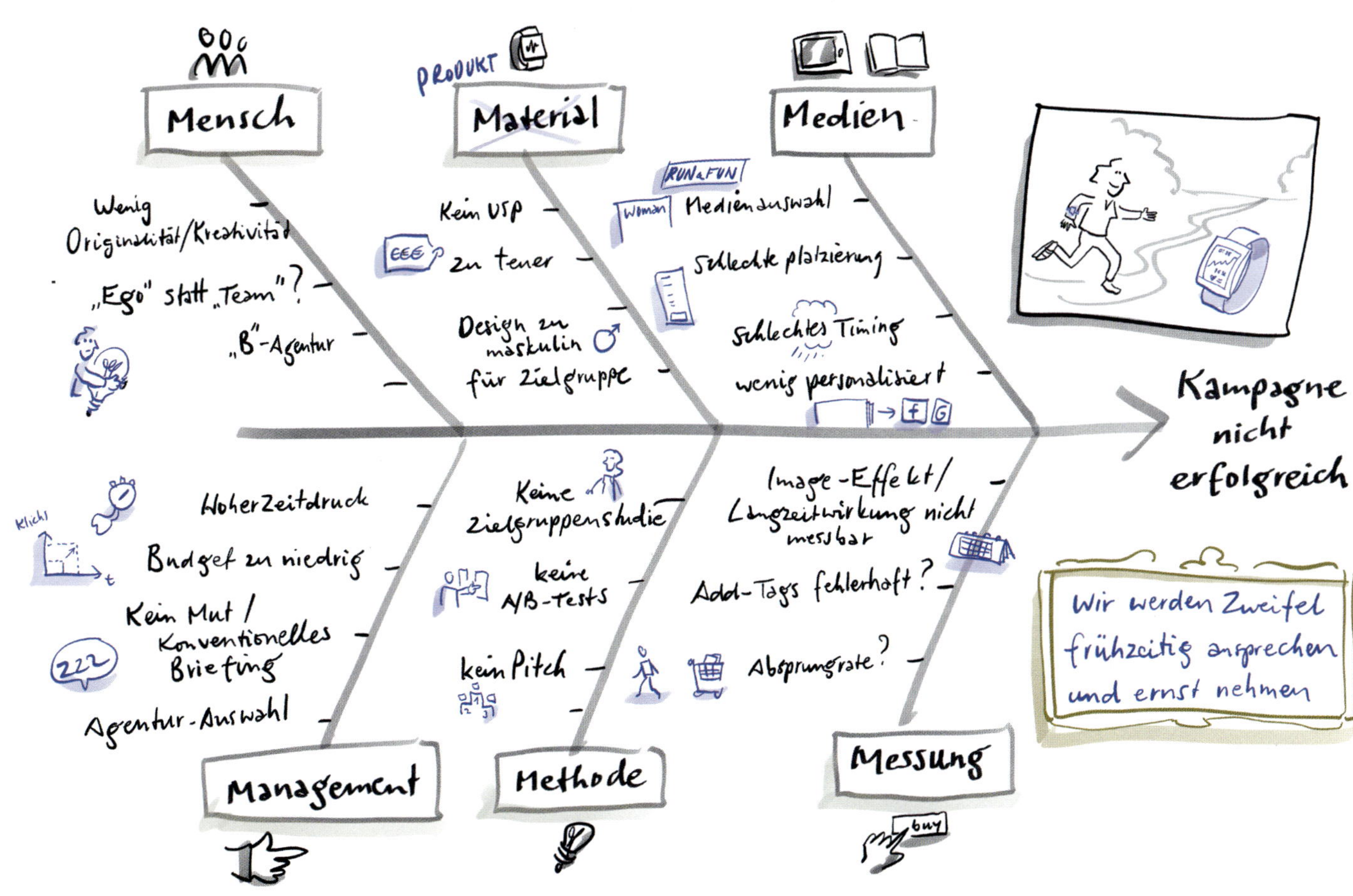

Mensch
Produkt
Material
Medien
Wenig Originalität/Kreativität
„Ego" statt „Team"?
„B"-Agentur
Kein USP
zu teuer
Design zu maskulin für Zielgruppe
RUN&FUN
Woman
Medienauswahl
schlechte platzierung
schlechtes Timing
wenig personalisiert
Kampagne nicht erfolgreich
Klicks
Hoher Zeitdruck
Budget zu niedrig
Kein Mut / Konventionelles Briefing
Agentur-Auswahl
Keine Zielgruppenstudie
keine A/B-Tests
kein Pitch
Image-Effekt / Langzeitwirkung nicht messbar
Add-Tags fehlerhaft?
Absprungrate?
Wir werden Zweifel frühzeitig ansprechen und ernst nehmen
Management
Methode
Messung
buy

Metaphorische Hintergrundstruktur

Diese Visualisierungsstrategie „übersetzt" Arbeitsthemen in eine metaphorische Bilderwelt. Dadurch wird die Thematik leichter verständlich und wir können an Geschichten, Erfahrungen und Emotionen anknüpfen, die wir in einem anderen Kontext kennengelernt haben. Ab Seite 138 werde ich das Arbeiten mit Metaphern weiter vertiefen.

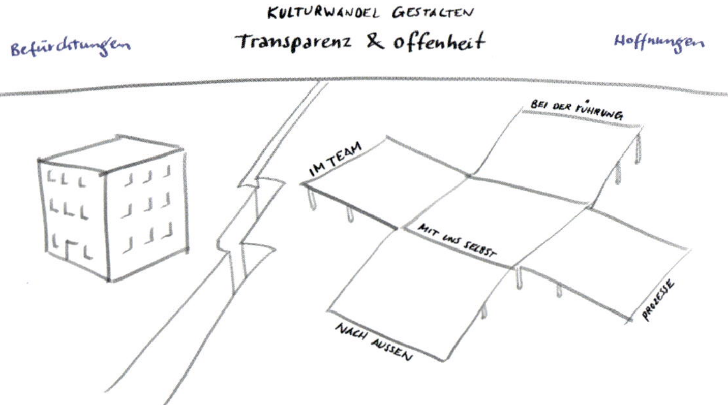

Vorbereitung

1. Erstelle eine Liste mit Themen und Fragen, die gemeinsam erarbeitet werden sollen.
2. Wähle ein metaphorisches Motiv, das du mit der Thematik verbindest:
   - Lass dich dabei inspirieren von den Grundstrukturen im nächsten Kapitel, ab Seite 113.
   - Gibt es eine passende Redewendung? (Im Beispiel rechts ist das: *„Wir müssen uns öffnen."*)
3. Mach eine grobe Skizze.
4. „Teste" die Struktur, indem du die wichtigsten Themen, die erarbeitet werden sollen, schon mal grob hineinscribbelst.

Durchführung

5. Zeichne die Grundstruktur in einem hellen Grau oder mit pastellfarbigem Marker auf eine große Arbeitsfläche.
6. Schreibe die wichtigsten Themen oder Fragen zur Orientierung hinein.
7. Diskutiere die Thematik anhand des metaphorischen Motivs:
   - Wie passen die erarbeiteten Themen aus der Arbeitswelt in die „Metaphernwelt"?
   - Welche Assoziationen hast du beim metaphorischen Motiv? Was würde das in Bezug auf die Arbeitswelt bedeuten?
8. Sammle die Inhalte auf Post-its und ordne diese der Grundstruktur zu.
9. Zeichne die wichtigsten Inhalte als Text-Bild-Elemente in die Struktur hinein. Dabei musst du sie wahrscheinlich noch einmal filtern und zusammenfassen.
10. Gib dem Bild eine passende Überschrift.
11. Am Ende kann die skizzierte Grundstruktur mit Linien und Farben stärker ausgearbeitet werden, ggf. kannst du die Darstellung abschließend mit einem Rahmen versehen.

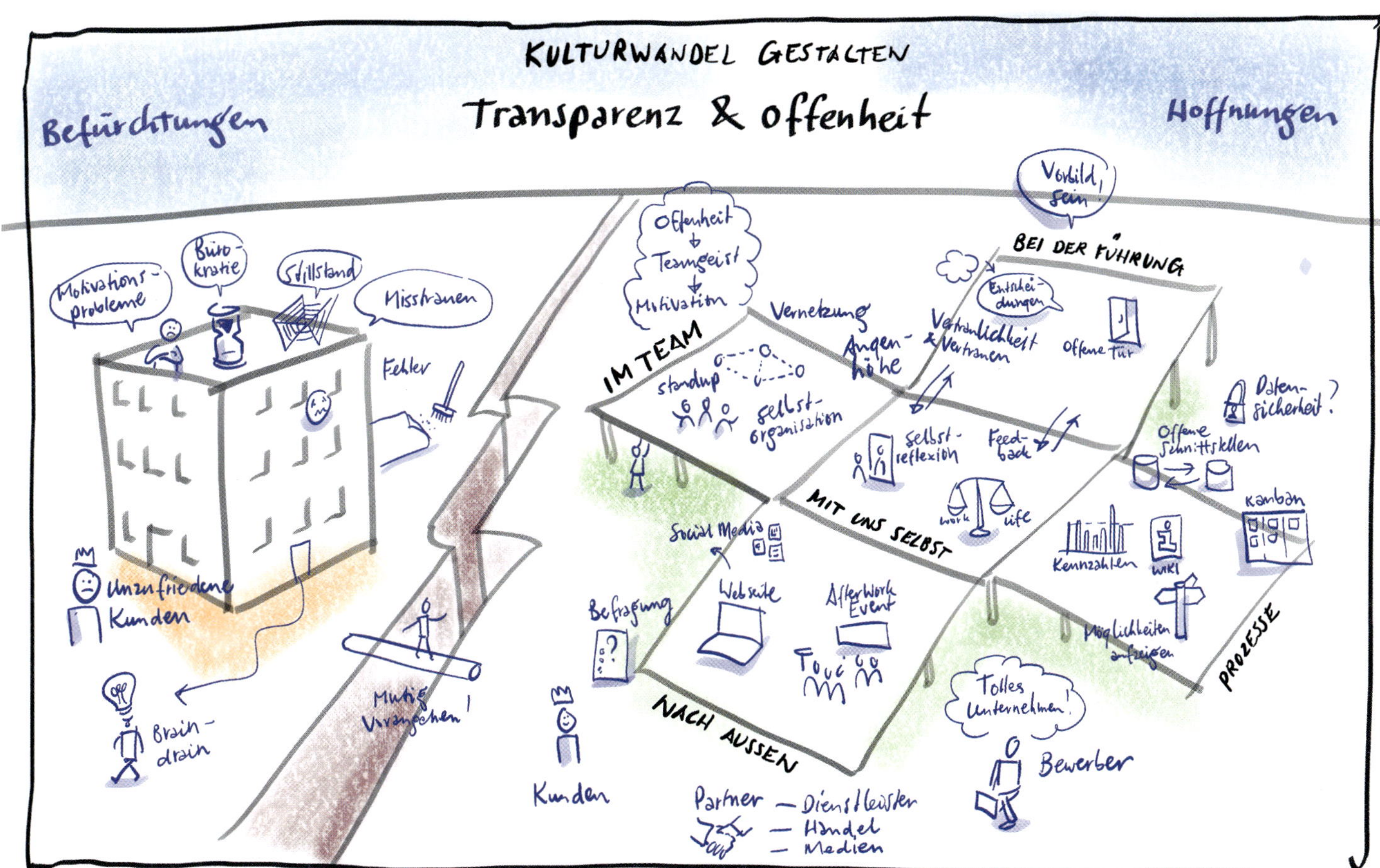

KULTURWANDEL GESTALTEN
Transparenz & offenheit
Befürchtungen
Hoffnungen
Motivationsprobleme
Bürokratie
Stillstand
Misstrauen
Fehler
Unzufriedene Kunden
Braindrain
Mutig vorangehen!
Offenheit → Teamgeist → Motivation
Vorbild sein!
BEI DER FÜHRUNG
Entscheidungen
Vernetzung
Augenhöhe
Vertraulichkeit & Vertrauen
Offene Tür
IM TEAM
standup
selbstorganisation
Selbstreflexion
Feedback
MIT UNS SELBST
work
life
Daten-sicherheit?
Offene Schnittstellen
Kanban
Kennzahlen
Wiki
Möglichkeiten aufzeigen
PROZESSE
Social Media
Website
AfterWork Event
Befragung
NACH AUSSEN
Kunden
Tolles Unternehmen!
Bewerber
Partner – Dienstleister
– Handel
– Medien

Form follows Format

Bei der Visualisierungsstrategie „Form follows Format“ spiegelt die Grundstruktur nicht die besprochenen oder erarbeiteten Themen wider, sondern folgt dem Veranstaltungsformat.

Vorbereitung

1. Schau dir die Agenda des Workshops oder der Konferenz genau an:
   - Was ist das Format der einzelnen Programmpunkte? Handelt es sich z.B. um einen Vortrag, eine Forumsdiskussion, ein Interview oder eine Gruppenarbeit?
   - Wie sind die Programmpunkte zeitlich strukturiert? Was findet im Plenum statt? Welche Sessions laufen zeitlich parallel?
2. Skizziere eine Grundstruktur, in der alle vorgesehenen Programmpunkte einen Platz haben.
   - Lass dich von den Grundstrukturen für „Veranstaltungsformate“ ab Seite 193 inspirieren.
   - Achte auf eine logische räumliche Anordnung der einzelnen Agendapunkte.

Durchführung

3. Zeichne die Grundstruktur auf einer großen Arbeitsfläche (mind. Pinnwandgröße) mit Kreide vor:
   - Zeichne die Grundstruktur in hellem Grau oder mit pastellfarbigen Markern.
   - Schreib die einzelne Agendapunkte oder Sessions hinein.
   - Gib dem Bild einen passenden Titel.

4. Sammle die Inhalte der einzelnen Programmpunkte auf Post-its und ordne diese der Grundstruktur zu. (Bei parallelen Sessions kannst du einen sogenannten „Rapporteur“ bitten, dich mit Stichworten und Zitaten zu versorgen.)
5. Wenn ein Agendapunkt abgeschlossen wurde, zeichne die wichtigsten Inhalte als Text-Bild-Elemente in die Struktur. (Dabei musst du wahrscheinlich noch einmal filtern und zusammenfassen.)
6. Verdeutliche, wenn nötig, die Grundstruktur mit Markern und Kreide in hellen Farben.

GLOBAL ONLINE MANAGEMENT MEETING
BEGRÜßUNG
CEO
CFO
KEYNOTE
SESSION A Digitalisierung
SESSION B DIVERSITY
SESSION C NACHHALTIGKEIT
SUMMARY SESSION
FORUM „ONE R&D"
KEYNOTE: KEEP ON DANCING!
PTW
Meeting beenden
VIRTUAL MARKETPLACE
NETWORK AREA
Virtual FAIR

Strategien & Bildideen kombinieren

Erfahrene Köche kennen sich sowohl mit vielerlei Zutaten als auch mit allerhand Zubereitungsarten aus. Damit entwickeln sie immer wieder neue Kreationen – passend zum Anlass und zum Geschmack der Gäste.

Beim Entwickeln von Strategiebildern (siehe S. 222) kombiniere ich zum Beispiel gerne die Methoden „Post-it-Poster" und „Metaphorische Grundstruktur". Hierbei werden sowohl die einzelnen strategischen Inhalte („Informationsbröckchen") als auch deren logischer Zusammenhang („Grundstruktur") mit der Gruppe erarbeitet. Durch das ping-pong-artige Wechselspiel zwischen beiden Perspektiven entsteht sehr oft ein einzigartiges Ergebnis.

Sammeln von „Informationsbröckchen" (Post-it-Poster)

1. Schreibe/zeichne alle wichtigen Themen und Informationen zuerst auf Post-its mit und klebe diese auf die Pinnwand. Nutze für Hauptthemen und zentrale Fragen Post-its in einer auffälligen Farbe. Alle anderen Subthemen, Zitate oder detaillierten Informationen werden auf normale gelbe Post-its geschrieben.
2. Bilde Cluster, indem du die gelben Post-its den verschiedenen Hauptthemen zuordnest.

Sammeln von Ideen für die Grundstruktur (abstrakt, metaphorisch ...)

3. Fertige grobe Skizzen von Bildern an, die sich möglicherweise als Grundstruktur für das Bild eignen:
   - Versuche, auch die Zwischentöne herauszuhören: Welche Bilder haben die Teilnehmenden im Kopf?
   - Welche Bildsprache benutzen die Teilnehmenden selbst? Gibt es Metaphern oder Analogien, die von anderen spontan aufgegriffen und übernommen werden?
   - Welche visuelle Idee ist am besten geeignet? Lassen sich mehrere Ideen kombinieren?

„Informationsbröckchen" in die Struktur einordnen

4. Skizziere die Grundstruktur mit Kreide oder grauem Marker auf ein großes Pinnwandpapier.
5. Ordne zuerst die Hauptthemen in die Struktur ein.
6. Übertrage die Inhalte der Post-its als Wort-Bild-Elemente in das Bild.
7. Am Ende kannst du die skizzierte Grundstruktur mit Linien und Farben noch stärker ausarbeiten, einen passenden Titel finden und alles ggf. mit einem Rahmen abschließen.

PING-PONG

Schreibe/zeichne "Informationsbröckchen" auf Post-its

Höre "zwischen den Zeilen" nach möglichen Grundstrukturen

Bilde Cluster auf einer separaten Pinnwand

Sammle die Ideen auf einer Pinnwand.

Bitte, wenn möglich, die Teilnehmer um Feedback.

Zeichne die Grundstruktur mit Kreide auf ein großes Papier

Ordne die Post-its in die Struktur ein

Übertrage die Post-its in kleine Szenen

Finalisiere das Bild mit Rahmen und Farbe

Visualisierungsstrategien – Abschlussübung

In diesem Kapitel hast du zunächst fünf Möglichkeiten kennengelernt, um Zusammenhänge darzustellen. Danach hast du zehn Strategien für das Visualisieren von komplexen Inhalten an die Hand bekommen. Jetzt bist du gut gerüstet für die TED-Übung vom Anfang des Kapitels!

ÜBUNG

1. Schau dir dein Ergebnis von der TED-Übung auf Seite 76 an
   - Was ist gut gelungen, was weniger? Warum?
   - Wie würdest du beim nächsten Mal (anders) vorgehen?

2. Spiele nochmals das gleiche Video ab und erstelle eine zweite Visualisierung.

3. Schau dir auch das neue Ergebnis genau an:
   - Welche Strategie hast du angewendet?
   - Welche Zusammenhänge werden durch die Visualisierung deutlich?

4. Wähle ein neues Video und erstelle eine dritte Visualisierung.

5. Reflektiere deine Herangehensweise:
   - Welche vorherigen Erfahrungen konnten dir helfen?
   - Was war dieses Mal anders oder was musstest du anders angehen?
   - Was schließt du daraus für das nächste Mal?

Teil 5

Bildstrukturen (Speisekarte)

Die Zutaten und Zubereitungsarten, die du in den beiden vorherigen Teilen kennengelernt hast, lassen sich zu unendlich vielen Gerichten kombinieren. Aber worauf hast du eigentlich Lust? Um diese Frage zu beantworten, hilft ein Blick in die Speisekarte.

In diesem Teil werden 66 mögliche Bildstrukturen vorgestellt, die sich gut als Grundstruktur für eine Visualisierung eignen. Das ist nicht nur hilfreich für das Visualisieren nach Vorlage (Kochen nach Rezept), sondern auch, wenn du „ad hoc" passende Motive und Strukturen für deine Visualisierungen brauchst! Je mehr „Gerichte" du kennengelernt und ausprobiert hast, desto leichter fällt es dir auch, spontan zu variieren.

Eine passende Grundstruktur finden

Von „Thema" zur „Herausforderung"
Beim Kochen ist die Suche nach einer Hilfestellung einfach: Wir brauchen bloß „Kalte Vorspeisen" oder „Lammfilet zubereiten" zu googeln und schon werden wir fündig. Alternativ schlägt man ein gutes Kochbuch auf und lässt sich einfach von den schönen Bildern inspirieren. Wie aber findet man eine passende Grundstruktur für das Visualisieren eines „Kostensparprogramms" oder einer „Social-Media-Initiative"?

Um diese Frage zu beantworten, ist es nicht nur wichtig zu wissen, welches Thema dargestellt werden soll, sondern auch, welche besondere(n) Herausforderung(en) wir mithilfe der Visualisierung abbilden (und vielleicht sogar lösen) möchten.

Beim Kostensparprogramm könnten die zentralen Herausforderungen sein:

- Was brauchen wir zukünftig?
- Was müssen wir unter Umständen abstoßen oder zurücklassen?

Wenn man es so formuliert, ist die Assoziation zu einer Ballonfahrt nicht mehr weit entfernt.

Bei der Multi-Media-Initiative geht es weniger darum, neue Inhalte zu produzieren. Die Herausforderung besteht vielmehr darin, mit den vorhandenen Inhalten möglichst viele bestehende und potenzielle Kunden zu erreichen und anzusprechen. Die Botschaft soll zum Selbstläufer werden … und schon sind wir beim Dominoeffekt.

Jede Organisation und jedes Projekt ist einzigartig. Aber die Herausforderungen, mit denen Firmen zu kämpfen haben, sind oft überraschend ähnlich. Welches Unternehmen möchte nicht seine Prozesse optimieren? Wo sollen die Mitarbeiter sich nicht mit Freude und Kreativität ihren Aufgaben widmen? Von außen betrachtet, sind es häufig ganz ähnliche Fragen, die sich Mitarbeiter in Meetings und Workshops stellen. Nur die Antworten sind von Fall zu Fall verschieden.

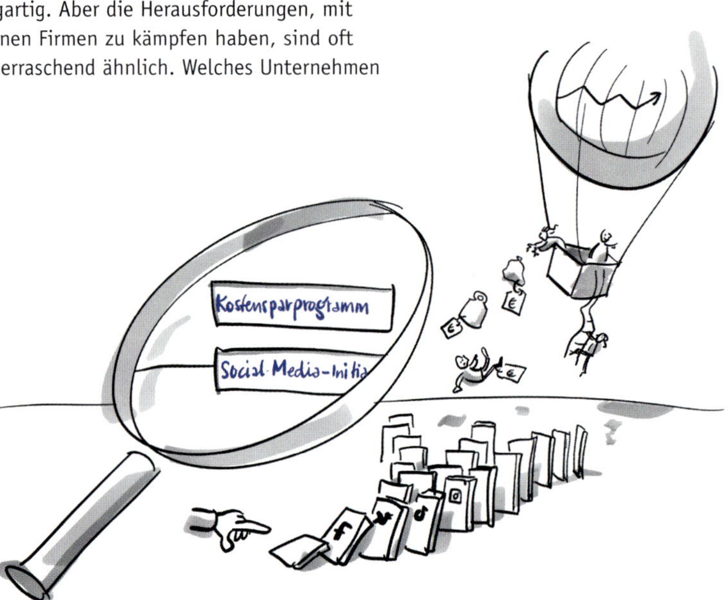

Die Speisekarte
Auf den folgenden Seiten findest du 66 Anregungen, wie du die erarbeiteten Antworten in eine passende Visualisierung gießen kannst. Die unterschiedlichen Bildstrukturen sind nach folgenden Schlagworten strukturiert:

- Perspektive erweitern
- Entscheiden
- Organisieren
- Führen und Zusammenarbeiten
- Aufträge bearbeiten
- Konflikte vorbeugen und bewältigen
- Lösungen kombinieren
- Neues entwickeln und entdecken
- Planen
- Transformieren
- Veranstaltungsformate

Natürlich sind die Bereiche nicht trennscharf. Wer über die Arbeit diskutiert, wechselt meist fließend von einem der genannten Schlagworte ins nächste:

- Wer etwas entwickelt, wird das sicherlich nach einem bestimmten Plan tun.
- Eine Organisation ist dafür da, dass etwas bearbeitet wird.
- Wenn etwas transformiert wird, sind Konflikte praktisch vorprogrammiert.

Die Einordnung ist daher lediglich als erste Orientierung und Hilfestellung gedacht. Das nächste Kapitel „Lieblingsküche" (siehe S. 141 ff.) zeigt, dass manche Motive sich auch anders interpretieren oder kombinieren lassen. Sobald du anfängst, mit den Bildern zu arbeiten, wirst du bestimmt noch viele neue Kombinationsmöglichkeiten entdecken!

Die Bildstrukturen auf den folgenden Seiten werden wie folgt dargestellt und erläutert:

1. Kurze Beschreibung einer Situation, in der die Bildstruktur typischerweise zum Einsatz kommt.
2. Typische Fragen, die man gut anhand des Bildes bearbeiten kann.
3. Das Motiv der Grundstruktur ist mit grauen Linien und pastellfarbigen Flächen dargestellt.
4. Eine Skizze gibt in groben Ansätzen ein Beispiel, wie sich die Grundstruktur mit Inhalten befüllen lässt. Sie dient hier nur als optische Orientierung. Auf dieser Ebene wirst du eigene Themen, Details und Überschriften „hineindenken" müssen.

ÜBUNG

Wenn man in einem Restaurant die Speisekarte durchblättert, steht man schnell vor dem Dilemma, dass einen vieles anspricht und die Entscheidung für ein Gericht schwerfällt. In diesem Fall ist es hilfreich, vorher in sich hineinzuspüren, wonach es einem ist. Überlege daher:

1. Welches Projekt, Meeting, Gespräch, welchen Workshop, welche Präsentation oder andere Arbeitssituation möchtest du visualisieren?
2. Welche Themen sind dabei wichtig?
3. Welche Herausforderungen stehen dabei im Raum?
4. Schreibe diese auf.

Welche der Grundstrukturen auf den nächsten Seiten passen am besten zu deiner Situation?

Perspektive erweitern

Eisbergmodell

Bei vielen Themen findet ein großer Teil der Kommunikation unter der Oberfläche statt (z.B. Aufgaben, Regeln, Werte). Wir möchten unser Verständnis der Situation vertiefen.

- Welche Thematik wird angeschaut?
- Was ist sichtbar/bewusst/präsent?
- Was ist unsichtbar/unbewusst/nicht präsent?

360-Grad-Perspektive

Die Wahrnehmung einer Situation (z.B. eines Problems, einer Frage, eines Konflikts, einer Veränderung) ist je nach Standpunkt oder Rolle ganz unterschiedlich. Wir möchten die Perspektiven der anderen verstehen.

- Welches Thema schauen wir uns genau an?
- Aus welchen unterschiedlichen Perspektiven wird auf das Thema geschaut?
- Wie und was sieht man aus der jeweiligen Perspektive?

Geografische Karte

Je nach geografischer Lage ist die Situation unterschiedlich (z.B. in Bezug auf Gesetzeslage, Firmenstandorte, Kunden). Wir möchten wissen, was wo passiert und/oder zu tun ist.

- Welche Orte/Länder schauen wir uns an?
- Was bestimmt die Situation vor Ort?
- Was bedeutet das für unser Handeln?

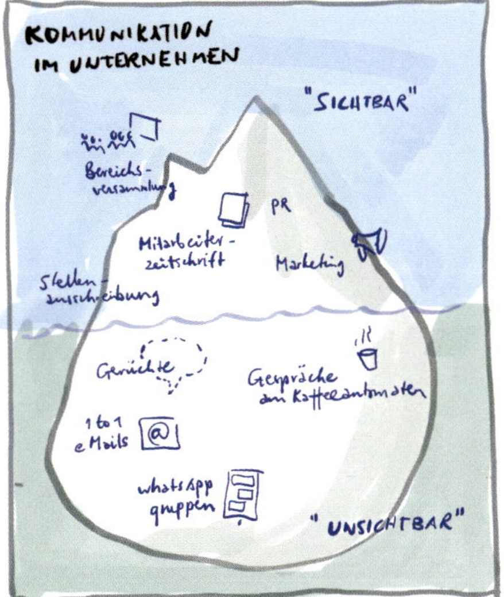

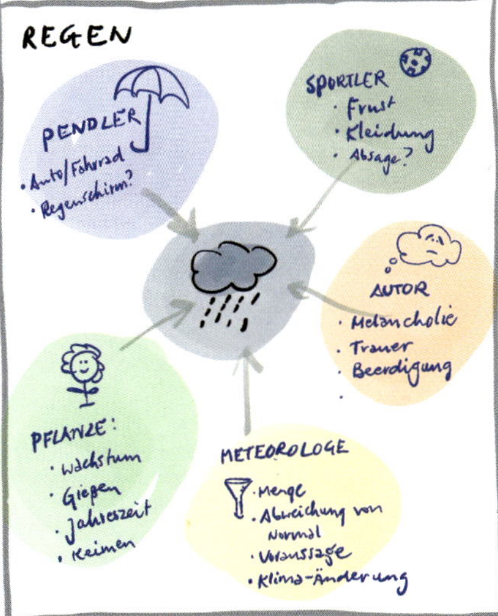

Timeline

Es gab mehrere Ereignisse, die zu der heutigen Situation geführt haben. Wir möchten die Zusammenhänge verstehen.

- Was ist alles passiert? Wann?
- Wie kann man die einzelnen Ereignisse kategorisieren?
- Welche Ereignisse stehen in einem logischen Zusammenhang?

Venn-/Mengendiagramm

Es gibt eine Liste mit Elementen, die nicht trennscharf sind (z.B Ideen, Funktionen, Rollen). Wir möchten sie ganzheitlich erfassen.

- Nach welchen drei Facetten könnte man sie unterteilen?
- Welche Elemente kombinieren zwei Facetten? Welche Funktion haben sie?
- Welche Elemente kombinieren alle Facetten? Welche Funktion haben sie?
- Wo gibt es Lücken?

Radar

Wir müssen eine Menge einzelner Elemente auf dem Schirm haben (z.B. Trends, Aufträge, Lieferungen).

- Was kommt auf uns zu?
- Aus welchen unterschiedlichen Richtungen?
- Welche Aufgaben sind akut/zeitlich eng?
- Welche haben noch Zeit, sind weiter weg?

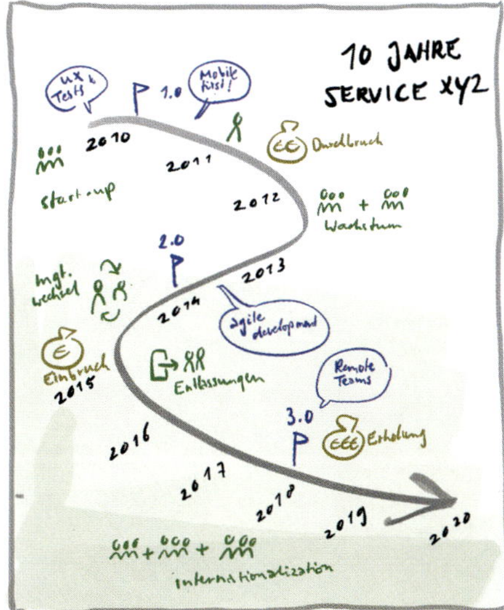

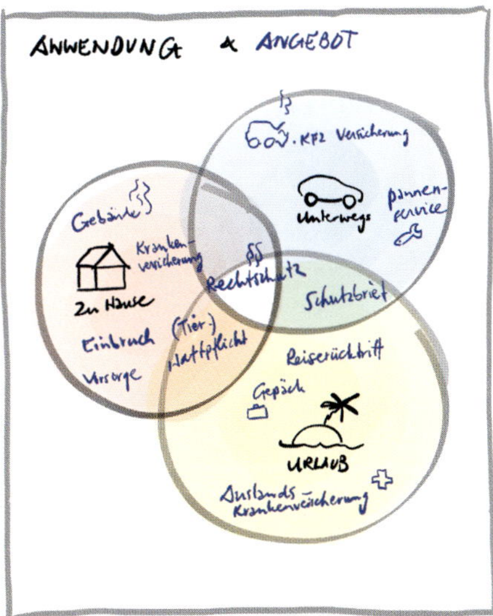

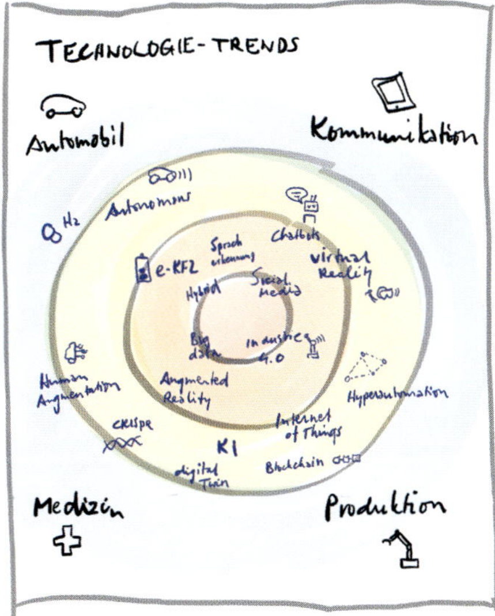

Entscheiden

Waage
Es gibt zwei Optionen (z.B. Bewerber, technische Lösungen, Angebote). Wir möchten uns für eine entscheiden.

- Welche beiden Lösungen gibt es?
- Was spricht nur für die eine Lösung?
- Was nur für die andere?
- Welche Seite überwiegt?

Wegweiser
Es gibt mehrere grundlegend unterschiedliche Strategien, von denen wir nur eine verfolgen können.

- Welche Optionen haben wir?
- Wo führen sie hin? Was sind die möglichen Konsequenzen?
- Wer muss was entscheiden? Wer wird folgen?
- Für welche Strategie entscheiden wir uns?

Trichter
Es gibt mehrere Kandidaten (Bewerber, Angebote, Ideen). Wir müssen priorisieren und eine Auswahl treffen.

- Welche Kandidaten gibt es?
- Welche Selektionsphasen gibt es?
- Welche Kandidaten schaffen es bis zum Ende?

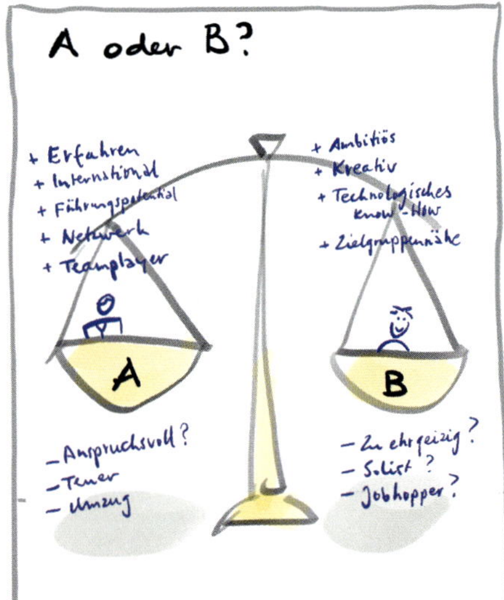

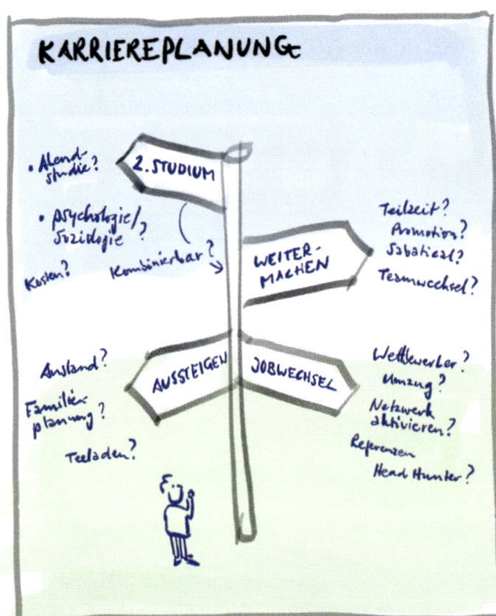

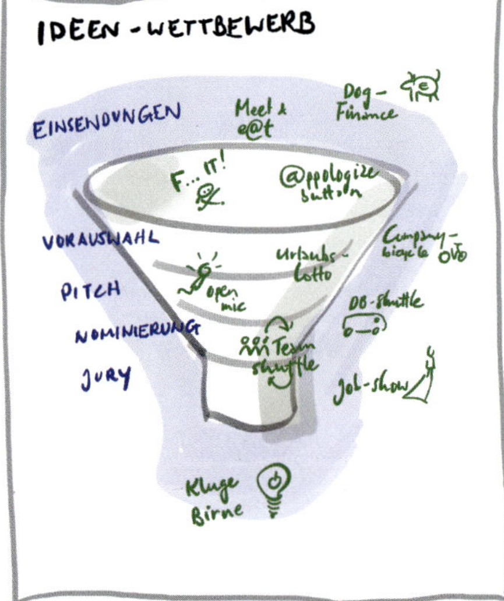

Luftballon

Eine Ressource (z.B. Geld, Zeit, Menschen) für unsere anstehenden Aufgaben ist zu knapp bemessen. Wir müssen Ballast abwerfen.

- Wohin soll es gehen?
- Was ist unsere kritischste Ressource?
- Welche Aktivitäten gibt es alles?
- Welche davon sind besonders belastend?
- Welche brauchen wir unbedingt?
- Gegen/für welche Aktivitäten entscheiden wir uns?

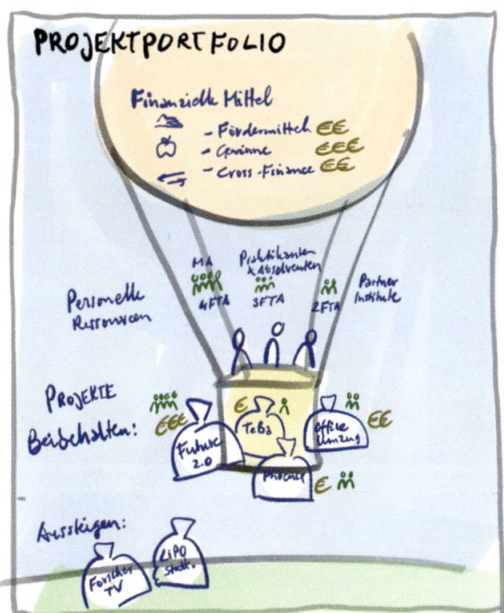

Stop/Keep/Start Doing

Unsere Zusammenarbeit wird von vielen Facetten geprägt (z.B. Meetings, Regeln, Verhalten). Wir möchten unsere Zeit und Energie bewusst und effektiv einsetzen.

- Mit welchen Aktivitäten wollen wir weitermachen und sie ggf. intensivieren?
- Was wollen wir nicht mehr machen oder zumindest stark reduzieren?
- Was wollen wir (neu) anfangen?

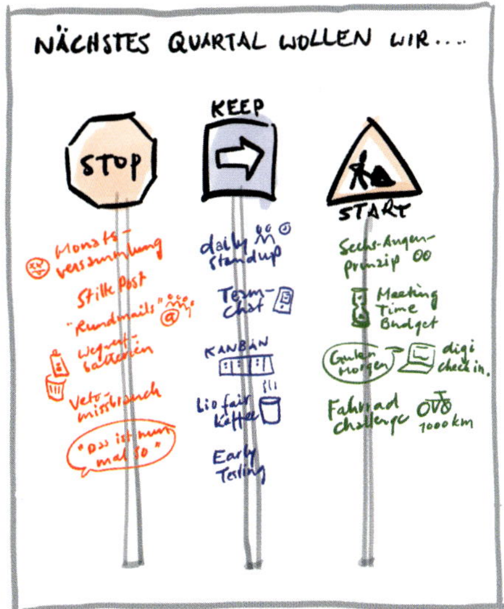

2x2-Matrix

Es gibt eine Liste (To-dos, Anforderungen, Produkte, Risiken) mit vielen Items, mit denen wir uns beschäftigen könnten. Wir müssen priorisieren.

- Was sind die zwei wichtigsten Entscheidungskriterien?
- Welche vier Kombinationen ergeben sich?
- Wo sind die Elemente einzuordnen?
- Wie soll mit den Elementen in jedem Quadranten verfahren werden?

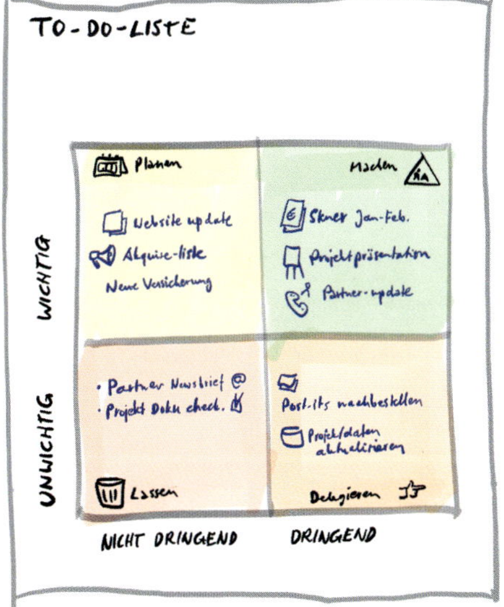

Organisieren

Pyramide
Die Organisation ist streng hierarchisch. Wir möchten sie erklären.

- Welche Hierarchien gibt es?
- Welche Aufgaben/Verantwortungen/Anforderungen gibt es auf jeder Ebene?
- Welche Information muss fließen, damit jede Ebene funktionieren kann?

Haus
Die Organisation ist aus verschiedenen Einheiten aufgebaut. Wir möchten sie robust und solide gestalten.

- Was ist das Fundament?
- Was sind die tragenden Pfeiler? Kann man sie quer in einzelne Segmente unterteilen (Matrixorganisation)?
- Was ist übergreifend?
- In welchem Zustand ist das Haus?

Baum
Die Organisation gleicht einem lebenden Organismus. Wir möchten ihn von unten bis oben verstehen.

- Was nährt die Organisation?
- Was trägt/unterstützt die Organisation?
- Welche Organsiationsbereiche gibt es?
- Wie gesund/ausgewogen/ertragreich sind sie?

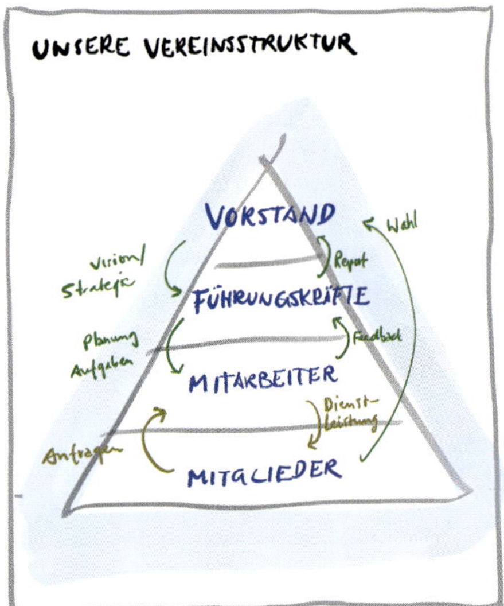

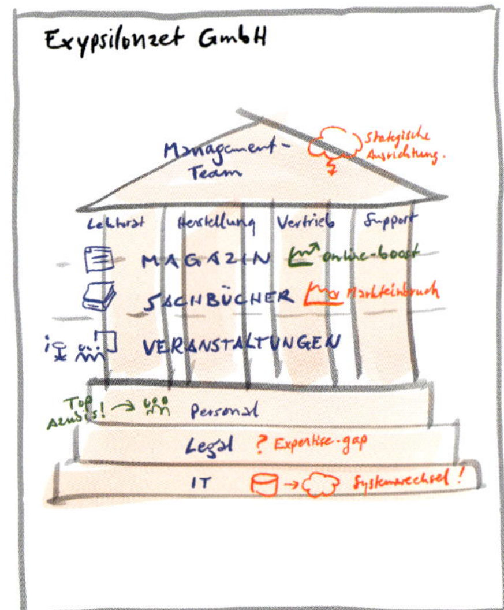

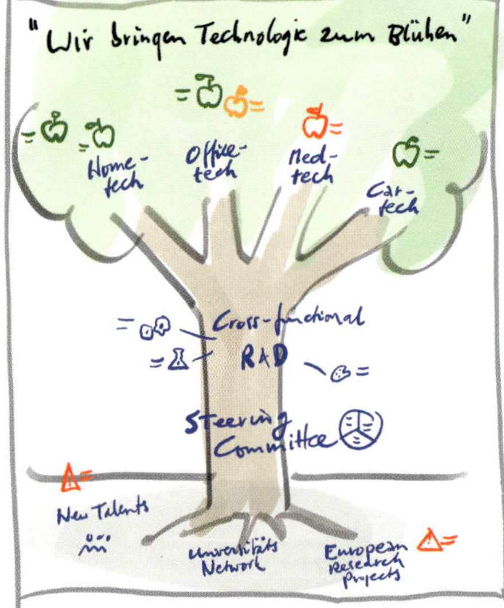

Archipel
Die Organisation hat sich über die Jahre in unterschiedliche Bereiche gespalten. Wir möchten die Verbindungen stärken.

- Welche einzelnen Bereiche gibt es?
- Was zeichnet diese aus?
- Welche Bereiche sind zentral? Welche nah aneinander? Welche weiter weg?
- Welche Verbindungen gibt es?

Sprungtuch
Mehrere Parteien haben ein gemeinsames dringendes Anliegen. Wir möchten uns (spontan, temporär, kurzfristig) organisieren.

- Wer ist mit dabei?
- Welches gemeinsame Anliegen haben wir?
- Welche Gefahr droht?
- Wie wollen wir zusammenarbeiten?
- Mit welchen Mitteln?

Netzwerk
Die Organisation ist flach, dynamisch und vernetzt. Wir möchten verstehen, wie sie funktioniert und interagiert.

- Welche Elemente gibt es?
- Wie werden Verbindungen hergestellt, gepflegt und gelöst?
- Welche Regeln/Vereinbarungen gelten?

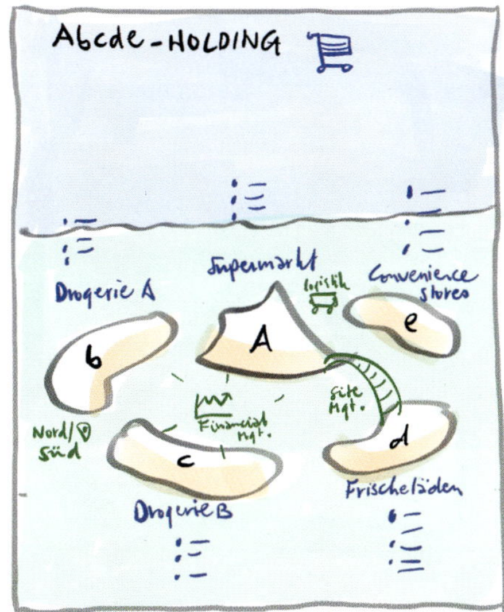

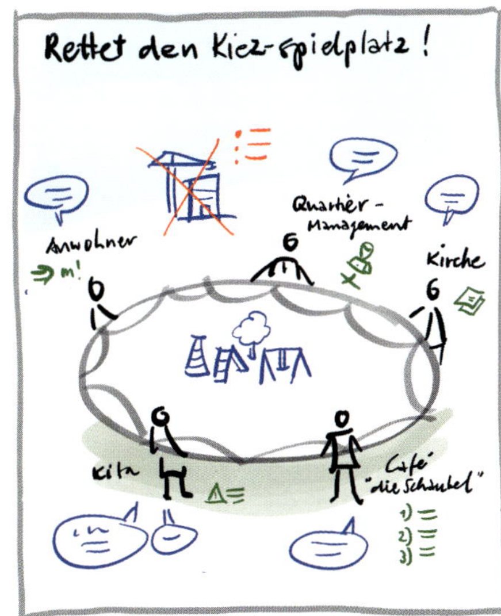

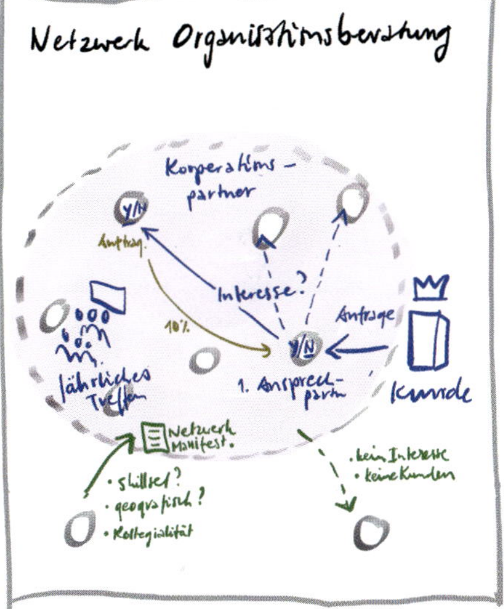

Führen und Zusammenarbeiten

Fußball
Wir möchten als Team erfolgreich sein.

- Was ist das Ziel?
- Welche Rollen/Positionen gibt es?
- Mit welchen Aufgaben und Abläufen?
- Wie wird geführt?
- Was stärkt den Teamgeist?

Schiffsflotte
Mehrere Parteien (Firmen, Abteilungen, Projekte) sind übergreifend miteinander verbunden. Wir möchten gemeinsam Kurs halten.

- Wer ist gemeinsam unterwegs?
- Welche Unterschiede gibt es?
- Wie lautet das gemeinsame Ziel?
- Was gibt uns Orientierung?
- Welche Herausforderungen können nur gemeinsam gemeistert werden?
- Wo wird koordiniert/wie kommuniziert?

Musizieren
Es gibt Gruppenmitglieder mit stark ausgeprägten individuellen Qualitäten. Wir suchen eine passende Form der Zusammenarbeit.

- Sind wir eher eine Militärkapelle, ein Symphonieorchester, ein Kammerorchester, eine Popgruppe oder eine Jazz-Combo?
- Was definiert die Qualität unserer Arbeit?
- Welche Rollen sind definiert?
- Wie sind Abläufe definiert?
- Wie wird geführt?

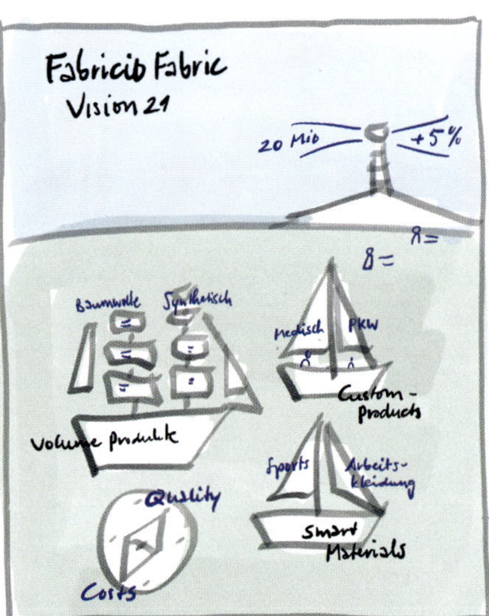

Indianerstamm

Ein Team ist mehr als ein Kästchen im Organigramm. Wir möchten Gruppengefühl und Zusammenhalt stärken.

- Wofür brennen wir gemeinsam?
- Was trägt jeder Einzelne zur Gruppe bei?
- Welche Rituale haben sich entwickelt? Welche möchten wir etablieren?
- Welche Geschichten verbinden uns?

Herz, Augen, Hirn, Hände

Eine Organisation ist wie ein eigenständiger Organismus. Sie soll autonom, gesund und überlebensfähig sein.

- Welche Körperteile mit welchen Funktionen hat unsere Organisation?
- Wie/von wem werden diese Funktionen in unserer Organisation wahrgenommen?
- Wie können wir den Organismus stärken?

Golden Circle

Die Organisation besteht aus vielen einzelnen, eigenständigen und eigenverantwortlichen Menschen. Wir möchten unser Handeln aufeinander abstimmen.

- Wer ist Teil der Organisation und warum?
- Was ist das gemeinsame Interesse?
- Was sind Kennzeichen/Indikatoren für eine gute Zusammenarbeit?
- Welche Regeln/Richtlinien müssen befolgt werden, damit es klappt?

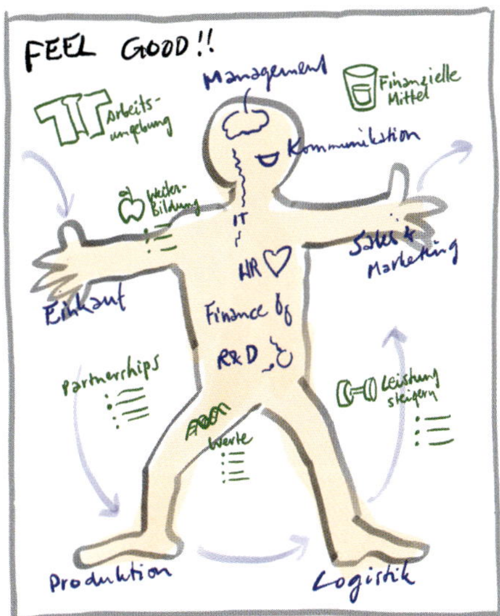

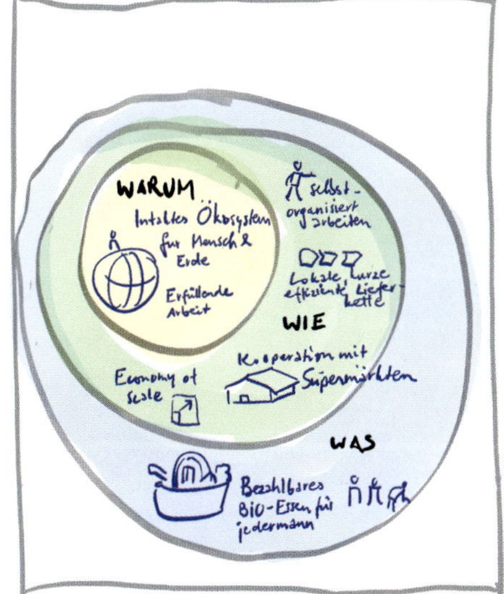

Aufträge bearbeiten

Staffellauf
Ein Auftrag wird von mehreren Personen nacheinander bearbeitet. Wir möchten ihn so schnell wie möglich erledigen.

- Wie genau sieht der Auftrag aus?
- Wie soll er bearbeitet werden?
- Wer ist für welchen Abschnitt zuständig?
- Wie sind die Schnittstellen/Übergaben organisiert?
- Wie können wir besser werden?

Oktopus
In einer Organisation hat eine Abteilung oder eine Person ein breites Aufgabenspektrum. Wir möchten die Anforderungen besser verstehen.

- Um welche Instanz geht es?
- Welche Funktionen werden ausgeübt?
- Welche Aufgaben sind das konkret?
- Welche Fähigkeiten werden dazu gebraucht?
- Sollen Verantwortungen abgegeben oder Aufgaben delegiert werden?

Maschine
Die Arbeit ist formalisiert. Wir möchten sie so gut und effizient wie möglich erledigen.

- Was brauchen wir, damit wir unsere Aufgaben erledigen können (Input)?
- Was wird von uns für wen erzeugt (Output)?
- Was ist in der Maschine drin (Aufgaben, Prozesse, Menschen)?
- Welche Stellschrauben hat die Maschine?
- Wie können wir die Produktivität erhöhen?

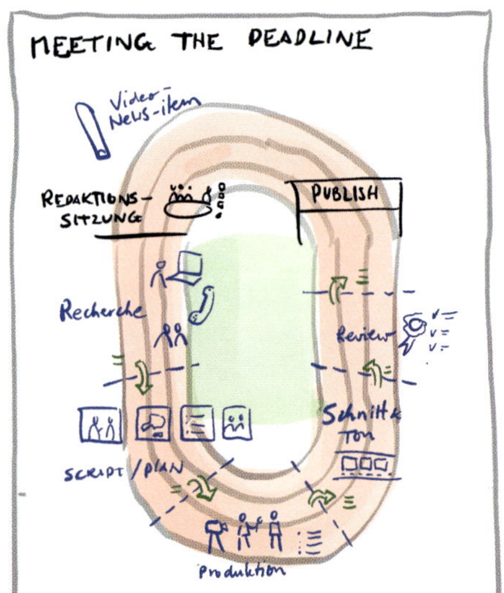

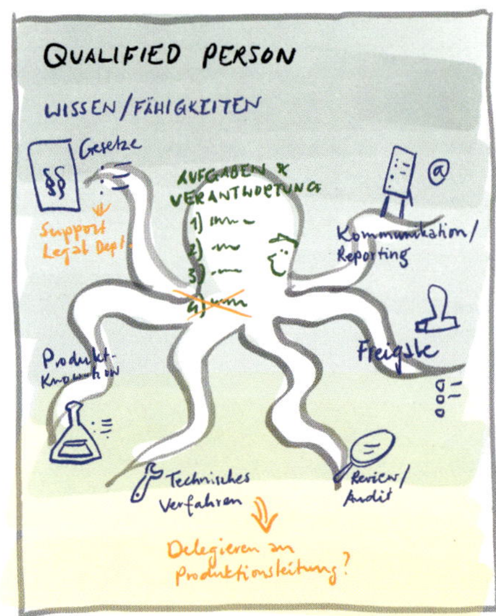

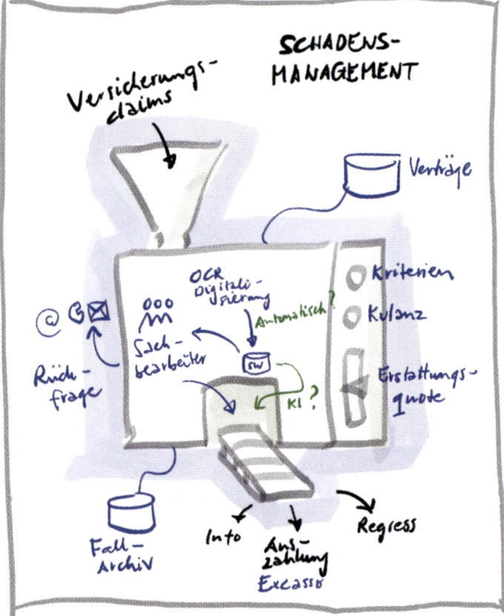

Rennstrecke
Bei der Herstellung wird immer wieder der gleiche Zyklus durchlaufen. Wir möchten unsere Leistung steigern.

- Welche Aufgaben tragen direkt zur Wertschöpfung bei? (Kernprozesse)
- Wie werden diese Aufgaben unterstützt? (Supportprozesse)
- Wo gibt es Engpässe, Gefahren, Wartezeiten oder andere „Schikanen"?
- Wie könnte man noch besser werden?

Monopoly
Wir durchlaufen gemeinsam den gleichen Zyklus (Finanzplanung, Sprint, Jahresurlaubsplanung ...). Wir möchten diesen möglichst transparent gestalten.

- Welche festen Aufgaben/Termine gibt es?
- Wer ist für welchen Abschnitt verantwortlich? Wer muss zuarbeiten?
- Welche außergewöhnlichen/ungeplanten Situationen können eintreten?

Restaurant
Wir bedienen mehrere Kunden mit unterschiedlichen Anforderungen gleichzeitig. Wir möchten die Abläufe optimieren.

- Wie erfassen und planen wir die Aufträge?
- Welche Aufgaben sind auftragsspezifisch, welche sind weitgehend identisch?
- Wer ist für was zuständig?
- Ist der Kunde zufrieden?
- Wie können wir uns verbessern?

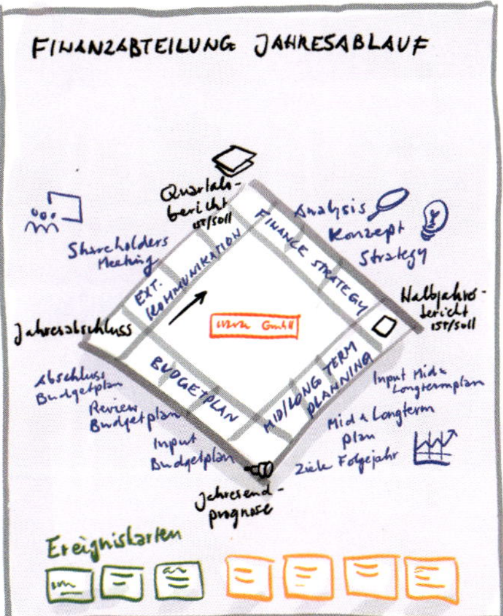

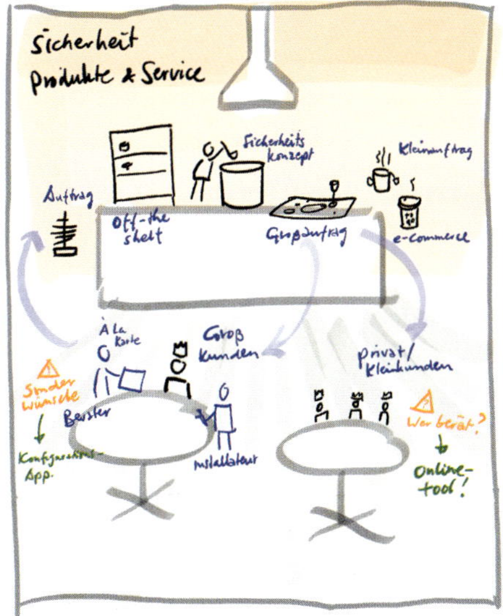

Krisen bewältigen und vorbeugen

Achterbahn

Alle schlingern, wir sind permanent im Stress und es geht nur noch drunter und drüber. Wir möchten uns sammeln.

- Wie sind wir überhaupt in diese chaotische Situation geraten?
- Was ist bisher passiert?
- Was kommt noch auf uns zu?
- Was hält uns auf der Spur?
- Wie schaffen wir den Ausstieg?

Mauer

Es gibt zwei Bereiche, die sich stark voneinander abgrenzen. Wir möchten uns wieder füreinander öffnen.

- Was trennt uns formal voneinander?
- Was trennt uns emotional, kulturell ...?
- Welche formellen Schnittstellen braucht es?
- Wie können wir die Mauer öffnen?

Gewitter

Mehrere Parteien haben einen Konflikt. Wir möchten ihn lösen.

- Welche Parteien gibt es?
- Welche Interessen werden verfolgt?
- Was verursacht den Konflikt?
- Wie äußert sich der Konflikt?
- Welcher Schaden droht?
- Wie kann man die Spannungen ableiten?

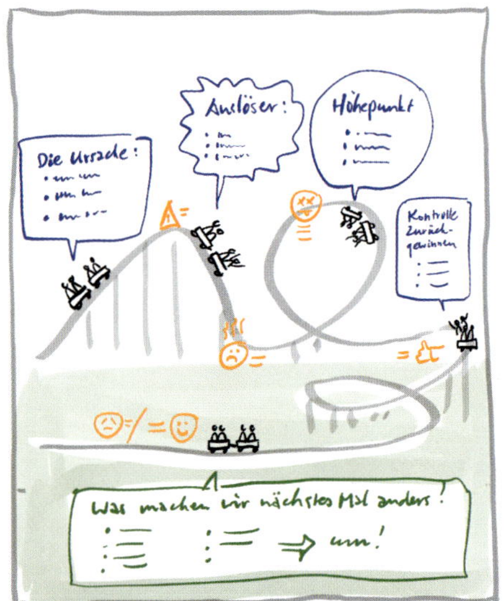

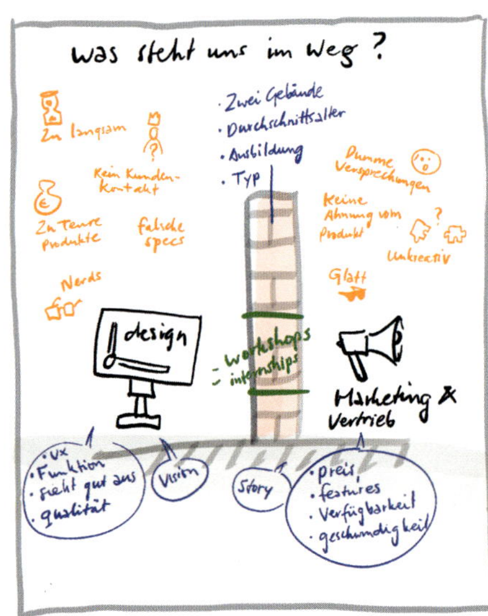

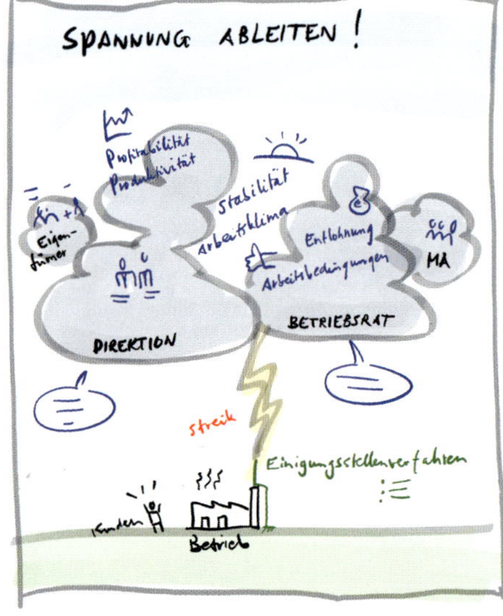

Feuerwehr

Wir sind hohen Risiken ausgesetzt. Wir möchten uns vor der Gefahr und ihren möglichen Folgen schützen.

- Welche Bedrohung(-en) gibt es?
- Was sind die größten Risiken?
- Wie können wir der Gefahr vorbeugen/Risiken minimieren?
- Welche Gefahren(-stufen) gibt es?
- Wie sollte man jeweils handeln?

Burg

Wir werden von externen Gefahren bedroht. Wir möchten uns schützen.

- Was gilt es zu schützen?
- Welche Angriffsmöglichkeiten gäbe es?
- Wo gibt es Schwachstellen?
- Wie wehren wir uns?

Kartenhaus

Die Situation ist instabil und droht zusammenzubrechen. Wir möchten dies verhindern.

- Welche externen Faktoren können den Zusammensturz auslösen?
- Kann man diese unterbinden?
- Wie sind wir intern strukturiert?
- Wie kann man den inneren Zusammenhalt stärken?

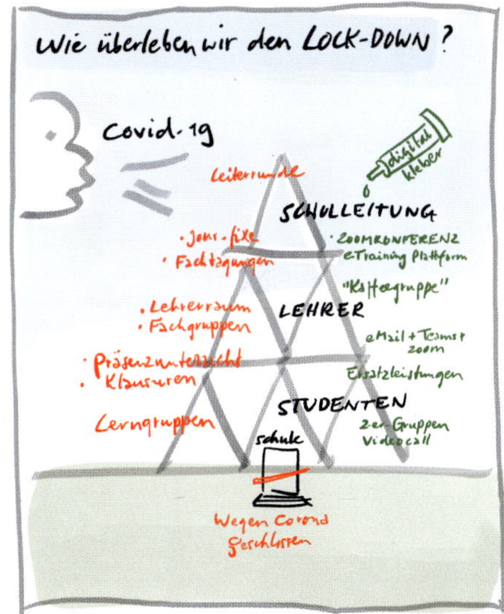

Zu Lösungen kombinieren

Puzzle
Um die Herausforderung zu meistern, müssen viele Teilaspekte richtig zusammenpassen. Wir haben die Lösung gefunden.

- Was ist die Herausforderung?
- Welche Aspekte tragen zur Lösung bei?
- Welche Aspekte sind voneinander abhängig und brauchen eine passende Schnittstelle?

Lego
Aus unterschiedlichen, standardisierten Komponenten lassen sich verschiedene Lösungen konfigurieren. Wir suchen die für uns geeignete, passende Lösung.

- Welche Komponenten stehen uns prinzipiell zur Verfügung?
- Welche davon brauchen wir?
- Wie sieht die Zielkonfiguration aus?
- In welcher Reihenfolge wird diese zusammengebaut?

Getriebe
Es läuft nur, wenn unterschiedliche Tätigkeitsbereiche gut verzahnt sind. Wir möchten die Situation verstehen und optimieren.

- Welche Tätigkeitsbereiche gibt es?
- Zwischen welchen Funktionen gibt es Schnittstellen?
- Wo hakt es? Wie kann man Reibungsverluste minimieren?

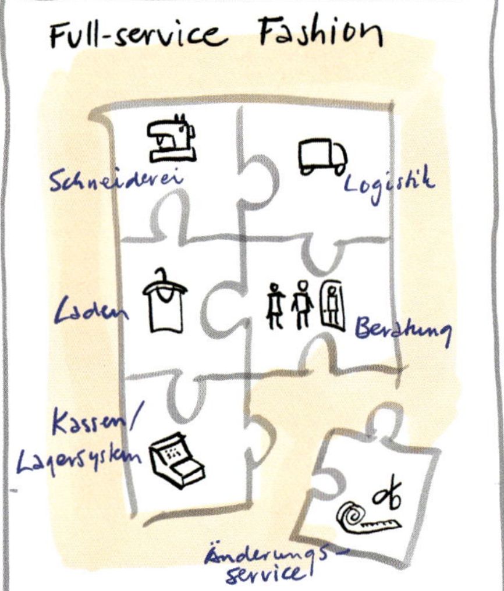

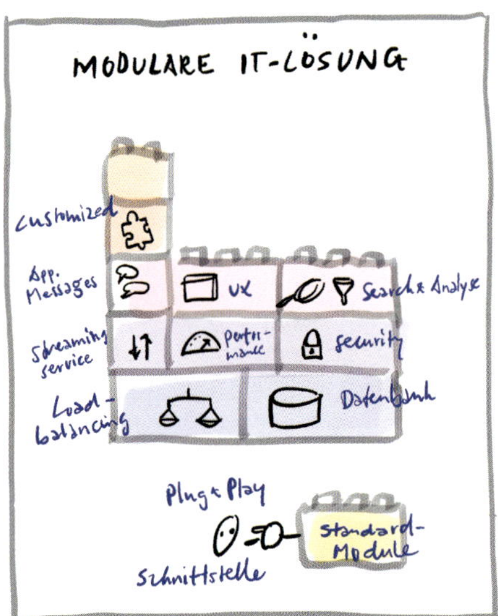

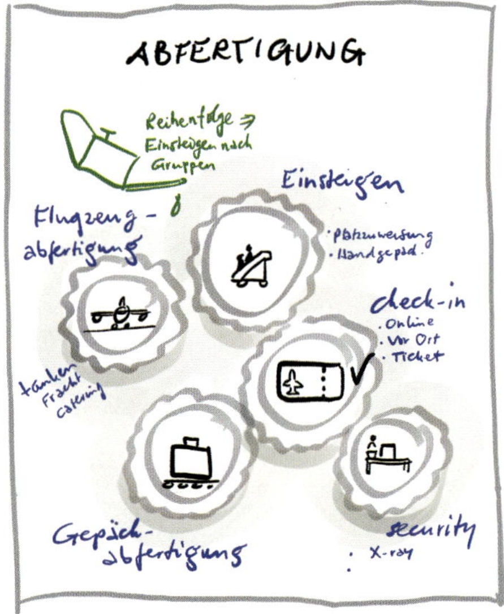

Cloud
Wir haben eine zentrale Lösung, die dezentral genutzt werden kann. Wir möchten zeigen, wie sie funktioniert.

- Welche Funktionen/Daten werden zentral verwaltet?
- Welche (unterschiedlichen) Bereiche greifen dezentral auf die Cloud zu?
- Welche Aufgaben werden dort erledigt?
- Mit welchen Geräten, Interfaces …?
- Welche Verbindungen gibt es?

Geben und nehmen
Kreisläufe, Geschäftsmodelle, Ökosysteme: Mehrere Instanzen sind durch ein gemeinsames System miteinander verbunden. Wir möchten es verstehen und fördern.

- Welche Beteiligten (Produzenten, Dienstleister, Kunden, Vermittler …) gibt es?
- Wer kriegt was (Güter, Inhalte, Wissen, Ressourcen, Geld, Aufmerksamkeit, Daten …) von wem?
- Haben alle etwas davon?

Rezeptur
Für eine Lösung werden bestimmte Elemente in einem definierten Vorgang kombiniert. Wir möchten diesen so beschreiben, dass er reproduzierbar ist.

- Wie viel wird von jedem Element gebraucht?
- Wie sehen die Arbeitsschritte aus?
- Was gilt es zu beachten?
- Wie sieht die Lösung am Ende aus?

Neues entwickeln und entdecken

Iterationsschleifen
Eine komplexe Herausforderung wird nur selten auf einen Schlag gemeistert. Wir möchten in mehreren Schleifen eine Lösung erarbeiten.

- Was ist die Herausforderung?
- Welche Phasen/Aufgaben werden in jedem Zyklus erneut durchlaufen?
- Welche Entwicklungsstufen gab es schon? Was ist das nächste Level?

Rocket-Science
Ein großes Ziel ist gesteckt. Wir möchten uns einen Überblick verschaffen und die Beteiligten für das Projekt begeistern.

- Was ist das Ziel? Warum?
- Welche Projektphasen wird es geben?
- Wer ist alles beteiligt?
- Mit welchem Verantwortungsbereich?

Chemischer Prozess
Es soll etwas Neues/Innovatives erfunden werden. Wir möchten den kreativen Rahmen dafür schaffen.

- Welche Zutaten sind interessant/vielversprechend? Wo kommen sie her?
- Wo entstehen neue Ideen?
- Was beschleunigt den Prozess?
- Wie werden Ideen ausgewählt/selektiert?

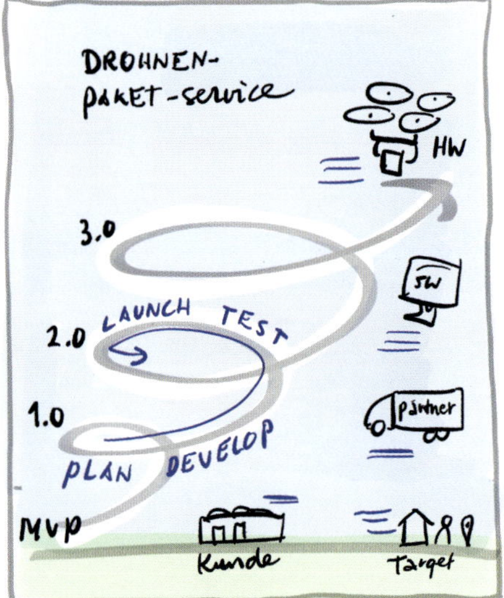

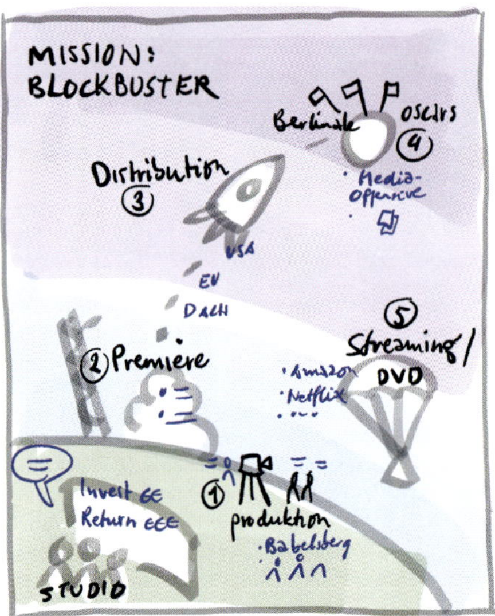

Säen und ernten

Es braucht Nachwuchs. Wir möchten Neues initiieren und fördern.

- Welche neuen Ansätze/Kandidaten gibt es?
- Welche Entwicklungsphasen gibt es?
- Welche Bedingungen fördern die Entwicklung/das Wachstum?
- Wie wird das Neue verwendet?

Traumschloss

Wir haben eine Vision und möchten vom Träumen ins Handeln kommen.

- Wie sieht die Vision aus?
- Was steht der Realisierung bisher im Weg?
- Was wäre realistisch machbar?
- Was sind die Schritte dahin?

U-Boot

Wir möchten in unbekanntes Terrain (Zielgruppe, Geschäftsfeld etc.) vordringen.

- Welches Gebiet wollen wir erforschen?
- Wonach suchen wir? Warum?
- Wo kommen wir her?
- Was wissen wir bereits?
- Welche These gibt es? Was würde die These bestätigen/widerlegen?
- Wie möchten wir sie erforschen?
- Welche Ressourcen brauchen wir dazu?

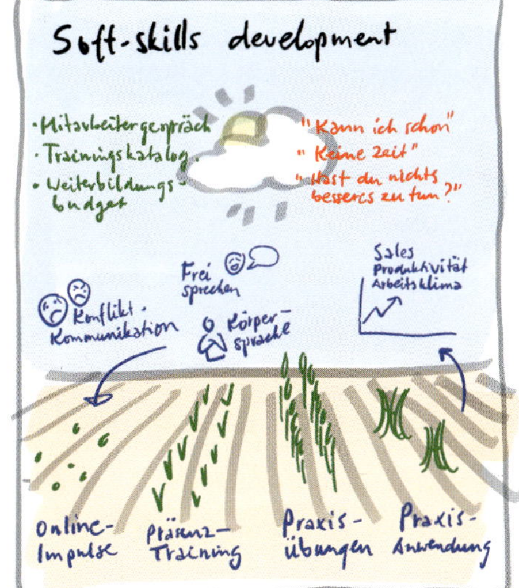

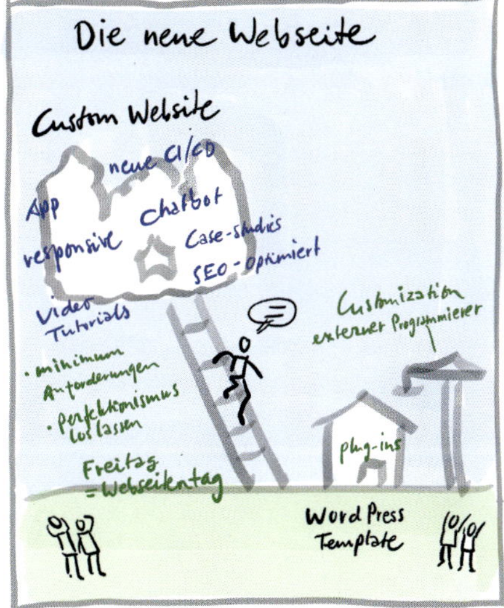

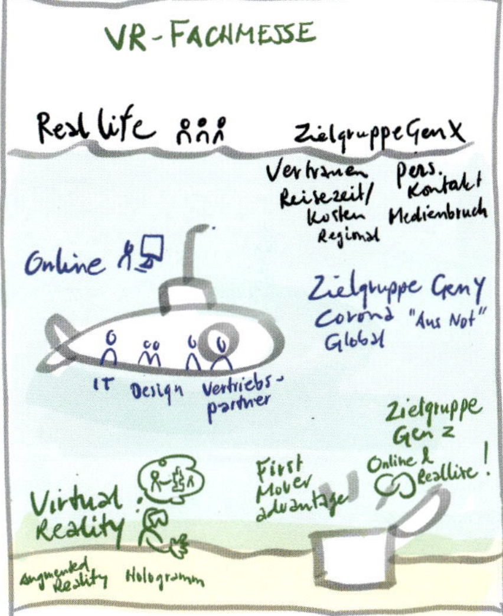

Planen und zurückschauen

Auto-Cockpit
Das Projekt läuft. Wir möchten den aktuellen Status erfassen.

- Was ist das Ziel?
- Stimmt die Richtung noch?
- Was sehen wir im Rückspiegel?
- Wo befinden wir uns jetzt?
- Was ist unmittelbar vor uns?
- Wie schnell kommen wir voran?
- Wie steht es um Zeit/Budget/Personal-Ressourcen?

Weihnachtsessen
Ein großes Projekt besteht aus vielen kleineren Projekten. Wir möchten uns über Ablauf und Verantwortlichkeiten verständigen.

- Welche einzelnen Phasen gibt es?
- Mit welchen Teilprojekten?
- Wer ist wofür zuständig?
- Was kann unabhängig voneinander stattfinden? Wo gibt es Abstimmungsbedarf?

Bergbesteigung
Das Projekt ist eine richtige Herausforderung. Wir wollen es gemeinsam meistern.

- Was ist das Ziel?
- Welche Etappen gibt es auf dem Weg?
- Welche Arbeitspakete werden verteilt?
- Welche Gefahren drohen uns?

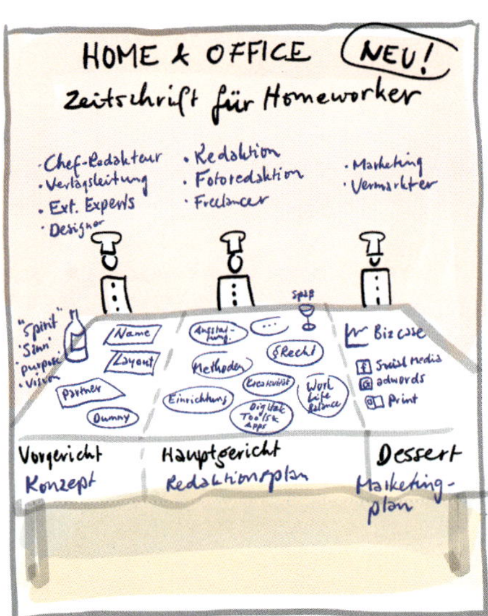

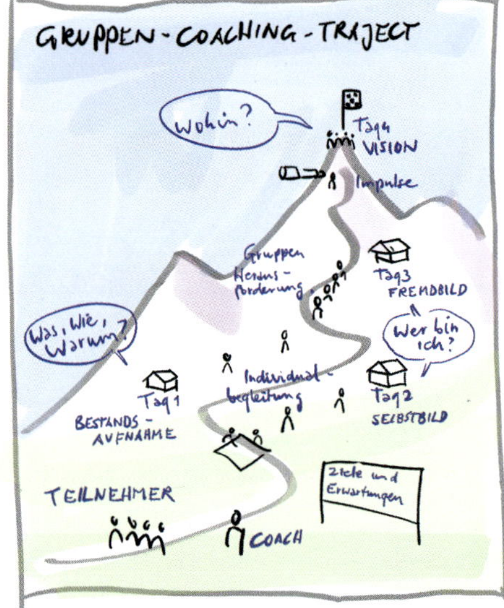

Schatzkarte

Das Projekt ist vielversprechend, aber ziemlich abenteuerlich. Wir planen den besten Weg zum ersehnten Ziel.

- Was versprechen wir uns vom Projekt?
- Was ist die Belohnung?
- Welche Gefahren drohen auf dem Weg?
- Welche lassen sich vermeiden?
- Wo müssen wir durch?
- Was brauchen wir, um die vermuteten Gefahren zu meistern?

Auf der Welle surfen

Es kommt eine große, unabwendbare Entwicklung auf uns zu. Wir müssen reagieren.

- Was kommt auf uns zu?
- Welche Risiken birgt die Entwicklung?
- Welche Chancen?
- Welche Ausstattung/Fähigkeiten brauchen wir, um reagieren zu können?
- Wie erwischen wir den richtigen Moment?
- Was passiert, wenn wir zu früh oder zu spät sind?

Fluss

Es gibt eine Idee/ein Modell/eine Erfahrung, wie etwas ablaufen wird/sollte. Was kommt auf uns zu, wenn wir diesen Weg gehen?

- Welche Phasen werden durchlaufen?
- Welche Tools/Methoden setzen wir ein?
- Welcher Abschnitt ist vermutlich besonders herausfordernd?
- Worin mündet der Prozess? Mit welchem Ergebnis?

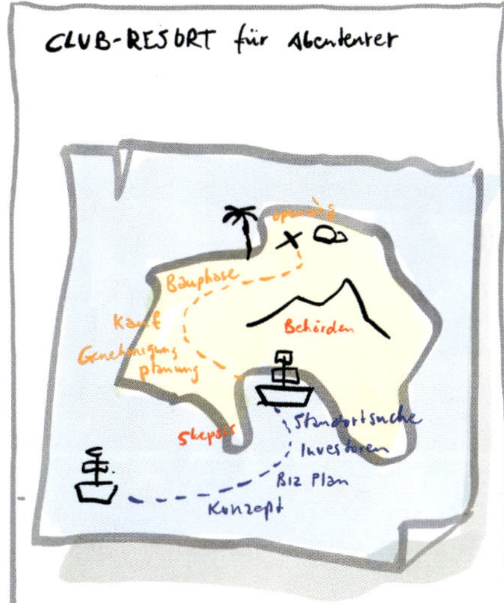

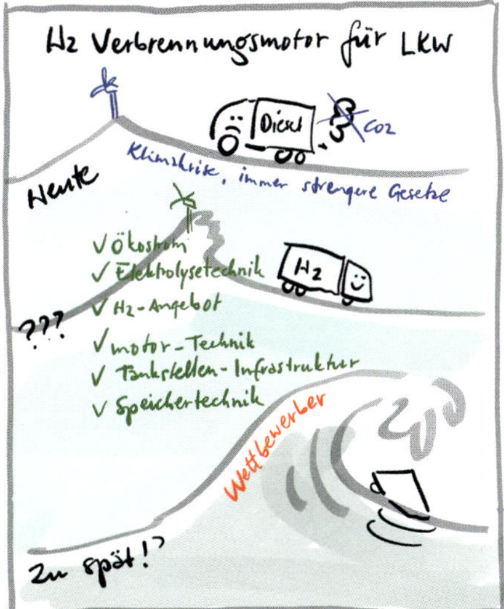

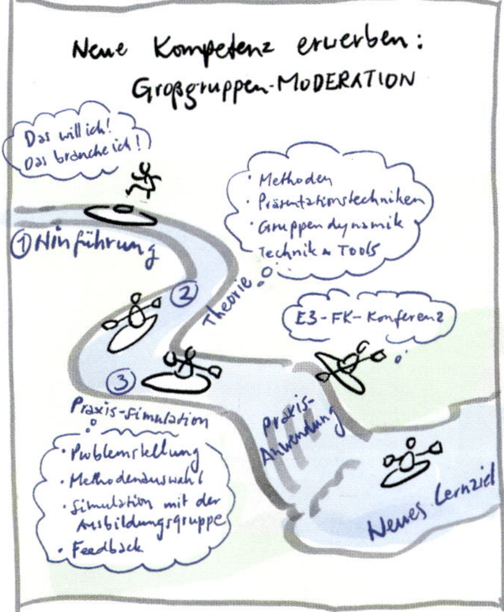

Transformieren

Verkehrsbaustelle
Die Arbeit fließt nicht richtig. Wir wollen den Prozess umgestalten.

- Wie sieht der alte Prozess aus?
- Warum gerät er ins Stocken?
- Wie könnte der neue Prozess aussehen?
- Welche Maßnahmen braucht es für die Umgestaltung?
- Braucht es neue „Verkehrsregeln"?

Brücke
Die neue Situation (Prozess, Organisation, Technologie, Standort) ist bereits geplant und in der Umsetzungsphase. Wir möchten die Menschen auf dem Weg dorthin begleiten.

- Was kennzeichnet die alte Situation?
- Was kennzeichnet die neue?
- Wie weit sind wir auf der Brücke schon vorangekommen?
- Auf welchen Pfeilern beruht der erfolgreiche Übergang?

Schiffssanierung
Die alte Organisation ist nicht mehr auf die heutigen Anforderungen und Bedürfnisse zugeschnitten. Wir möchten reorganisieren.

- Was kennzeichnet die alte Organisation?
- Was die zukünftige Organisation?
- Welche Aktivitäten braucht es für die Umstellung?

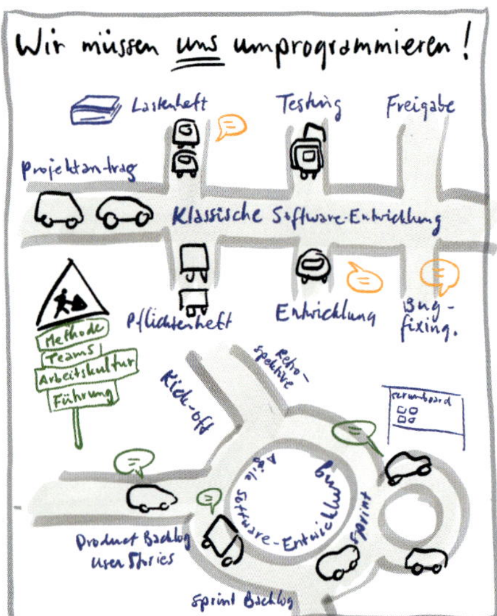

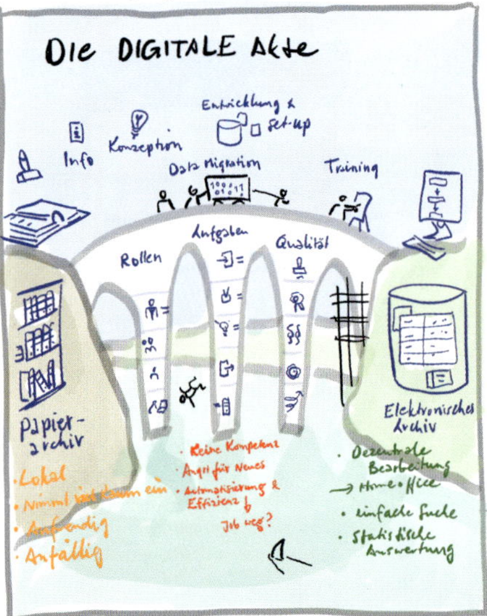

Brettspiel/Computerspiel
Der Arbeitsbereich wird digitalisiert/automatisiert. Wir möchten uns mit den Folgen vertraut machen.

- Wie ändert sich der Prozess?
- Welche Aufgaben fallen weg, welche bleiben, welchen neuen kommen hinzu?
- Welche Fähigkeiten werden dazu benötigt/gebraucht?
- Wie können wir uns diese aneignen?

Schwimmbad
Es ist für alle Beteiligten nicht einfach, sich auf die neue Situation einzulassen. Wir möchten Widerstände überwinden.

- Wie stellt sich die (neue) Herausforderung für die Mitarbeitenden dar?
- Welche Ängste/Bedenken gibt es?
- Was braucht es, um diese zu überwinden?
- Was erwartet uns, wenn wir es schaffen?

Von der Raupe zum Schmetterling
Die Instanz (Person, Abteilung, Organisation) hat großes ungenutztes Potenzial. Wir möchten es entfalten.

- Wie sehen wir uns aktuell?
- Was schränkt uns ein?
- Was könnten/möchten wir sein?
- Wie würde sich das zeigen?
- Was braucht es für die Transformation?

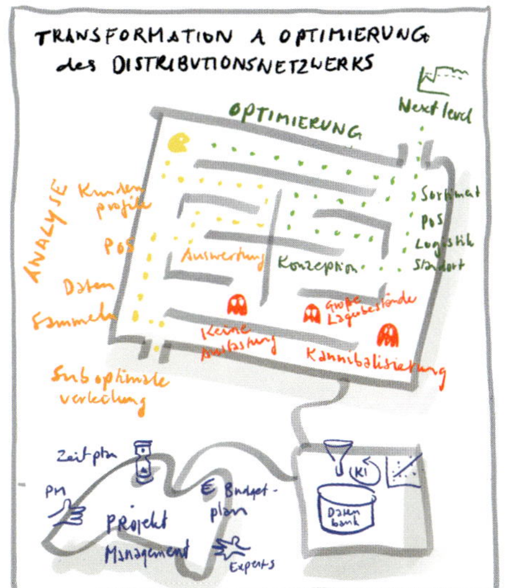

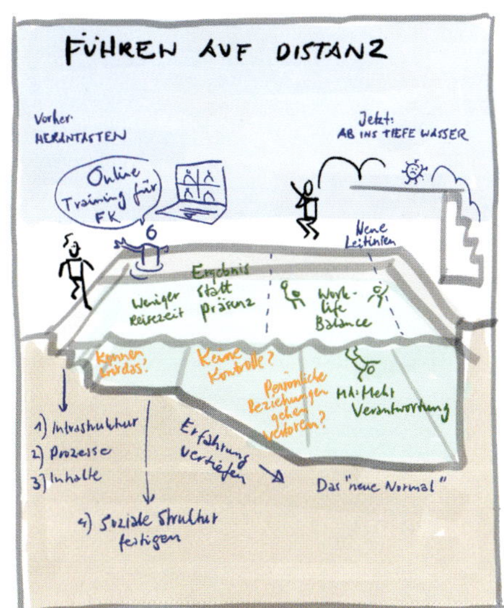

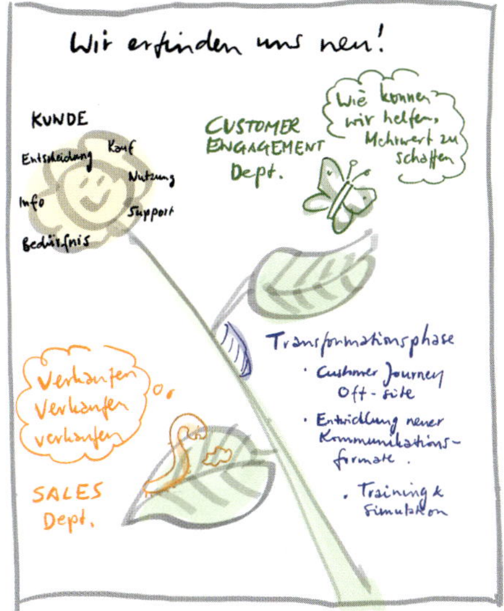

Veranstaltungsformate

Klassische Konferenz
Mehrere Referenten halten einen Vortrag mit Bezug zu einem bestimmten Thema. Wir möchten die zentralen Botschaften festhalten.

- Was ist das zentrale Thema?
- Wozu wird in jedem Vortrag referiert?
- Was sind die Namen der Referenten?
- Welche Titel haben die Vorträge?
- Welche Perspektive/Kernbotschaft wird vermittelt?

Forumsdiskussion
Die Teilnehmenden eines Panels beziehen Position zu den Fragen des Moderators. Wir möchten die Diskussion zusammenfassen.

- Was ist das zentrale Thema? Was sind die wichtigsten Fragen?
- Was sind die individuellen Positionen/Argumente der einzelnen Panel-Mitglieder?
- Welche Fragen stellt das Publikum?
- Worüber besteht Konsens? Was ist die Schlussfolgerung?

Kreativ-Workshop
In mehreren Schritten sollen Ideen entwickelt und ausgearbeitet werden. Wir möchten Ablauf und Ergebnisse festhalten.

- Was ist die Ausgangslage?
- Was sollen wir für wen entwickeln?
- Was sind die Prozessschritte?
- Wie lauten die Zwischenergebnisse?
- Womit machen wir weiter?
- Mit welcher neuen Erkenntnis/Idee gehen die Teilnehmenden nach Hause?

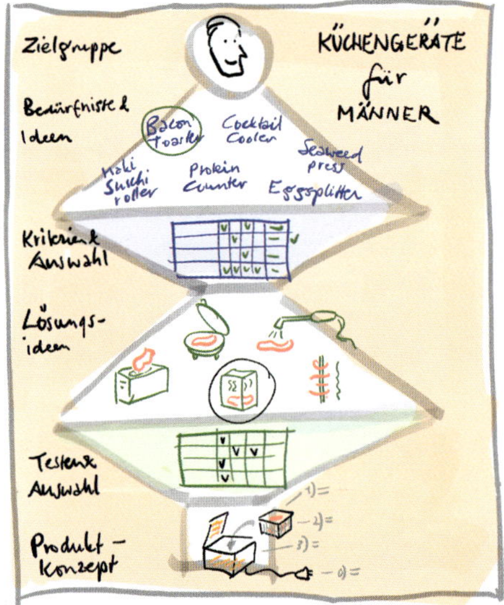

World-Café

Die Teilnehmenden werden in Gruppen unterteilt und diskutieren an jedem Tisch eine bestimmte Frage. Nach einer festgelegten Zeit wechseln die Gruppen den Tisch und ergänzen dort die bisherige Diskussion. Welche einzelnen Tische gibt es?

- Welche Fragestellungen werden diskutiert?
- Was sind die wichtigsten Aussagen?
- Worüber gibt es Konsens? Was wird besonders kontrovers diskutiert?

Fishbowl

Ein kleiner Teil der Teilnehmenden diskutiert im inneren Kreis, während die anderen außen herum zuhören. Nach festgelegten Regeln kann eine Zuhörerin einen Redner im inneren Kreis ablösen und sich an der Diskussion beteiligen.

- Was sind die wichtigsten Themen?
- Welche Statements werden dazu geäußert?
- Welche Themen werden neu eingebracht?
- Worüber gibt es Konsens/Dissens?
- Wie lautet das Fazit?

Open Space/Barcamp/Marktplatz

Die Teilnehmenden schlagen Themen vor, die an verschiedenen Stationen oder in Sessions erarbeitet/präsentiert/diskutiert werden. Wir möchten die Ergebnisse dokumentieren.

- Was verbindet die einzelnen Stationen/Sessions (Anlass, Zielgruppe, zentrale Fragen, Herausforderung)?
- Welche Stationen/Sessions gibt es?
- Was wird an den einzelnen Stationen/Sessions erarbeitet/präsentiert/diskutiert?

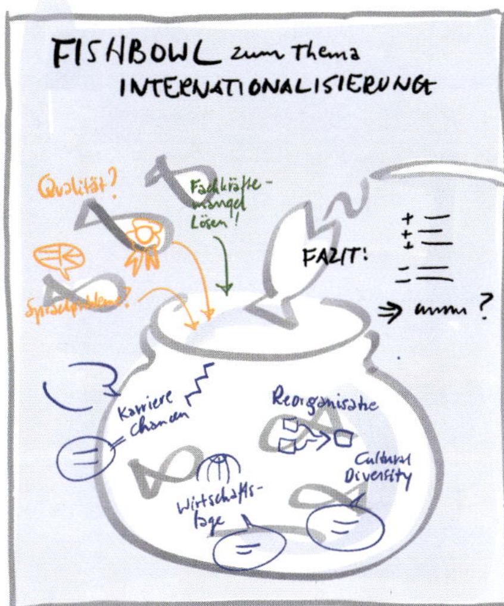

Mit Metaphern arbeiten

Warum Metaphern?
Du hast jetzt gelernt, mit Grundstrukturen zu arbeiten, und jede Menge Anregungen bekommen, welche Motive dafür geeignet sind. Viele davon sind metaphorisch. Warum?

Metaphern sagen mehr als tausend Worte
Durch Metaphern werden abstrakte Konzepte auch ohne viel Erklärung leicht verständlich. Der Eisberg vor einem Schiff ist mehr als nur ein mögliches Problem auf dem Weg zum Projektziel: Weil jeder von uns die Geschichte der Titanic kennt, wissen wir, dass die Schwierigkeiten größer sein können, als der erste Blick vermuten lässt. Vielleicht hilft uns die Analogie sogar zu erkennen, dass ein Problem von der Projektleitung aus Eile oder Ehrgeiz ignoriert werden könnte, obwohl es das ganze Projekt in Gefahr bringt.

Identifikation
Berichte und Protokolle sind in der Regel sehr textlastig. Wenn darin etwas visualisiert wird, so sind es meist abstrakte Darstellungen von Prozessen oder Organisationsstrukturen. Selbst komplexe Themen werden häufig auf wenige Kästchen „heruntergebrochen". Solche Darstellungen werden der Komplexität und Emotionalität der meisten Herausforderungen nicht gerecht. Schon beim Anschauen vergisst man fast, dass die ganze Arbeit von Menschen gedacht und gemacht wird. Wo sind diese? Eine metaphorische Darstellung verleiht Menschen oft wie von selbst eine wichtige Rolle. Ein klassisches Beispiel ist das IT-Projekt, das als Bergbesteigung inszeniert wird. Aus dem Entwicklungsteam werden Gipfelstürmer, die sich vom Basecamp in mehreren Etappen nach oben kämpfen. Mit solchen Helden identifiziert sich jeder gerne.

Diese Art der Kommunikation ist mit wenigen Mitteln sehr viel ausdrucksstärker und fesselnder als bloße Textprotokolle. Außerdem macht sie wahnsinnig viel Spaß! Es ist also kein Wunder, dass die metaphorischen Bilder von vielen Personalmanagern, Coachs und Consultants gern eingesetzt werden und bereits in vielen Unternehmen und Organisationen zu finden sind. Trotzdem: Sie sind auch mit Vorsicht zu genießen!

Bei Doppeldeutigkeit klar entscheiden
Vielen Motiven können unterschiedliche Bedeutungen zugeordnet werden. Um Missverständnisse zu vermeiden, muss manchmal eine klare Entscheidung getroffen werden: Ist die „Krake" der Projektmitarbeiter, der viele Qualitäten besitzen soll? Dann repräsentieren die Arme unterschiedliche Fähigkeiten. Oder steht die Krake für das neue Projekt, das alle Ressourcen verschlingt? Dann schnappen ihre Arme nach Geld, Mitarbeitern und Räumlichkeiten. Beide Varianten können möglich und passend sein, aber durch- und nebeneinander funktionieren sie nicht.

„Abgelutschte“ Metaphern?

Manche Themenwelten wie Seefahrt, Fußball und Raumfahrt sind besonders beliebt, weil jeder etwas mit ihnen anfangen kann und sie viele Assoziationsmöglichkeiten bieten. Die Motive werden so oft genutzt, dass sie bei manchen bereits leichte Aversionen auslösen. Wenn ich in Kundengesprächen die Möglichkeit der metaphorischen Darstellung anspreche, höre ich manchmal: *„Aber bloß keine Bergbesteigung, die hatten wir letztes Jahr schon!“*

Das kann ich gut verstehen. Andererseits: Nicht jede Bergbesteigung ist gleich. Wer bei sonnigem Wetter den Mont Blanc bestiegen hat, hat deswegen noch lange nicht Regen und Wind auf dem Brocken erlebt. Auch wenn das Grundmotiv ähnlich ist, kann man trotzdem sehr unterschiedliche Geschichten erzählen und Bilder zeichnen. Du kannst ...

- innerhalb der Bilderwelt variieren und spezifizieren: Ein Piratenschiff vermittelt etwas ganz anderes als ein Öltanker.
- Überraschungen einbauen: Ein Fußballfeld wird zu einem Kreis mit drei Toren.
- Bilderwelten kombinieren: Die Rakete zum Mond ähnelt dem eigenen Bürogebäude oder das Meer wird zu einem riesigen Datenpool.

Logische Konsistenz beachten

Das freie Assoziieren bei Metaphern macht Spaß und führt manchmal zu einem wahren Strom an Ideen und Eingebungen. Es kann eine euphorische Stimmung entstehen, in der sich jeder mit Ideen einbringen möchte. Unter Umständen droht sogar die Gefahr, dass aus Assoziationsfreude Themen in den Vordergrund gerückt werden, die in der realen Arbeitswelt von nachrangiger Bedeutung sind und nicht von allen so gesehen werden.

Wenn etwa jemand meint, die Lawine auf dem Bild gleiche den ständigen E-Mail-Ankündigungen der Personalabteilung, so sollte er doch einmal selbstkritisch überprüfen, ob diese nun wirklich eine so große Bedrohung für die Projektarbeit darstellen.

Bildstrukturen – Abschlussübung

ÜBUNG

Jetzt bist du dran!

Hast du für das Thema bzw. die Herausforderung, die du auf Seite 114 für dich selbst definiert hast, eine passende Grundstruktur gefunden? Oder haben dich die Motive zu einer eigenen, neuen Idee inspiriert?

Leg los und erstelle deine eigene Visualisierung. (Das praktische Vorgehen kannst du ggf. auf Seite 106 noch einmal nachlesen.)

Wenn du im Laufe des Prozesses feststellst, dass die Grundstruktur für deine spezifische Situation angepasst werden muss oder mit einem anderen Motiv kombiniert werden sollte, ist das ein gutes Zeichen. Das heißt, dass du bereits anfängst, mit dem Gelernten eigenständig zu experimentieren ... Du wirst bereits zu einem erfahrenen Koch!

Teil 6

Metapherwelten (Lieblingsküche)

Jeder Koch entwickelt im Laufe der Zeit persönliche Vorlieben für bestimmte Zutaten und Gerichte. Bei mir hat sich das Arbeiten mit Metaphern zu meiner „Lieblingsküche“ entwickelt. In diesem Kapitel nehme ich zwölf typische betriebswirtschaftliche Herausforderungen unter die Lupe, die sich besonders gut für die Arbeit mit Metaphern eignen. Bestimmt erkennst du dich, deine Kollegen oder Kunden in manchen Szenen wieder! Diese Motive sind auch Bestandteil des Kartensets „BUSINESS as VISUAL“, das als Ergänzung zum Buch erhältlich ist.

Metapherwelten und das Business-as-Visual-Kartenset

Die metaphorischen Bildmotive aus der Speisekarte in Kapitel 5 sind einfache schematische Darstellungen. Zeichnet man die Bilder detaillierter, lassen sich noch sehr viel mehr assoziative Anknüpfungsmöglichkeiten unterbringen … Und genau das schauen wir uns jetzt genauer an!

Im Laufe der vergangenen Jahre habe ich über 300 verschiedene Projekte oder Themenkomplexe visualisiert. Manche davon „live" in Workshops oder bei Veranstaltungen, andere im Atelier. Diese Bilder habe ich nach solchen Motiven durchforstet, die sich in der Praxis immer wieder bewährt haben. Daraus entstand parallel zur Arbeit an diesem Buch ein Kartenset mit 50 Vorlagen. Man könnte sagen: Das Kartenset ist das Kochbuch, passend zum Kochkurs.

Vorderseite
Auf der Vorderseite der Karten (siehe Beispiel oben) findest du die metaphorische Darstellung ohne weitere Erklärung. Es ist der Fantasie und Intuition der Betrachtenden überlassen, Parallelen zur eigenen Situation zu entdecken.

Rückseite
Die Rückseite (siehe links) gibt eine Hilfestellung für das konstruktive Arbeiten mit der Karte: typische Fragen, mögliche Bildinterpretationen, Kernbotschaften und eine vereinfachte Darstellung des Motivs zum Nachzeichnen.

Anwendungsszenarien

Die Motive dienen nicht nur als Inspirationsquelle oder Anleitung für Visualisierungen „nach Rezept". Sie sind auch ein äußerst hilfreiches Tool, um in Coaching- oder Workshop-Settings die Kommunikation zu fördern und neue Perspektiven zu entwickeln. Bei den folgenden in Kapitel 7 beschriebenen Anwendungsszenarien erweisen sich die Karten als eine sehr gute Einstiegshilfe in die gemeinsame Arbeit:

- Visueller Gesprächsimpuls (siehe S. 198)
- Workshop-Inspirationsbilder (siehe S. 208)
- Metaphorisches Teamporträt (siehe S. 209)
- Projektvisualisierung (siehe S. 217)

Zwölf Interpretations- und Visualisierungsbeispiele

In diesem Kapitel habe ich beispielhalft zu zwölf Themen, die fast jedes Unternehmen betreffen, eine passende Metapherwelt herausgesucht:

- Leistung steigern (Formel-1-Rennstrecke)
- Prozesse standardisieren (Archipel)
- Kunden gewinnen (Fischen)
- Krisen vorbeugen und bewältigen (Feuerwehr)
- IT-Systeme schützen (Burgbelagerung)
- Als Team zusammenarbeiten (Fußball)
- Den Kurs bestimmen (Segelexpedition)
- Nachhaltigkeit im Unternehmen (Apfelbaum)
- Innovation fördern (Restaurantküche)
- Veränderung begleiten (tiefes Schwimmbecken)
- Im klassischen Projekt arbeiten (Bergbesteigung)
- Agiles Arbeiten (Wandern in unübersichtlichem Gelände)

Zu jeder Metapherwelt wird erläutert:

- Wie das Motiv in Bezug zum Thema interpretiert werden kann und
- welche Fragen wir gut anhand des Bildes erarbeiten können.

Außerdem wird anhand fiktiver Fallbeispiele dargestellt, wie das Bildmotiv genutzt werden kann, um die wichtigsten Erkenntnisse aus konkreten Arbeitssituationen zu visualisieren.

Die Motive Fußball (S. 165), Segelexpedition (S. 169) und Bergbesteigung (S. 185) stehen Dir als Ausdruck und PowerPoint-Vorlage zum Download zur Verfügung – als direkt nutzbare Arbeitshilfe in Workshop oder Meeting. Über folgenden Link hast Du Zugriff:

- https://www.managerseminare.de/tmdl/b,281112

Leistung steigern

Der operative Betrieb eines Unternehmens ähnelt dem Rennsport: Es wird ständig versucht, noch mehr „Leistung“ auf die Straße zu bringen.

Die Abschnitte der Rennstrecke repräsentieren dabei die Kernprozesse. Für das produzierende Gewerbe sind das zum Beispiel Einkauf, Logistik, Produktion, Distribution, Vertrieb und Kundenservice. Für Dienstleistungen können das aber auch verschiedene Phasen eines Auftrags sein, zum Beispiel: Akquise, Briefing, Konzeption, Testen, Ausarbeitung und Implementierung. Im Idealfall führen zufriedene Kunden zu neuen Bestellungen und erfolgreiche Projekte zu Folgeprojekten. Damit schließt sich die „Wertschöpfungskette“ und wird zum Kreislauf.

Bestellungen und Aufträge durchlaufen so schnell und effizient wie möglich den gesamten Prozess – wie ein Rennwagen. Sogenannte KPIs, „Key Performance Indicators“, beschreiben, wie gut und wie fleißig gearbeitet wird – analog zu Fahrgeschwindigkeit, Spritverbrauch und Pannenquote. Sie werden kontinuierlich gemessen und auf der Anzeigentafel kommuniziert.

Übergreifend verantwortlich für die Qualität der Vorgänge ist das Qualitätsmanagement. Kontinuierliche Qualitätsverbesserungsprozesse helfen dabei, unterschiedlichste Arten von „Verschwendung“ zu identifizieren und systematisch zu beseitigen. In Produktionsanlagen werden zusammen mit der Fertigungstechnik oder den Process Engineers Kurven geglättet, Abschnitte gekürzt und Engpässe beseitigt.

Genauso wie ein Rennfahrer ohne ein gutes Team am Pit-Stop aufgeschmissen wäre, kann der operative Betrieb nicht ohne Unterstützungs- und Steuerungsprozesse laufen. Links unten ist zu sehen, wie die Ingenieure und Fahrer bei der Fahrzeugentwicklung eng zusammenarbeiten. Auch nach dem Produktionsanlauf müssen – wie bei einem Reifenwechsel – im laufenden Betrieb manchmal noch Produktaktualisierungen oder Software-Updates vorgenommen werden.

Bei Finance & Control fließen alle Zahlen zusammen. Die ausgewerteten Daten sagen nicht nur etwas über Qualität und Leistung aus, sondern sie können auch Verbesserungspotenziale aufdecken.

Sind alle Prozesse gut aufeinander abgestimmt, bleibt der Erfolg nicht aus. Das muss gefeiert werden!

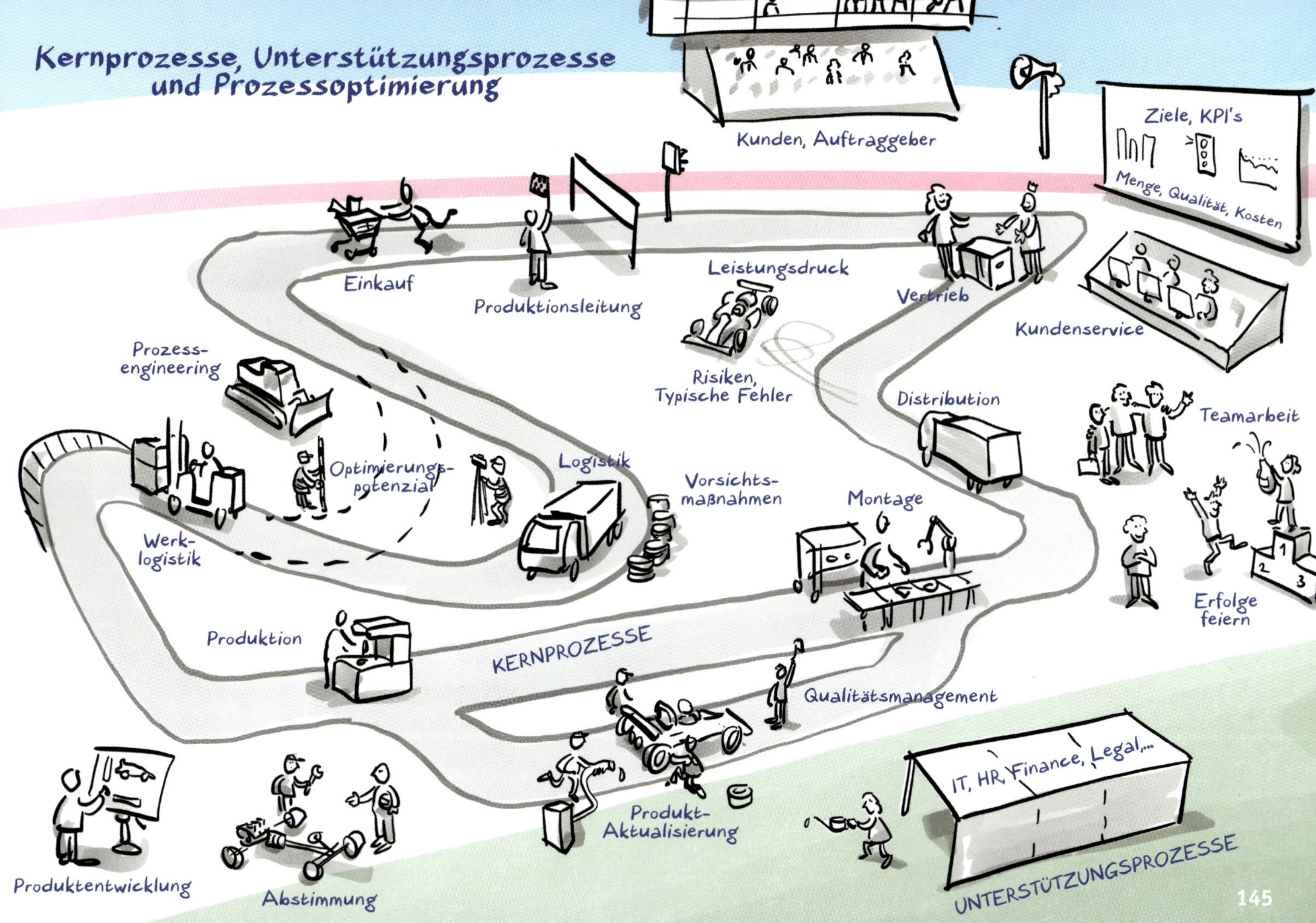
Kernprozesse, Unterstützungsprozesse
und Prozessoptimierung
Kunden, Auftraggeber
Ziele, KPI's
Menge, Qualität, Kosten
Einkauf
Produktionsleitung
Leistungsdruck
Vertrieb
Kundenservice
Prozess-
engineering
Risiken,
Typische Fehler
Distribution
Teamarbeit
Optimierungs-
potenzial
Logistik
Vorsichts-
maßnahmen
Montage
Werk-
logistik
Erfolge
feiern
Produktion
KERNPROZESSE
Qualitätsmanagement
IT, HR, Finance, Legal,...
Produktentwicklung
Abstimmung
Produkt-
Aktualisierung
UNTERSTÜTZUNGSPROZESSE

Reflexion

Typische Fragen, die anhand dieses Bildes diskutiert werden können, sind:

- Wie sieht unsere Wertschöpfungskette aus? Was sind unsere Kernprozesse?
- Welche Produkte oder Dienstleistungen entstehen beim „Durchlaufen" der Kette?
- Wer ist alles an der Bearbeitung beteiligt? Wo gibt es wichtige Schnittstellen? Wie findet die Übergabe statt?
- Welche Aufgaben unterstützen die Kernprozesse? Wie sind sie organisiert?
- Wie wird der Gesamtprozess koordiniert? Welche Informationen werden dazu gebraucht? Wie wird kommuniziert?
- Nach welchen Parametern messen wir unsere Leistungen? Was sind unsere Ziele?
- Wo haben wir besondere Gefahrenstellen, Flaschenhälse oder Verluste?
- Mit welchen Maßnahmen können wir diese Stellen optimieren?

Beispiel

Bei einem „Off-site" schaut das Managementteam einer Werbeagentur kritisch auf die Arbeit der vergangenen Monate zurück.

Die Kampagnen stehen unter immer höherem Zeit-, Budget- und Erfolgsdruck. Oder, wie der CFO sagt: *„Immer teurer, immer schneller, wie bei der Formel 1. Wir müssen mithalten, ohne aus der Kurve zu schleudern."* Der Art-Direktor nimmt dem Vergleich auf und skizziert den Projektablauf als Rennstrecke.

Obwohl die Kampagnen inhaltlich gelungen waren und von Konsumenten und Medien positiv bewertet wurden, waren die Auftraggeber nur bedingt zufrieden. Insgesamt wurde nur ein kleiner Gewinn verbucht.

In der Entwurfsphase werden viele Schleifen gedreht und die Kosten laufen regelmäßig aus dem Ruder. Es wird entschieden, dass während der Akquise und der Vertragsabschlussphase mehr Aufwand in ein detailliertes (und für beide Seiten verbindliches) „De-Briefing" investiert werden soll, um spätere Überraschungen und Diskussionen mit Kunden zu vermeiden.

Immer mehr Kampagnen brauchen intensive Unterstützung von Webdesignern, App-Entwicklern und SEO-Experten. Die Liveschaltung von Kampagnenwebseiten ist oft ein Flaschenhals. Die Arbeit mit einem externen Programmierer ist ineffizient und teuer. Hier sollen die eigenen Kapazitäten aufgestockt werden.

Es gibt einen relativ hohen Krankenstand in der Abteilung Media-Planung und Einkauf. Der Einkaufsleiter erläutert, dass sich die Kollegen dort zu wenig beteiligt fühlen an den Erfolgen, für die sich der Kreativbereich feiern lässt. Eine frühere Einbindung in der Konzeptionsphase sowie mehr Beteiligung am Erfolg (zum Beispiel, indem auch die Einkäufer zum Branchentreffen eingeladen werden) würde die Motivation steigern und zur Qualität der Arbeit beitragen.

Insgesamt sollen sich die Maßnahmen positiv auf die Kennzahlen für Marge, Überstunden und Fehltage auswirken. Es braucht mehr Transparenz über Auslastung und Gemeinkosten.

Die Visualisierung wird abfotografiert. Beim nächsten Off-Site in sechs Monaten sollen die To-dos abgehakt und die Fortschritte eingezeichnet werden können.

Pole-Position sichern – Wie werden wir noch erfolgreicher?

Erfolge Probleme Maßnahmen

Prozesse standardisieren

Die Geschäftsbereiche eines Großunternehmens ähneln oft den Inseln eines Archipels. Dabei hat jede Insel ein anderes Straßennetz, es gelten andere Verkehrsregeln und die Gebäude sind durch einen inseleigenen Baustil geprägt. Übersetzt auf das Unternehmen könnte das heißen: Jede Business Unit hat ihre eigenen Prozesse definiert und unterschiedliche IT-Lösungen etabliert.

Die Bewohner sind mit ihrer „Insellösung" meist zufrieden. Als Ganzes betrachtet, gibt es aber schwerwiegende Nachteile: Lösungen aus einem Bereich lassen sich schwer auf andere Bereiche übertragen. Mitarbeiter, die den Bereich wechseln, finden sich nur schwer in der neuen Umgebung zurecht. Das Silodenken erschwert die Zusammenarbeit unter den Inseln, wodurch Synergien ungenutzt bleiben. Durch fehlende oder provisorische Schnittstellen fließen die Informationen langsamer oder gehen verloren. Außerdem verwirren die unterschiedlichen Abläufe Großkunden und Lieferanten, die mit mehreren Geschäftsbereichen zu tun haben.

Früher oder später kommt kaum ein Unternehmen daran vorbei, seine Prozesse genauer unter die Lupe zu nehmen und, wo möglich, zu standardisieren. Zuerst werden auf jeder Insel die Arbeitsabläufe einer Inventur unterzogen. Bei diesem „Process Mining" wird genau hingeschaut, was wie gemacht wird. Eine Visualisierung der Prozesse und Schritte in Form von „Prozesslandkarten" hilft, einen Überblick zu gewinnen. Als Nächstes wird analyisert, welche Prozesse vergleichbar sind und damit standardisiert werden können. Wie sollen diese, über die unterschiedlichen Bereiche hinweg, vereinheitlicht ablaufen?

Da fast alle Abläufe von IT-Systemen unterstützt werden, geht die Standardisierung der Prozesse meist mit der Harmonisierung der IT-Lösungen einher. Die meisten IT-Lösungen sind vergleichbar mit einem Baukastensystem aus vorgefertigten Bausteinen. Für spezifische Anforderungen und Wünsche müssen Bausteine neu entwickelt oder angepasst werden (Customization).

Das Implementieren einheitlicher Prozesse und die Umstellung auf eine gemeinsame IT-Lösung ist ein Großprojekt mit vielen parallelen Aufgaben. Schritt für Schritt wird auf jeder Insel die Infrastruktur umgekrempelt, werden die „Gebäude" saniert und neue Brücken gebaut. Dies während des laufenden Betriebs zu stemmen, ist für alle Beteiligten ein enormer Kraftakt.

Werden aus Effizienzgründen bestimmte Funktionen, Aufgaben oder Datenbestände auf eine Insel verlegt (Zentralisierung), dann müssen die anderen Inseln darauf zugreifen können. Die Brücken fördern diese enge Zusammenarbeit und sind Schnittstellen für den Austausch von Daten.

Oft konzentriert sich die Aufmerksamkeit auf die Umsetzung der technischen Maßnahmen. Ob das Projekt gelingt, hängt aber in hohem Maße davon ab, ob die Mitarbeiter mitmachen, die in der neuen Umgebung arbeiten müssen. Oft gibt es (berechtigte) Ängste und Widerstände in Bezug auf die neue Lösung: Ändert sich meine Aufgabe? Verliere ich Autonomie? Steht vielleicht mein Job auf dem Spiel? Das begleitende „Change Management" hilft Betroffenen, sich in der neuen Prozesslandschaft zurechtzufinden und neue Aufgaben zu übernehmen.

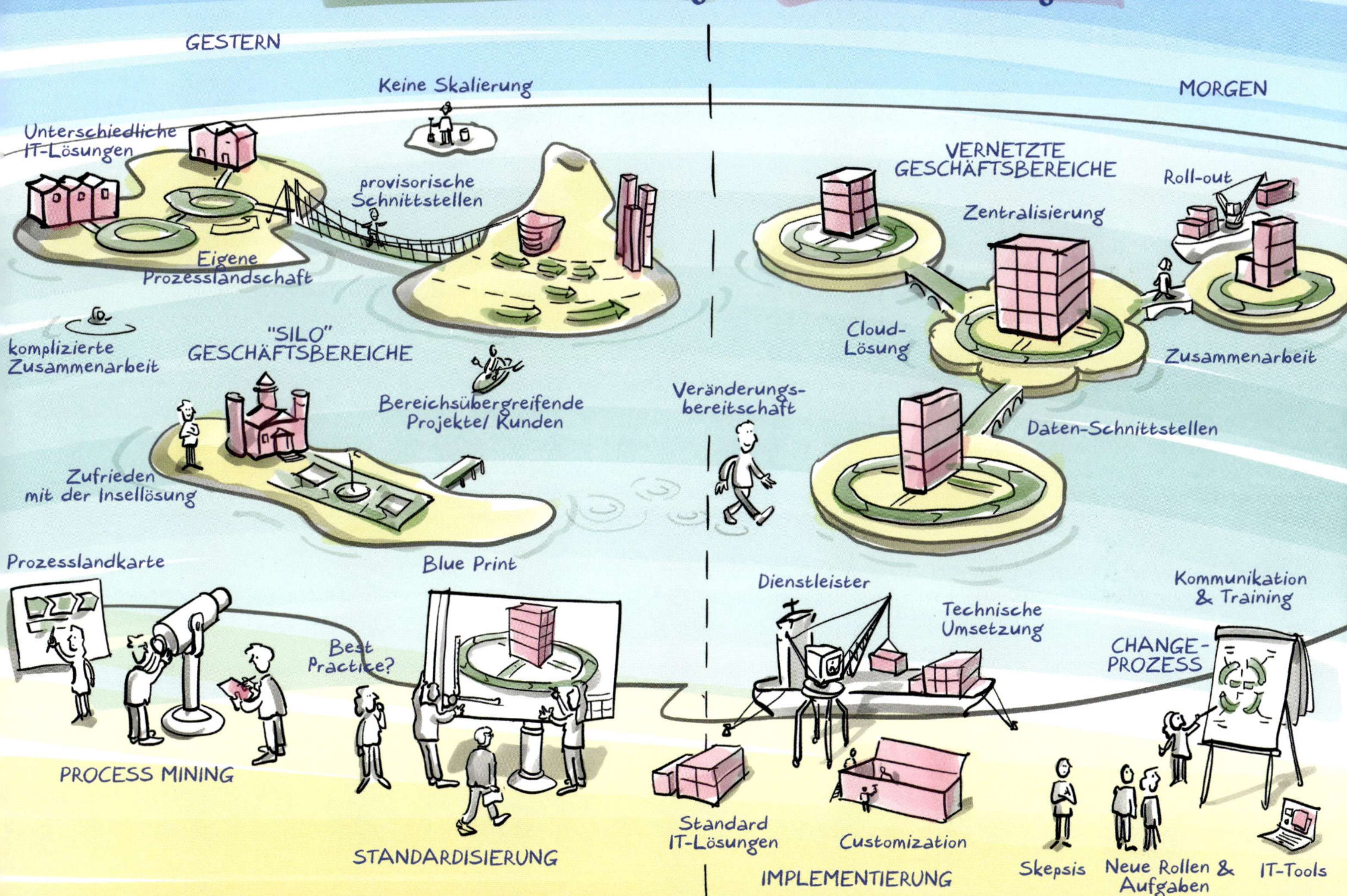
Prozessstandardisierung und IT-Harmonisierung
GESTERN
Keine Skalierung
MORGEN
Unterschiedliche IT-Lösungen
provisorische Schnittstellen
VERNETZTE GESCHÄFTSBEREICHE
Roll-out
Zentralisierung
Eigene Prozesslandschaft
Cloud-Lösung
komplizierte Zusammenarbeit
"SILO" GESCHÄFTSBEREICHE
Zusammenarbeit
Veränderungs-bereitschaft
Bereichsübergreifende Projekte/ Kunden
Daten-Schnittstellen
Zufrieden mit der Insellösung
Prozesslandkarte
Blue Print
Dienstleister
Kommunikation & Training
Technische Umsetzung
Best Practice?
CHANGE-PROZESS
PROCESS MINING
Standard IT-Lösungen
Customization
STANDARDISIERUNG
IMPLEMENTIERUNG
Skepsis
Neue Rollen & Aufgaben
IT-Tools

Reflexion

Typische Fragen, die anhand dieses Bildes diskutiert werden können, sind:

- Welche Geschäftsbereiche sind betroffen?
- Welche unterschiedlichen Prozesse/Lösungen sind betroffen?
- Wer soll die standardisierten Prozesse definieren? Wie sehen die standardisierten Prozesse aus? Kann man einen der existierenden Prozesse als „Best Practice" übernehmen?
- Auf welche einheitliche IT-Lösung wollen wir setzen? Können wir mit „Off-the Shelf"-Funktionalität unsere Prozesse durchführen? Wenn nicht: Können wir unsere Prozesse entsprechend anpassen oder braucht es Customization?
- In welchen Schritten soll die Umstellung stattfinden? Was sind die größten Risiken für den laufenden Betrieb?
- Sollen bestimmte Funktionen zentralisiert werden? Welche technischen und organisatorischen Schnittstellen sind dafür erforderlich?
- Welche Aufgaben bzw. Mitarbeiter sind von der Umstellung betroffen? Welche Ängste oder Hoffnungen werden dadurch ausgelöst? Wie gehen wir damit um?

Beispiel

Ein Maschinenbauunternehmen hat in der Vergangenheit zwei Wettbewerber aufgekauft. Insgesamt gibt es fünf Standorte mit eigenen HR-Abteilungen, die mit drei verschiedenen Systemen arbeiten.

Um die Overhead-Kosten an den Standorten zu reduzieren, wird das Projekt „HaRmony" gestartet: Ziel ist es, die HR-Prozesse effizienter und schlanker zu gestalten.

Die Personaladministration und der Recruiting-Prozess werden zukünftig auf einem zentralen System verwaltet. Dazu soll die IT-Lösung am Hauptstandort auf eine neue Version mit umfassenderer Funktionalität umgestellt werden. Die anderen Standorte sollen ihre Daten auf die zentrale Lösung übertragen und zukünftig aus der Ferne auf das System zugreifen. Die alten lokalen Systeme werden abgestellt.

Nach zähem Verhandeln einigen sich die Standorte auf einen einheitlichen Recruiting-Prozess, wobei alle Unterlagen nur noch digital verarbeitet werden sollen.

Ein Standort liegt in Frankreich. Um die nationalen Tarifverträge abbilden zu können, müssen im Payroll-System einige spezifische Anpassungen vorgenommen werden.

Es wird entschieden, nach dem Upgrade in der Zentrale die neue Konstruktion zuerst am nächstliegenden Standort zu testen, bevor die Lösung auch an den drei übrigen Standorten ausgerollt wird.

Das Projekt hat viel Unruhe und Gerüchte unter den HR-Mitarbeitern an den lokalen Standorten ausgelöst. Manche Sachbearbeiter fürchten um ihren Job, andere möchten zur Zentrale wechseln. HR soll zukünftig deutlich mehr in Gesundheitsmanagement und Personalentwicklung investieren. Dies erfordert auch neue Expertise und Fähigkeiten.

In einem Workshop erstellen die HR-Führungskräfte der fünf Standorte gemeinsam eine Skizze, damit sie das Projekt leichter erklären und mit ihren Teams besprechen können.

Project HaRmony ⇒ • Effiziente & Schlanke Admin-Prozesse
• Mehr Ressourcen für Organisations- und Personal-Entwicklung.

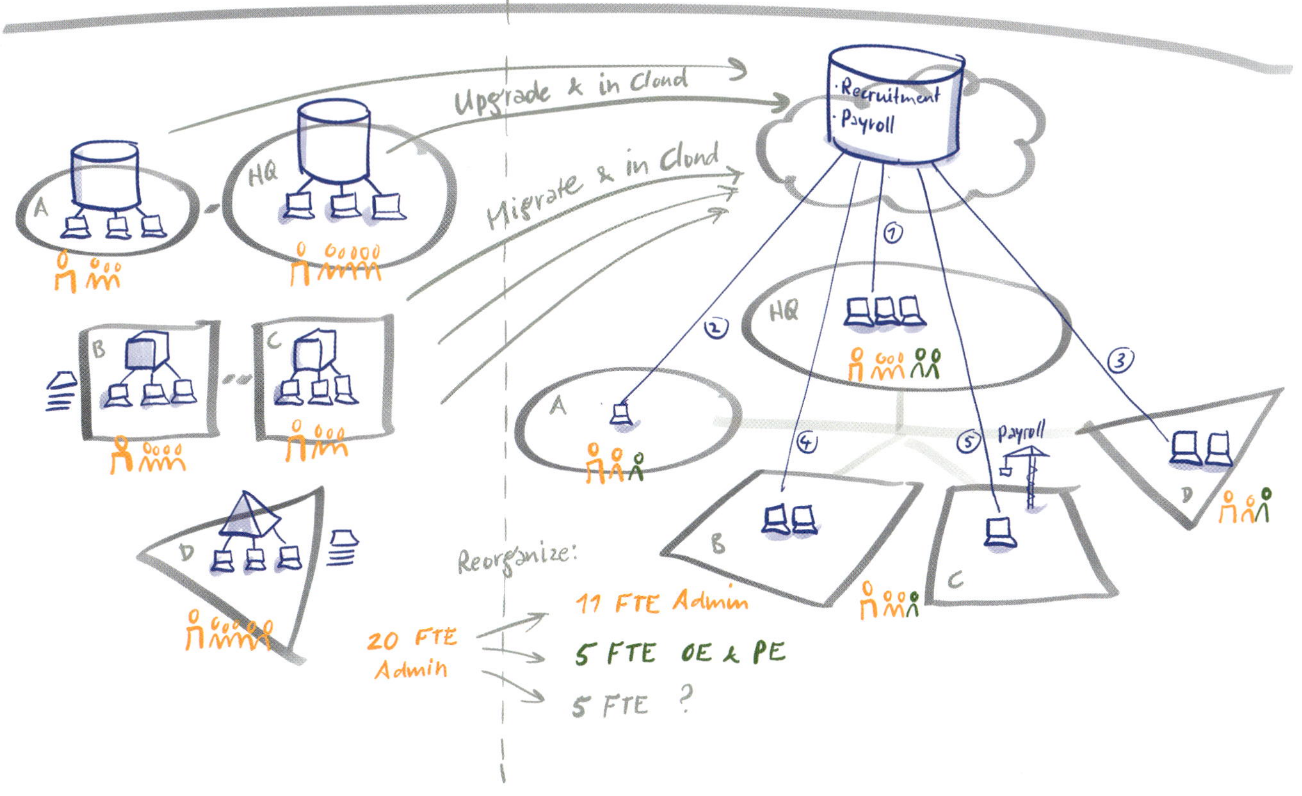

Kunden gewinnen

Die genialsten Produkte und tollsten Dienstleistungsangebote sind wertlos, wenn sie keine Abnehmer finden. Daher kann man die Arbeit von den Vertriebskollegen, die sich jeden Tag aufs Neue den Herausforderungen des Marktes stellen, um neue Kunden und Aufträge zu gewinnen, nicht hoch genug schätzen.

Kundenakquise ähnelt dem Fischen mit einem trichterförmigen Netz. Zuerst sollen so viele potenzielle Kunden wie möglich angelockt und als sogenannte „Leads" identifiziert werden. Bekunden diese „Leads" tatsächlich Interesse am Produkt- oder Dienstleistungsangebot, dann nennt man sie „Opportunities". Findet der Kauf statt, wird aus der „Opportunity" ein „Kunde".

Aber bevor man einfach irgendwo auf dem großen Ozean sein Netz auswirft, lohnt es sich, sich Gedanken zu machen, nach welcher Strategie man vorgehen will.

Bei der Marktdurchdringungsstrategie wird versucht, systematisch den Markt leer zu fischen. Fischerboote können mit einem Sonar lokalisieren, wo es sich lohnt, die Netze auszuwerfen. Auf ähnliche Weise helfen Marketingstudien herauszufinden, wer diese Kunden sind, wie sie sich verhalten, wo genau man sie findet und welche Marketingmaßnahmen sie anlocken könnten.

Bei der Marktentwicklungsstrategie entscheidet man sich, in neue Gewässer vorzustoßen. Dies ist nicht ohne Risiko. Vielleicht lauern unbekannte Gefahren unter der Wasseroberfläche oder ein Wettbewerber hat bereits alle Kunden abgefangen. Es könnte sich lohnen, jemand neu mit an Bord zu holen, der sich bereits in dem neuen Gewässer auskennt. Wer groß denkt, kann sich aber auch mit den Booten einer anderen Reederei zusammentun oder diese sogar aufkaufen.

Bei der Produktinnovation ist es wichtig, zu experimentieren. Gefragt ist eine enge Zusammenarbeit zwischen Entwicklung und Vertrieb. Mit welcher USP könnten wir neue Kunden ködern? Welche neuen Features oder Leistungen bräuchte es, damit auch Fische anbeißen, die bisher kein Interesse gezeigt haben?

Bei der Entwicklung alternativer Geschäftsmodelle ist Umdenken gefragt. Manche Firmen schaffen es zum Beispiel, durch einen neuartigen Service Kunden zu gewinnen, für die die bisherigen Produkte nicht in Frage kamen. Abomodelle statt einmalige Verkäufe binden die Kunden auf Dauer. „Aquakultur" könnte man das nennen!

Als letzte Option kann man das Ruder natürlich auch komplett herumreißen: Die Diversifikationsstrategie wird symbolisch mit Schafzucht statt Fischfang dargestellt.

Zugegebenermaßen stößt diese Metapher an Grenzen: Wenn Kunden geangelt und anschließend verspeist werden, wäre das fatal für die Kundenzufriedenheit. Der „Net Promoter Score" und die „Returning Customer Rate" würden vermutlich gegen null tendieren. Daher sollen die Fische, nachdem sie als Kunden gewonnen wurden und an Bord eingekauft haben, bitte wieder zurück ins Wasser geworfen werden.

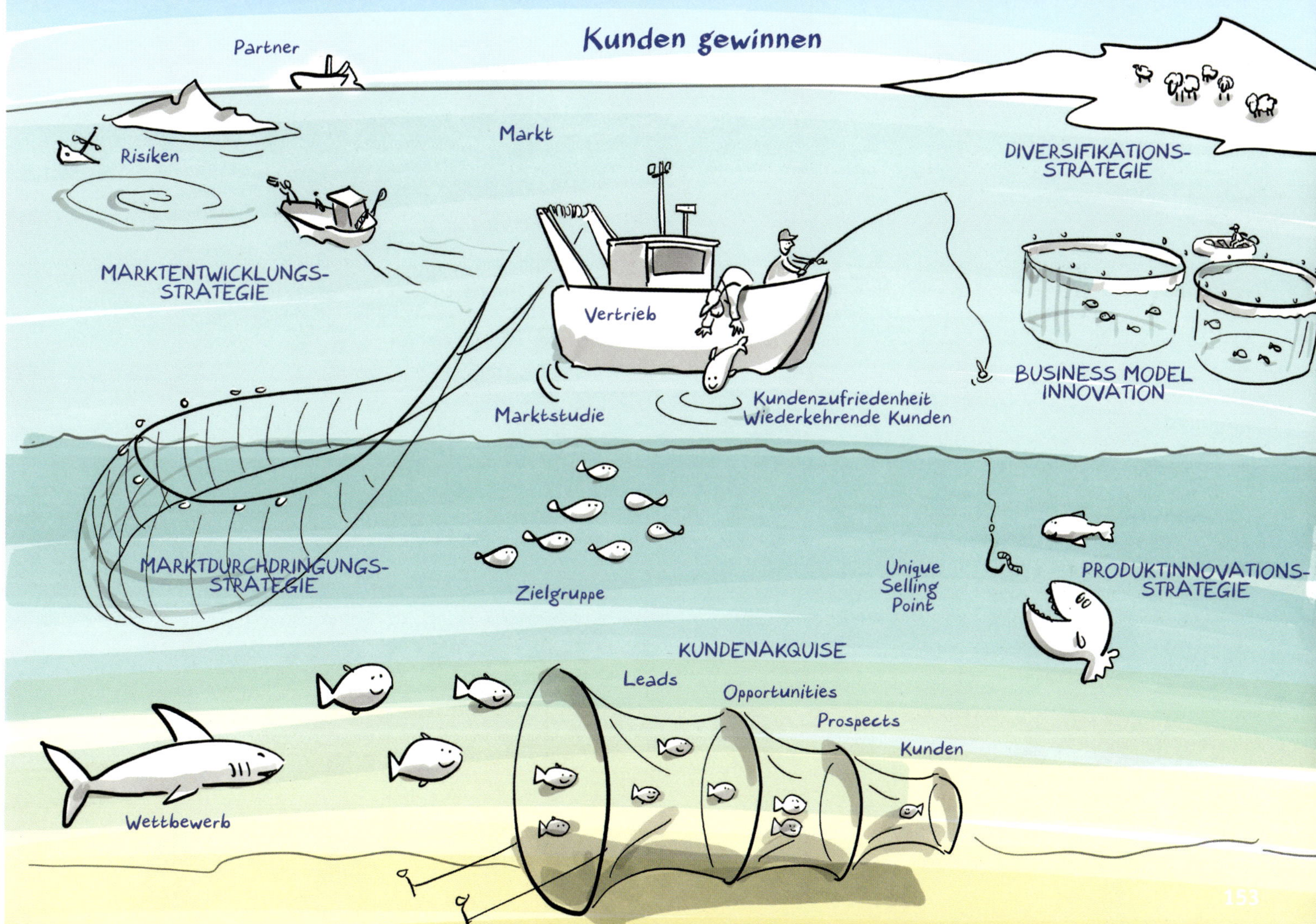
Kunden gewinnen
Partner
Markt
Risiken
DIVERSIFIKATIONS-STRATEGIE
MARKTENTWICKLUNGS-STRATEGIE
Vertrieb
BUSINESS MODEL INNOVATION
Marktstudie
Kundenzufriedenheit
Wiederkehrende Kunden
MARKTDURCHDRINGUNGS-STRATEGIE
Zielgruppe
Unique Selling Point
PRODUKTINNOVATIONS-STRATEGIE
KUNDENAKQUISE
Leads
Opportunities
Prospects
Kunden
Wettbewerb

Reflexion

Typische Fragen, die anhand dieses Bildes diskutiert werden können, sind:

- Welche Zielgruppe(n) adressieren wir?
- Welche Phasen haben wir bei der Kundengewinnung? Wissen wir, wer unsere Leads, Prospects und Opportunities sind? Welche „Conversionrates“ schaffen wir?
- Welche Marktstrategien werden von uns gegenwärtig verfolgt? Was wissen wir über unsere Kunden? Wie können wir unser Wissen erweitern?
- Wer sind unsere Wettbewerber? Welche Strategien verfolgen sie?
- Gibt es neue Märkte, die für uns interessant sind? Welche Gefahren drohen, wenn wir dort aktiv werden? Wie können wir diese reduzieren?
- Wie gut kennen wir unser Produkt? Wie könnten wir mit unserem Wissen die Produktentwicklung unterstützen?
- Mit welchen alternativen Produkten, Dienstleistungen oder Geschäftsmodellen könnten wir neue Märkte erschließen?
- Wie ist das Verhältnis zu unseren Kunden? Und wie ist das Verhältnis unserer Kunden zu uns?

Beispiel

Ein regionales Handelsunternehmen für medizinische Geräte, Instrumente und Verbrauchsmaterialien beliefert Arztpraxen und Labore.

Ein externer Berater soll dem Unternehmen helfen, wettbewerbsfähig zu bleiben. In einem Workshop mit der Geschäftsführerin und dem Vertrieb wird die Situation anhand einer Visualisierung systematisch evaluiert.

Das Geschäft hat sich in den zurückliegenden Jahren stark verändert. Die Handelsvertreter wurden schon längst vom Online-Handel als wichtigstem Vertriebskanal abgelöst. Dort gibt es große Konkurrenz durch einen überregionalen, branchenübergreifenden Großhändler.

Obwohl das Unternehmen in den vergangenen Jahren stark in die Funktionalität des eigenen Online-Shops investiert hat, verliert es Kunden. Regelmäßige Rabattaktionen kombiniert mit Suchmaschinenmarketing sollen bestehende und neue Kunden auf die Seite locken.

Es gibt kaum Zahnarztpraxen unter den Kunden, obwohl die interne Logistik diese genauso gut bedienen könnte. Das Sortiment soll diesbezüglich ausgebaut und die Zielgruppe gezielt umworben werden.

Einer der Außendienstmitarbeiter berichtet über die Gründe, warum seine Kunden immer noch gerne persönlich bei ihm bestellen: Er denkt für seinen Kunden mit. Er erinnert sie daran, wenn normalerweise Vorräte aufgefüllt werden sollen, und führt die Bestellungen direkt für den Kunden im System durch. Außerdem verkauft er viele Produkte, weil er Kunden gleichzeitig über die Nutzung neuer Geräte, Arbeitsschutz und Hygienestandards berät. Hieraus ergeben sich zwei Ideen, wie man den Vertrieb innovieren könnte:

1) Eine Bestell-App mit Scan und Erinnerungsfunktion soll das Beschaffungsmanagement in den Praxen vereinfachen.

2) Die Expertenberatung will man als gesonderten Service im Internet anbieten und bewerben.

Die Geschäftsführerin hängt sich das Bild ins Büro und nutzt es täglich, um zu erklären, warum ihr die neuen Initiativen so wichtig sind.

VERTRIEBSOFFENSIVE "CATCH 25"

Mit welchen Maßnahmen steigern wir den Umsatz um 25 %

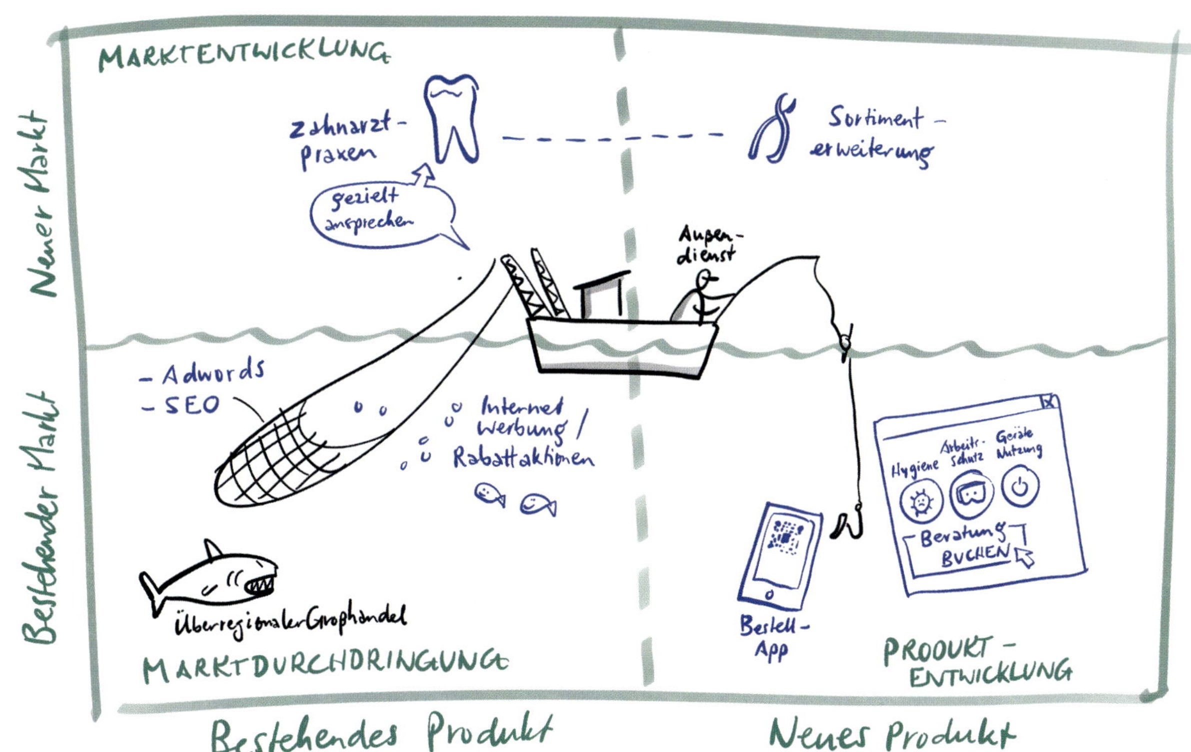

Krisen vorbeugen und bewältigen

In einer Krise ist eine Organisation oder ein Teil davon von einer überraschenden Situation existenziell bedroht. Dies kann eine Naturkatastrophe, eine technische Panne, Streit, Kriminalität, Führungsversagen oder auch ein „Shitstorm" in den sozialen Medien sein.

Wer sich Gedanken über das Vorbeugen und Bewältigen von Krisen machen möchte, kann sich ein Beispiel an dem Krisenbewältiger par excellence nehmen: der Feuerwehr.

Beim Vorbeugen einer Krise geht es primär um Risikomanagement. Dazu werden potenzielle Gefahrenquellen identifiziert, die Wahrscheinlichkeit, dass die Gefahren eintreten, wird abgeschätzt und die Höhe der möglichen Schäden wird eingestuft. Kann den Gefahren nicht mit Präventionsmaßnahmen vorgebeugt werden, müssen Reaktionspläne erstellt und eingeübt werden.

Die meisten Reaktionspläne sehen unterschiedliche Eskalationsstufen vor. Bei der Bewältigung von Krisen ist es essenziell, Auslöser schnell zu erkennen und unmittelbar zu reagieren – genauso, wie ein Rauchmelder bei Rauchentwicklung automatisch Alarm schlägt oder die Sprinkleranlage bei Hitze automatisch zu löschen anfängt.

Ist man zu spät oder greifen die ersten Reaktionen nicht, wird in der nächsten Eskalationsstufe versucht, mit unterschiedlichen Maßnahmen und Interventionen eine unkontrollierte Ausbreitung der Gefahr zu stoppen und das Worst-Case-Szenario zu vermeiden. Lassen sich die Ursachen nicht in den Griff kriegen, sollte die Strategie darauf ausgelegt werden, Kollateralschäden zu begrenzen.

Es gehört zum Wesen der Krise, dass man sich oft in einer Zwickmühle befindet: Egal, was man entscheidet, es ist immer auch mit Nachteilen verbunden. Das macht das Treffen von Entscheidungen besonders schwer. Hier kann ein Krisenstab helfen, um mit klaren Rollen und Verantwortlichkeiten auf Basis von aktuellen und abgesicherten Informationen die nötigen Entscheidungen zu treffen und darüber alle handelnden Personen umgehend zu informieren.

Ein weiterer, immer wichtigerer Aspekt der Krisenbewältigung ist die öffentliche Kommunikation (PR). Über das Internet und soziale Medien verbreiten sich Nachrichten und Gerüchte in Windeseile. Oft richten falsch gewählte oder schlecht getimte Formulierungen mehr Schaden an als das ursprüngliche Problem.

In jeder durchstandenen Krise steckt das Potenzial, etwas daraus zu lernen. Eine gründliche Analyse von Geschehnissen, Entscheidungen und Folgen gibt Anhaltspunkte für weitere Präventionsmaßnahmen oder bessere Reaktionspläne. Eine Krise deckt sowohl das Gute als auch das Schlechte in der Unternehmenskultur auf: Wird Energie auf gegenseitige Schuldzuweisungen verschwendet oder gibt es einen offenen und konstruktiven Umgang mit Fehlern?

Noch eine abschließende Bemerkung zu der gewählten Metapher: *„Ständig bin ich dabei, den Feuerwehrmann zu spielen"* ist eine oft gehörte Klage von Führungskräften, die nicht dazu kommen, sich um strategische Aufgaben zu kümmern, oder von Projektmanagern, die kaum über Fortschritte berichten können. Probleme, die in ähnlicher Form immer wieder stattfinden, sind aber systemimmanent und erfordern Prozessoptimierung, kein Krisenmanagement!

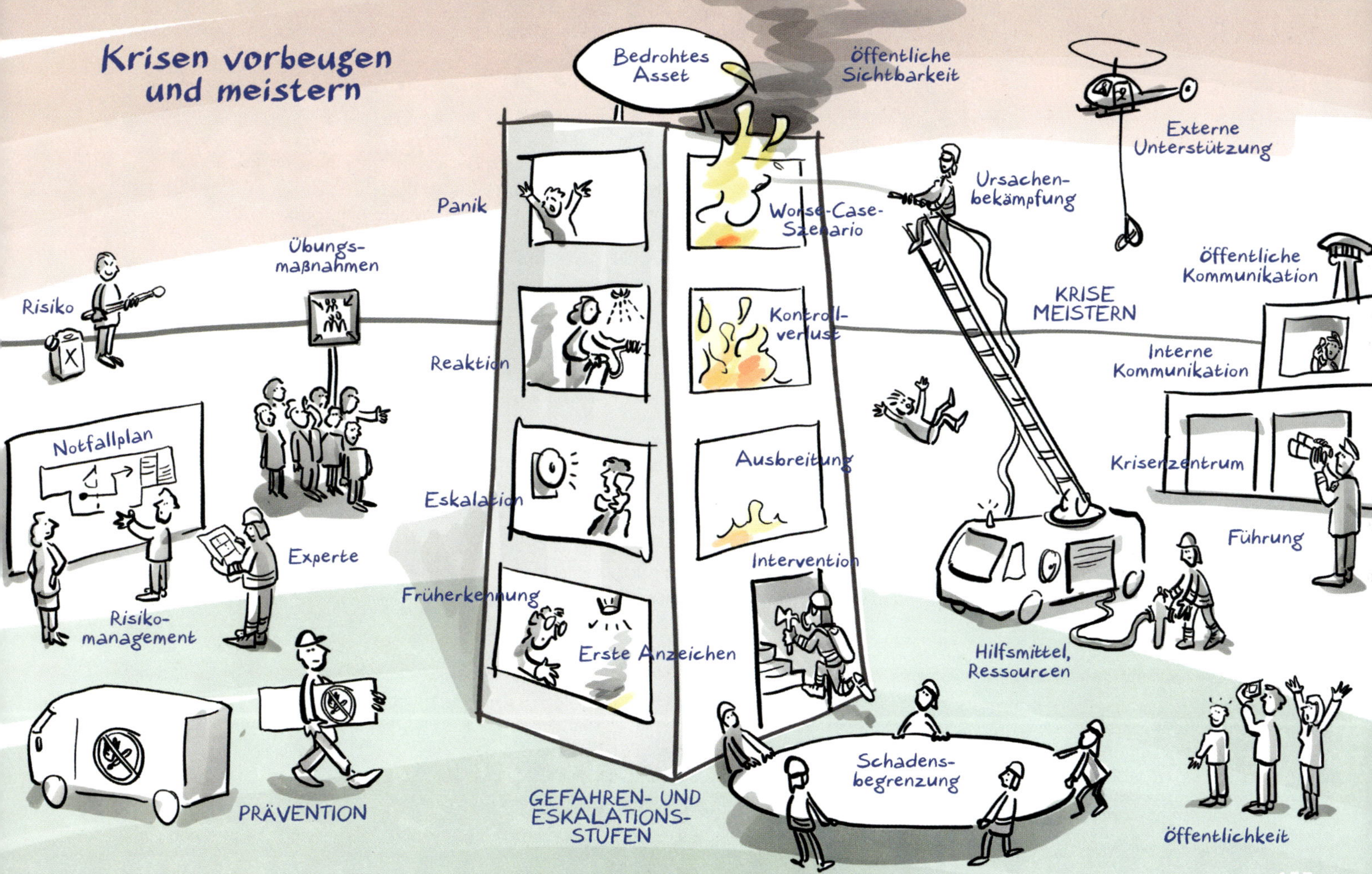
Krisen vorbeugen und meistern
Bedrohtes Asset
Öffentliche Sichtbarkeit
Externe Unterstützung
Ursachen-bekämpfung
Panik
Worse-Case-Szenario
Übungs-maßnahmen
Öffentliche Kommunikation
Risiko
KRISE MEISTERN
Kontroll-verlust
Reaktion
Interne Kommunikation
Notfallplan
Ausbreitung
Krisenzentrum
Eskalation
Führung
Experte
Intervention
Früherkennung
Risiko-management
Erste Anzeichen
Hilfsmittel, Ressourcen
Schadens-begrenzung
PRÄVENTION
GEFAHREN- UND ESKALATIONS-STUFEN
Öffentlichkeit

Reflexion

Typische Fragen, die anhand dieses Bildes diskutiert werden können, sind:

- Welche materiellen oder immateriellen Werte stehen auf dem Spiel?
- Welche Risiken gibt es? Auf welche müssen wir uns vorbereiten?
- Welche Präventionsmaßnahmen können das Risiko verringern?
- Können wir die Krise simulieren?
- Gibt es Frühindikatoren für eine Krise? Werden diese überwacht?
- Haben wir einen Eskalationsplan?
- An welchem konkreten Punkt sollen welche Maßnahmen eingeleitet werden?
- Welche Mittel/Möglichkeiten zur Bekämpfung stehen uns zur Verfügung?
- Was trägt zur Schadensbegrenzung bei?
- Wie ist der Krisenstab organisiert?
- Welche Kommunikationskanäle müssen bedient werden?
- Aus welchen Krisen aus der Vergangenheit könnten wir etwas lernen?
- Wie ist es um unsere Fehlerkultur bestellt?

Beispiel

Nachdem ein Wettbewerber wegen angeblicher Kinderarbeit bei einem Zulieferer öffentlich angeprangert wurde, möchte sich die Kommunikationsabteilung eines Unternehmens in der Textilbranche gegen einen solchen Shitstorm wappnen. Es soll vermieden werden, dass empörte Posts, Tweets und Kommentare in den Sozialen Medien wie ein unkontrollierbares Feuer das wertvollste Asset des Unternehmens angreifen: die Markenreputation.

Dabei ist es durchaus im Bereich des Möglichen, dass von manchem Zulieferer die Vereinbarungen zu den Arbeitsbedingungen und Umweltschutzstandards nicht eingehalten werden. Ein Verstoß könnte von NGOs – zu Recht – angeprangert und von empörten Kunden rasch verbreitet werden. Als Präventionsmaßnahme wird mit Procurement und Corporate Social Responsibility die Intensivierung von Betriebsbesichtigungen und Audits vereinbart.

Zwei Redakteure des Social-Media-Teams erhalten ein spezielles Training im Umgang mit kritischen Posts. Zusammen mit der Unternehmenskommunikation erstellen sie folgenden Aktionsplan:

1) Früherkennung: Damit eine Gefahr so schnell wie möglich erkannt wird, soll ein „Social Listening Tool“ mit Echtzeit-Alerts etabliert werden. Dieses fungiert wie ein Rauchmelder und schlägt Alarm, sobald bestimmte negative Schlagwörter vermehrt mit der Marke in Verbindung gebracht werden.

2) Eskalation: Sollten die negativen Erwähnungen an Dynamik gewinnen, müssen Taten folgen. Hat das Unternehmen einen Fehler gemacht, ist eine Entschuldigung bis hin zu einer finanziellen Wiedergutmachung angebracht. Welche positive Geste oder welcher mutige Schritt würde allen in Erinnerung bleiben oder sogar einen „Lovestorm“ auslösen?

3) Bricht ein richtiger Shitstorm los, muss die „Betriebsfeuerwehr“ anrücken. Der Krisenstab besteht aus Vertretern von Marketing & Kommunikation, Customer Support, HR und Rechtsabteilung. Notfalls müssen Produktrückrufe oder organisatorische Änderungen her.

Die Visualisierung wird grafisch überarbeitet und zusammen mit dem Krisenplan an alle relevanten Mitarbeiter verteilt.

WHEN THE S… HITS THE FAN:

Was tun wir gegen die Gefahr eines SOCIAL MEDIA SHITSTORMS?

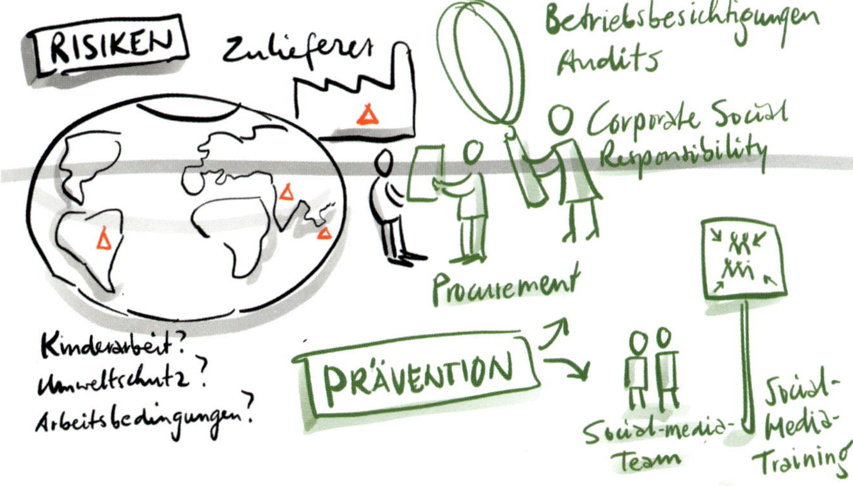

IT-Systeme schützen

Cyberspace klinkt irgendwie abstrakt. Das macht es schwierig, sich eine Vorstellung davon zu machen, welchen Risiken ein IT-System ausgesetzt ist und wie man es dagegen schützen kann. Übersetzen wir daher den Cyberangriff in eine Welt, die wir alle aus Filmen und Büchern kennen: in eine Burgbelagerung.

Im Herzen der Burg steht der Server mit Daten und Anwendungen des Unternehmens. Eine Mauer, die sogenannte Firewall, schützt gegen unerlaubte Zugriffe aus dem Internet.

Der Burg wird belagert von Cyberkriminellen, die mit unterschiedlichen Tricks versuchen, sich Zugang zu verschaffen.

Jeder, der hinein möchte, braucht die entsprechenden Zugangsdaten. Mit Fishing-E-Mails wird versucht, die Schlüssel (ID & Passwords) aus den Taschen der Burgbewohner zu angeln. Auch wird versucht, den Bewohnern der Burg (mit Trojanern, Würmern, Spyware oder sonstigen Viren) schädliche Software unterzujubeln, damit diese in die Burg eindringen kann. Damit das nicht gelingt, wird jeder Bewohner durch den Wächter (Antivirusprogramm) gründlich gefilzt.

Den Versuch, mit einem leistungsstarken Rechner das Passwort zu knacken, nennt man einen Brute-Force-Angriff.

Manche Angreifer versuchen, das System von außen mit einer Armee an Bots zu attackieren. (Ein Botnet besteht häufig aus Rechnern von Menschen, die gar nicht wissen, dass ihr Computer infiziert ist und von Kriminellen kontrolliert werden kann.)

Wenn es Hackern oder Viren gelingt, in das System einzudringen, verhalten sie sich meistens erstmal unauffällig, damit sie heimlich auf die Suche nach Beute gehen können. Oft werden Kundendaten, Passwörter, Kontozugänge oder Betriebsgeheimnisse unbemerkt gestohlen.

Manchmal werden aber auch, wie bei einer Geiselnahme, systemkritische Funktionen lahmgelegt, um sie erst gegen Zahlung eines hohen Lösegelds zu reaktivieren. Als Schutz werden manchmal innerhalb der Burgmauer „Honeypots" platziert. Diese Attrappen mit Fake-Daten oder vorgetäuschten Applikationen sollen Angreifer in die Falle locken, bevor sie die echten Angriffsziele erreichen.

Dezentrale Lösungen, also mehrere kleinere Festungen mit separaten Schatzkammern, reduzieren die Verlustrisiken. Umgekehrt vergrößern solche Lösungen aber auch die Angriffsfläche. Sensible Daten, die auf den Verbindungswegen abgefangen werden könnten, müssen verschlüsselt werden.

Angriff und Verteidigung ist wie ein Katz- und Mausspiel. Es gibt immer neue Angriffstechniken. Manche Firmen engagieren professionelle Hacker, um dem Feind einen Schritt voraus zu bleiben.

Jeder Mitarbeiter sollte daher ein Security-Awareness-Training absolvieren. Im Cyberspace gelten nämlich die gleichen Prinzipien wie im Mittelalter: Ohne wachsames Verhalten nützen auch die dicksten Mauern nichts.

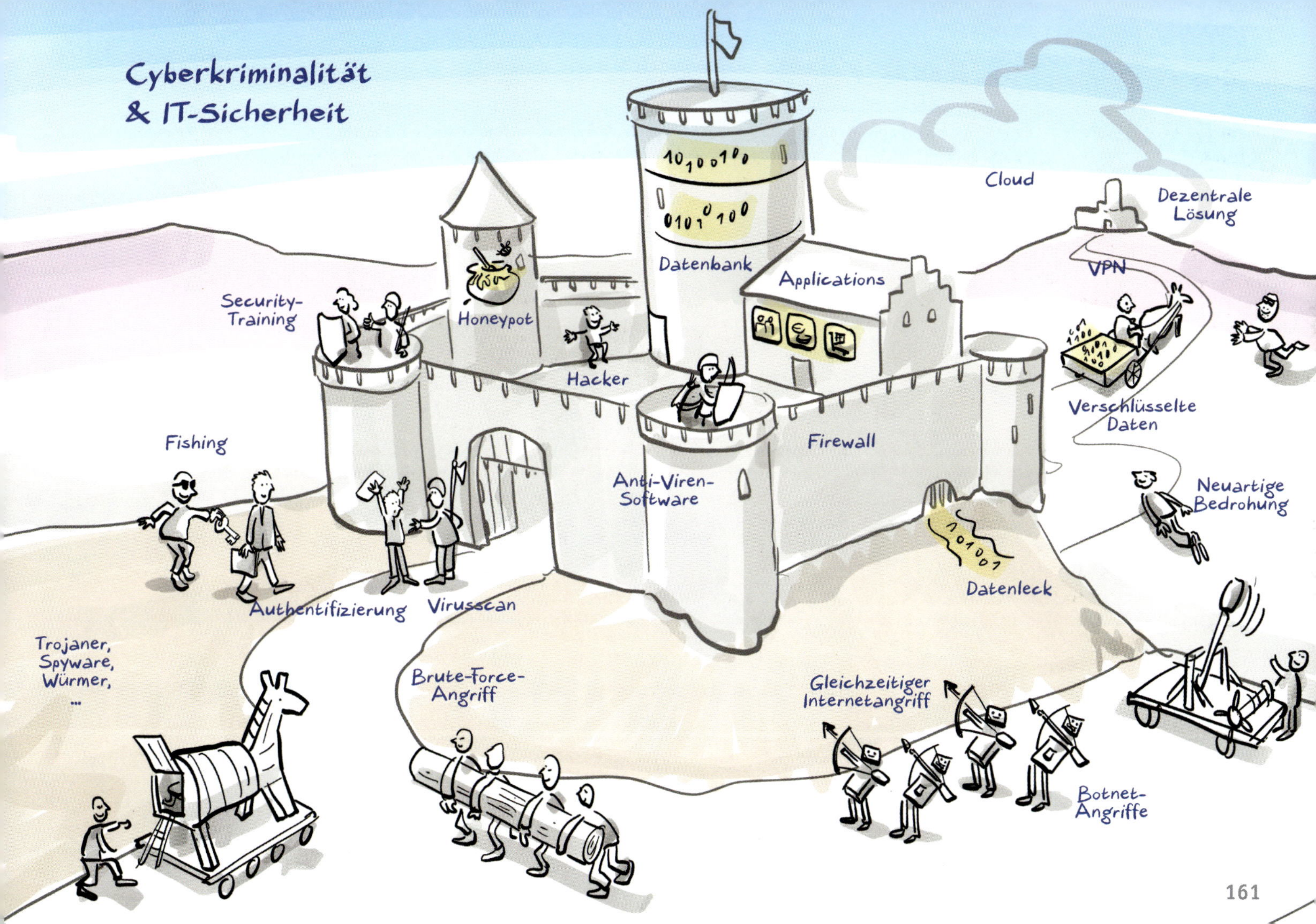
Cyberkriminalität
& IT-Sicherheit
Cloud
Dezentrale
Lösung
Datenbank
Applications
VPN
Security-
Training
Honeypot
Hacker
Verschlüsselte
Daten
Fishing
Firewall
Anti-Viren-
Software
Neuartige
Bedrohung
Datenleck
Authentifizierung
Virusscan
Trojaner,
Spyware,
Würmer,
...
Brute-Force-
Angriff
Gleichzeitiger
Internetangriff
Botnet-
Angriffe

Reflexion
Typische Fragen, die anhand dieses Bildes diskutiert werden können, sind:

- Welche Daten und Applikationen werden von unserer Firewall geschützt?
- Was sind unsere wertvollsten Informationen? Welche Funktionen sind für den laufenden Betrieb überlebenswichtig?
- Welche Einfallstore gibt es? Sind diese mit Antivirusprogrammen ausgestattet?
- Haben wir Maßnahmen ergriffen, um Angriffe zu erkennen und zu blockieren?
- Welche sensiblen Informationen sollten extra verschlüsselt werden und nur wenigen Personen zugänglich sein?
- Können wir schlafende Viren oder herumschleichende Hacker aufspüren?
- Welche Systemarchitektur hätte aus Sicherheitsgründen unsere Präferenz: zentral, dezentral, Cloud?
- Wie gut ist die „Armee" der IT-Spezialisten?
- Wie sicher verhalten sich unsere Mitarbeiter beim E-Mailen und Surfen?
- Wie können wir sicheres Verhalten fördern?

Beispiel
Der IT-Verantwortliche eines Reiseveranstalters sorgt sich um die Datensicherheit. Anhand einer Visualisierung erklärt er der Unternehmensführung, warum es wichtig ist, in die IT-Sicherheit zu investieren:

Die Buchungssoftware und Kundendaten sind das Herz des Unternehmens. Sie werden geschützt von einem IT-Sicherheitssystem, das aus einer Firewall, einer Antiviren-Software und einem Back-up-System besteht.

Die Cyberkriminalität nimmt zu. Botnet- und Brute-Force-Angriffe sowie Würmer, Trojaner und Spyware sind nur einige Beispiele. Ein Angriff könnte fatale Folgen haben.

Um die Sicherheit zu erhöhen, schlägt er folgende Maßnahmen vor:

1) Die alte Antivirus-Software sollte durch eine neue, fortschrittliche Lösung ersetzt werden. Dabei sollen mithilfe von künstlicher Intelligenz Bedrohungen erkannt werden, die bisher nicht bekannt sind.

2) Es gibt eine Back-up-Lösung, aber auch die braucht extra Schutz.

3) Sowohl die eigenen Mitarbeiter als auch Mitarbeiter in kooperierenden Reisebüros haben einen Zugang zum System. Außerdem gibt es eine Schnittstelle zu unterschiedlichen Reiseportalen. Die Authentifizierung aller Nutzer und Anwendungen soll mit einer Zwei-Faktor-Authentifizierung sicherer gemacht werden. Die Zugriffsrechte sollen individueller und flexibler gestaltet werden.

4) Die Zugriffe über die Programmierschnittstelle (API) sollen automatisch überwacht werden.

5) Es wird dringend ein obligatorisches Security-Awareness-Training für alle Mitarbeiter und Partner benötigt, idealerweise als E-Learning.

Das Management lässt sich von der verständlichen Darstellung überzeugen und gibt das entsprechende Budget frei. Die HR-Managerin schlägt vor, das Bild für die Schulung zu nutzen.

IT needs to be secure!

IT-Infrastructure, Bedrohungen und Maßnahmen

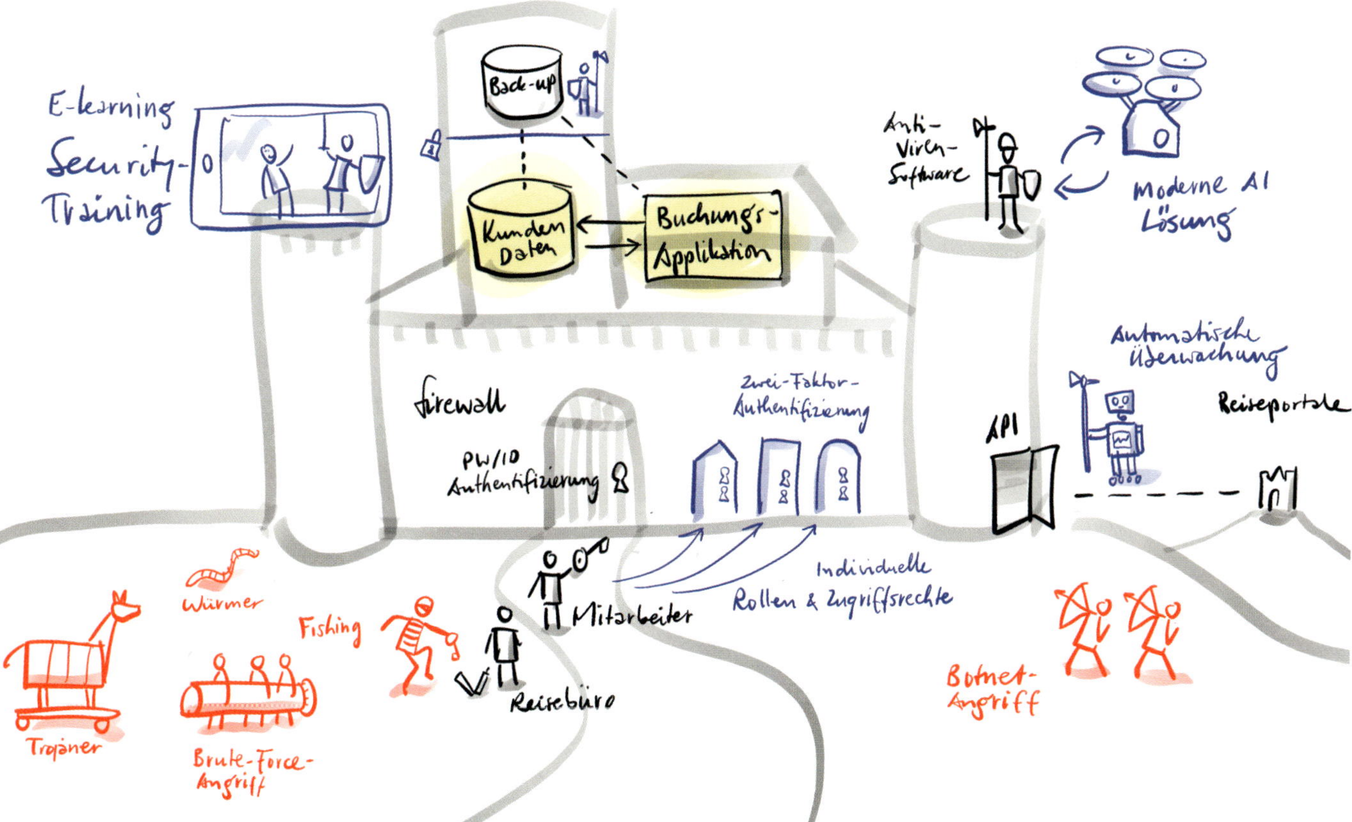

Als Team zusammenarbeiten

Ich glaube nicht, dass jemals ein abteilungsübergreifender Workshop stattgefunden hat, in dem nicht erwähnt wurde, dass als „Team" zusammengearbeitet werden soll. Damit das keine leere Floskel bleibt, schauen wir uns das einmal genauer an. Wo? Na klar, auf dem Fußballfeld.

Das Spielfeld definiert die „Sytemgrenze". Reden wir also über die Zusammenarbeit innerhalb eines bestimmten Teams, über das Zusammenspiel aller Beteiligten in einem Projekt oder vielleicht sogar über die Kooperation innerhalb der ganzen Firma?

Damit alle in die gleiche Richtung vorstoßen, braucht es ein klares Ziel: das Tor am Ende des Spielfeldes. Der aktuelle Spielstand wird als einer der wichtigsten Key Performance Indicators (KPI) an alle klar kommuniziert. Oft steht hinter den konkreten Zielen noch eine übergeordnete Vision. Welches Turnier, welche Meisterschaft gilt es zu gewinnen? Was wäre die nächsthöhere Liga?

Die Mannschaftsaufstellung ist eine der wichtigsten Grundlagen, um das Spiel erfolgreich zu bestreiten. So könnte die Verteidigung Symbol für die eher administrativen Aufgaben sein, das Mittelfeld für Steuerungstätigkeiten und der Angriff für Aufgaben, die die größte Sichtbarkeit und Außenwirkung haben und an deren „Erfolg" das ganze Team gemessen wird.

Wichtige Prozessabläufe müssen so effizient und fehlerfrei ablaufen wie eingeübte Kombinationen. Jede Spielposition hat dabei bestimmte Aufgaben zu erfüllen. Gelungene Pässe stehen als Symbol für reibungslose Übergänge an den Schnittstellen.

Immer mehr Spielzüge werden von „Robotern" (Symbol für automatisierte, digitalisierte Lösungen) übernommen.

Die Führungskraft führt das Team wie ein charismatischer Coach zu Spitzenleistungen. Dazu gehört, dass sie die Prozessvorgänge optimal gestaltet und mit dem Team abstimmt, aber auch, dass sie die Spieler motiviert und, wenn nötig, Anweisungen gibt. Teamleiter haben dabei eine besondere Rolle und vermitteln zwischen Führungskraft und Mannschaft wie Mannschaftskapitäne.

Die Teamkultur würde man im Idealfall als „Teamspirit" bezeichnen – eine Atmosphäre von gegenseitigem Respekt, Hilfsbereitschaft und Offenheit, in der Probleme offen angesprochen und gemeinsam angegangen werden.

Neben der Zusammenarbeit als Team sind die individuellen Qualitäten der Spieler auf dem Feld sehr wichtig für den Erfolg. Es gilt also, Mitarbeiter mit den richtigen Voraussetzungen in die Mannschaft zu holen, ihre Spielpraxis zu fördern und sie über Trainingsmaßnahmen kontinuierlich weiterzuentwickeln. Die Personalabteilung soll nicht nur dabei helfen, gute Spieler anzuziehen, sondern auch, sie zu behalten. Es gibt kaum etwas Demotivierenderes für einen Mitarbeiter, als „auf der Bank sitzen zu müssen", also das Gefühl zu haben, nicht wirklich gebraucht zu werden oder seine Fähigkeiten nicht zeigen zu können.

Sind wir damit am Ende? Nein, Moment mal ... wo sind denn die Gegner? Die gegnerischen Mannschaften – „FC Silodenken", „Dienst nach Vorschrift 08/15", „SV Prozesswildwuchs" und „Zwietracht Zankfrust" – wurden gerade chancenlos vom Platz gefegt!

Als Team zusammenarbeiten
Kunden
Nutzer
KPIs,
Reporting
Auftraggeber
Vorstand
stop
doing
start
doing
Führungskraft
Führungsstil
Talent-Scouting
Ziel
Mission
Demotivation
Aufgabe
Auftrag
Prozessablauf
QM
Revision
Ausbildung
Weiterbildung
Teamleitung
Rolle
Gegenspieler
(Widerstände)
Wettbewerber
Assistenz
Koordination
Schützenswertes
Minimalanforderungen
Grundlegendes
Support-
funktion
Fehlerkultur
Unterstützung
Resilienz
Strategie
Planung
Teamgeist

Reflexion
Typische Fragen, die anhand dieses Bildes diskutiert werden können, sind:

- Welche organisatorische Einheit oder Prozesse schauen wir uns an?
- Was sind unsere Ziele und KPIs?
- Welche Vision haben wir? Was ist der Sinn hinter unseren Zielen und Tätigkeiten?
- Welche Abteilungen oder Kunden möchten, dass wir eine gute Leistung erbringen?
- Sind unsere Rollen, Aufgaben und Prozesse klar und eindeutig definiert? Wo verlieren wir öfter den Ball?
- Welche individuellen Qualitäten brauchen wir, um vorne mitzuspielen?
- Wie können wir diese durch Personalentwicklung oder Recruiting erwerben?
- Wie beeinflussen Automatisierung und Digitalisierung unsere Aufgaben, Prozesse und Abläufe?
- Wer schaut auf die Qualität, das Einhalten von Standards und Gesetzen?
- Welche Werte prägen unsere Teamkultur?
- Gibt es ungenutzte Personalressourcen, die wir ins Spiel bringen können?
- Was bremst uns aus? Was sind unsere größten „Gegner"?

Beispiel

Die Finanzabteilung eines Start-ups ist in den letzten Monaten von drei Personen auf ein richtiges Team angewachsen. Noch fühlen sich manche Mitarbeiter etwas verloren. Das Team setzt sich zusammen und fragt sich: Wie wollen wir eigentlich zusammenarbeiten?

Entgegen seinem Ruf ist das Finanzwesen im Start-up eine ziemlich dynamische Angelegenheit! Einer der neuen Mitarbeiter ist Amateurfußballer und sieht Parallelen zwischen dem Getümmel auf dem Feld und der aktuellen Lage am Arbeitsplatz.

Im Tor steht der CFO – mit Kapitänsbinde versteht sich. Er soll die Übersicht über das ganze Spielfeld behalten und alles geben, damit das Spiel am Ende positiv ausgeht. Er hat das ERP-System im Rücken.

Die Buchhaltung muss verteidigen. Jeder Vorgang soll sauber abgefangen, verarbeitet und dokumentiert werden. Mit der neuen Software-Lösung sollen die meisten Eingabeprozesse aber bald automatisiert stattfinden.

Die Buchhaltung spielt die Zahlen weiter nach vorne, ans Reporting. Der Steuerberater ist als „externer Leihspieler" weiterhin auf der rechten Flanke für die Bilanz sowie die Gewinn- und Verlustrechnung zuständig. Das Finanzamt guckt ihm dabei genau auf die Finger.

Über den linken Flügel sollen die Daten für interne Kundenauswertungen und Kostenanalysen aufbereitet werden.

Das Controlling steht im Angriff. Damit es seine Budgetpläne und Ist-Soll-Vergleiche aufstellen kann, braucht es gute Vorlagen vom Reporting.

Ziel ist es, das Management dabei zu unterstützen, die richtigen strategischen Entscheidungen zu treffen und sich so für die nächste Finanzierungsrunde zu qualifizieren.

Die Positionen im Team sollen flexibel besetzt werden können. Das stärkt das gegenseitige Verständnis, fördert die Kooperation und hilft, schnell auf personelle Engpässe reagieren zu können. Dazu braucht es individuelle Weiterbildungsangebote.

Wenn der Ball einmal rollt, werden die Gegner von „Chaos SV" und „FC Überforderung" bald das Feld räumen müssen.

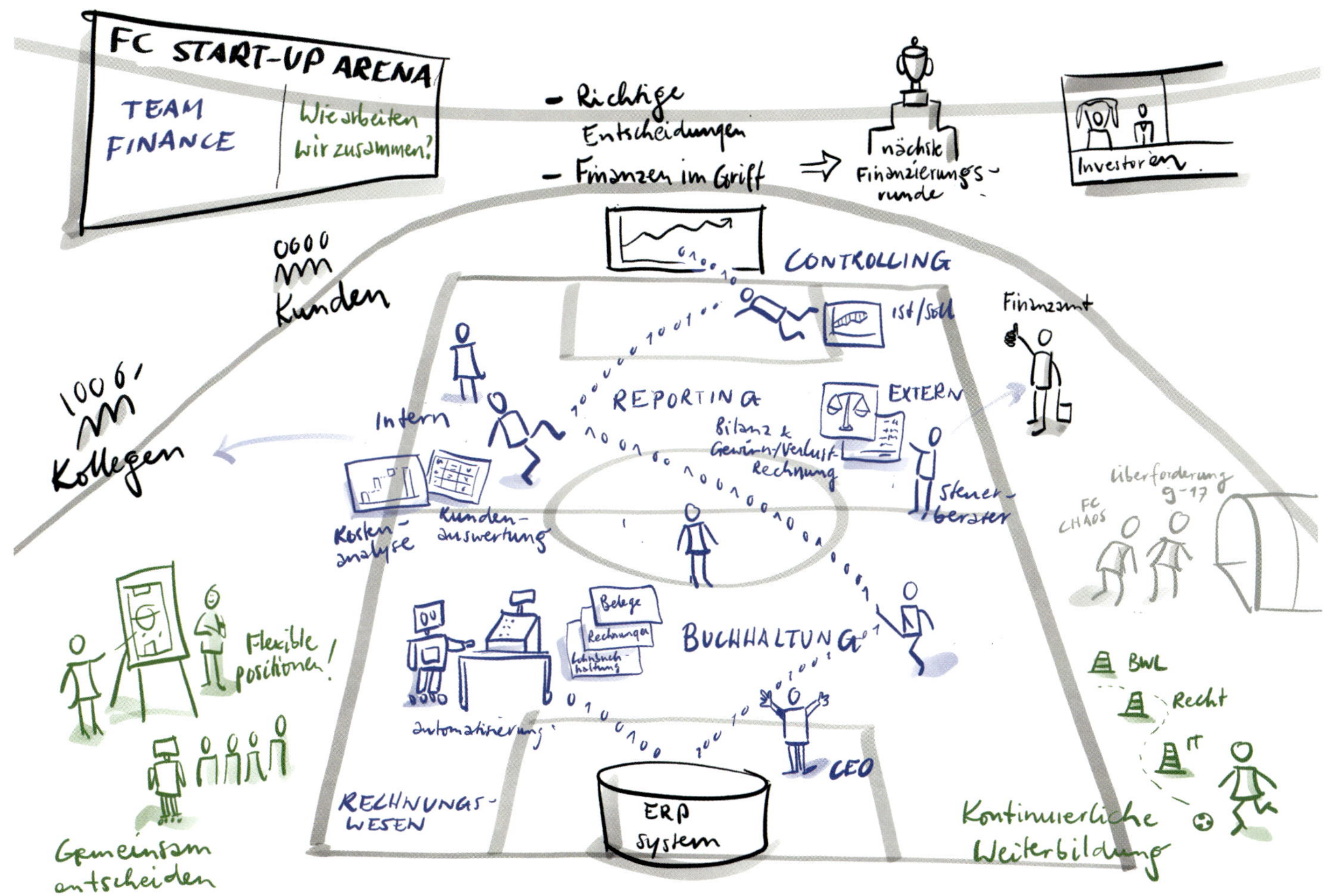

FC START-UP ARENA
TEAM FINANCE
Wie arbeiten wir zusammen?
- Richtige Entscheidungen
- Finanzen im Griff
nächste Finanzierungsrunde
Investoren
CONTROLLING
Ist/Soll
Finanzamt
Kunden
Kollegen
REPORTING
Intern
EXTERN
Bilanz & Gewinn/Verlust-Rechnung
Steuerberater
Kostenanalyse
Kundenauswertung
Überforderung 9-17
FC CHAOS
Belege
Rechnungen
Lohnbuchhaltung
BUCHHALTUNG
Flexible positionen!
automatisierung
CEO
BWL
Recht
IT
RECHNUNGSWESEN
ERP System
Gemeinsam entscheiden
Kontinuerliche Weiterbildung

Kurs bestimmen

Seefahrt ... ein Klassiker unter den Metaphern. Die nautische Bilderwelt bietet unzählige Symbole und Assoziationen, aus denen man schöpfen kann. Mit blauer Kreide unterlegt, werden die einzelnen Elemente fast schon von selbst zu einem zusammenhängenden Bild. Die Popularität beruht aber nicht nur auf den zeichnerischen Vorteilen. Noch wichtiger sind die Geschichten und Emotionen, die mit dem Thema verbunden werden. Wer hat keine Bewunderung für die Kapitäne und Matrosen, die vor einigen Jahrhunderten auf die Ozeane hinausfuhren: neugierig, hoffnungsvoll und nur mit den Sternen als Orientierungshilfe? Fühlen wir uns in diesen Zeiten des Umbruchs und der Unsicherheit nicht alle ein bisschen wie Entdeckungsreisende?

Das Boot und seine Besatzung stellt die Organisation mit ihren Mitarbeitenden da. Je komplexer die Organisation, desto größer das Schiff. Ein Freiberufler würde also eher als Windsurfer dargestellt, das Großunternehmen als Windjammer mit fünf Masten und einer 200-köpfigen Crew. Die einzelnen Segel können für die wichtigsten Organisationsbereiche oder Funktionen stehen.

Traditionell sind die Rollen und Aufgaben auf einem Schiff recht hierarchisch organisiert. Gilt das auch für unser Schiff? Was ist unser Verständnis von guter Führung? Was bedeutet es, Verantwortung zu übernehmen? Nach welchen Prinzipen werden Entscheidungen getroffen?

Auf einem Schiff sitzt man oft mehrere Monate auf engstem Raum. Damit das klappt, braucht es ein gemeinsames Werteverständnis. Respekt, Toleranz, Qualitätsanspruch, Kameradschaft ... Werte sind wie Sterne, die einem immer Orientierung geben, egal wohin uns die Reise noch führt.

Eine Entdeckungsreise zeichnet sich dadurch aus, dass das Ziel weitgehend unbekannt ist. Trotzdem braucht es einen Ansporn, die Strapazen auf sich zu nehmen. Wofür machen wir das Ganze? Die Antwort auf diese Frage ist oft mit der Hoffnung verbunden, etwas zu einer besseren Zukunft beitragen zu können. Man kann den „Purpose" oder „Sinn" also gut mit einem Lichtstreifen am Horizont darstellen.

Was möchten wir erreichen? Wie sieht die Welt aus, zu der wir unseren Kurs setzen? Wie möchten wir arbeiten? Was erwarten wir von unseren Produkten und Dienstleistungen? Welches Verhältnis wünschen wir uns zu unseren Kunden? Ist man bereits nahe daran, diese Vision zu realisieren, so wäre das wie der Hafen, den man schon bald erreicht. Aber auch, wenn es noch eher um einen „Zukunftstraum" geht, kann man bereits eine fantasievolle Karte des gelobten Landes entwerfen.

Welche externen Faktoren wie Markttrends, technische Entwicklungen oder neue Regulatorien helfen uns auf dem Weg zu diesem Ziel? Das ist unser Wind im Rücken. Es gibt aber auch Strömungen, die uns eher vom Kurs abbringen, oder Eisberge, die das Unterfangen gefährden. Diese sollten frühzeitig identifiziert und umsegelt werden.

Hat man seine Organisation, Ziele, Orientierungshilfen und externen Einflussfaktoren klar im Blick, kann man den optimalen Kurs bestimmen. Welche Bojen sollten angepeilt werden? Welches Manöver braucht es, um dort hinzugelangen?

Alles klar, Kapitän? All Hands on Deck!

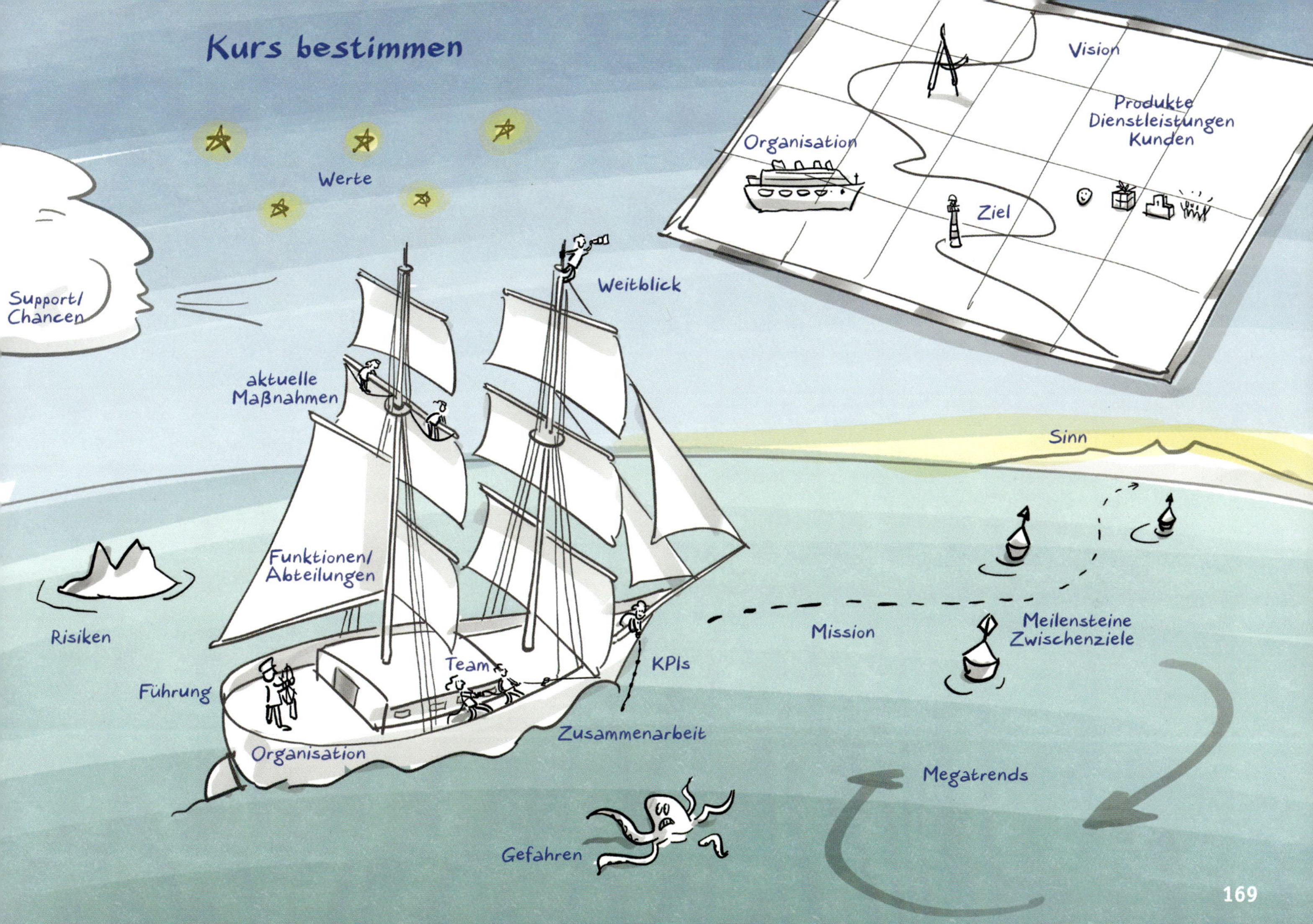
Kurs bestimmen
Werte
Support/ Chancen
Weitblick
aktuelle Maßnahmen
Funktionen/ Abteilungen
Risiken
Führung
Team
KPIs
Zusammenarbeit
Organisation
Gefahren
Mission
Meilensteine Zwischenziele
Megatrends
Sinn
Vision
Produkte Dienstleistungen Kunden
Organisation
Ziel

Reflexion:
Typische Fragen, die anhand dieses Bildes diskutiert werden können, sind:

- Von wem oder was möchten wir den Kurs bestimmen? Wofür steht unser Schiff genau? Wer ist mit an Bord?
- Welches sind die wichtigsten Organisationsbereiche/Abteilungen, die unser System definieren? Welche Funktionen bringen uns „auf Kurs" und voran?
- Wie sind wir organisiert? Was ist unser Verständnis von guter Führung? Was bedeutet es, Verantwortung zu übernehmen? Nach welchen Prinzipien werden bei uns Entscheidungen getroffen?
- Welche gemeinsamen Werte geben uns Orientierung? Wie zeigt sich das?
- Welcher Sinn oder Purpose treibt uns an? Was ist das Ziel hinter dem Ziel?
- Was ist unsere Vision? Wie möchten wir arbeiten? Welchen Anspruch haben wir an unsere Produkte und Dienstleistungen? Welches Verhältnis wünschen wir uns zu unseren Kunden?
- Welche externen Trends helfen uns weiter? Was bringt uns vom Kurs ab?
- Wie sieht unsere Mission für die nächste Zeit aus? Mit welchen Maßnahmen wollen wir welche Ziele wann erreichen?

Beispiel

Beim einem internen Wettbewerb in einem Telekommunikationsunternehmen haben zwei Mitarbeiter eine Idee für ein Nachbarschaftshilfe-Portal gepitcht. Die Abteilung „Corporate Social Responsibility" findet die Idee gut und stellt ein Budget für die Entwicklung eines Prototypen bereit. Weil die Mitarbeiter keine Erfahrung als Start-up-Gründer haben, werden sie von einem Coach unterstützt. Um den Kurs zu bestimmen, malen sie gemeinsam ein Bild.

Das Duo sieht sich als Katamaran-Segler. Der eine bringt Erfahrung im Projektmanagement von Internetportalen mit. Der andere hat Expertise im Online-Marketing und UX-Design. Was das Boot voranbringen soll, ist die IT-Entwicklung im Großsegel sowie Marketing und Vertrieb im Focksegel. Der Rumpf repräsentiert die beiden Welten, in denen sich das Projekt bewegt: online und offline. Der Katamaran soll für Wendigkeit und Freiheit stehen – etwas, das im Konzernalltag sonst eher Mangelware ist.

Der „Sinn" der Initiative ist, dass die Nachbarschaft gestärkt und ein nachhaltigerer Umgang mit Ressourcen unterstützt wird. In der Vision vernetzen sich Nachbarn online, um sich in der realen Welt mit Nachbarschaftsdiensten zu helfen, Gegenstände zu verleihen oder Ungenutztes zu verschenken.

Angepeilt ist ein funktionierender Prototyp in drei „Sprints". Anwendertests und kleine Marketingaktionen – sowohl lokal vor Ort als auch auf Social Media – sollen die Initiative in einem Testgebiet bekannt machen. Als Zielhafen wird eine erste, funktionierende, aktive Nachbarschaftscommunity mit 1.000 Mitgliedern angestrebt.

Sollte das klappen, könnte man zusätzliche Förderer suchen, um zu einer weiteren Etappe loszusegeln. Auf dieser zweiten Etappe sollen dann auch Organisationsform und Geschäftsmodell klarere Gestalt bekommen.

Damit der Kurs immer klar vor Augen ist, wird die Visualisierung im Projektraum aufgehängt.

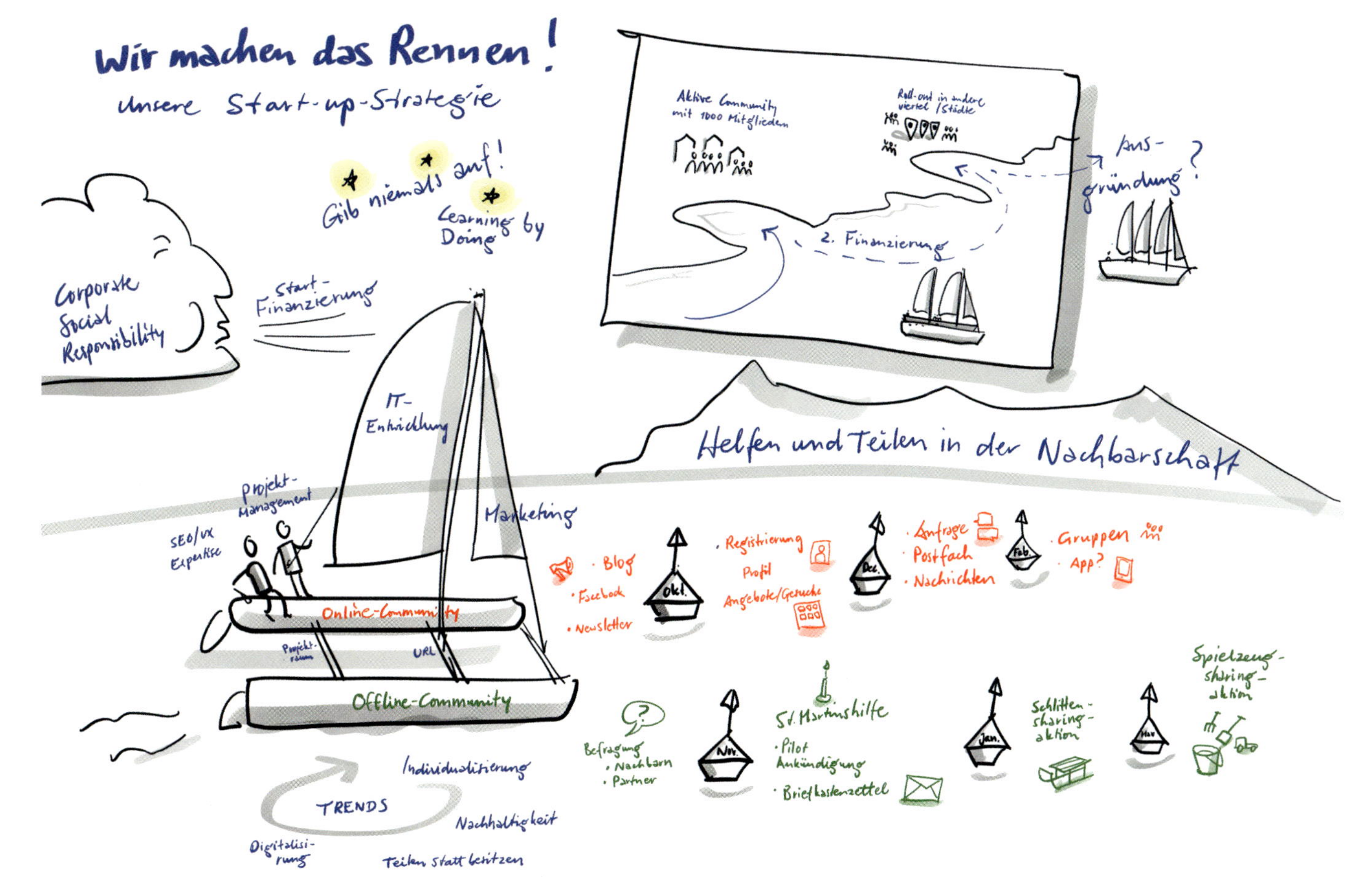
Wir machen das Rennen!
Unsere Start-up-Strategie
Gib niemals auf!
Learning by Doing
Corporate Social Responsibility
Start-Finanzierung
IT-Entwicklung
Projekt-Management
SEO/UX Expertise
Marketing
Online-Community
Projekt-raum
URL
Offline-Community
TRENDS
Individualisierung
Nachhaltigkeit
Digitalisierung
Teilen statt besitzen
Aktive Community mit 1000 Mitgliedern
Roll-out in andere Viertel / Städte
Aus-gründung?
2. Finanzierung
Helfen und Teilen in der Nachbarschaft
· Blog
· Facebook
· Newsletter
Okt.
· Registrierung
Profil
Angebote/Gesuche
Dez.
· Anfrage
· Postfach
· Nachrichten
Feb.
· Gruppen
· App?
Befragung
· Nachbarn
· Partner
Nov.
St. Martinshilfe
· Pilot Ankündigung
· Briefkastenzettel
Jan.
Schlitten-sharing-aktion
Mar.
Spielzeug-sharing-aktion

Nachhaltige Unternehmen

Moderne Unternehmen sind eher mit einem Organismus als mit einer Maschine zu vergleichen. Stellen wir uns vor, eine Firma wäre ein Apfelbaum. Was wäre dann für ein gesundes, nachhaltiges Unternehmen alles wichtig?

Die Baumstruktur repräsentiert wie ein umgedrehtes Organigramm die Struktur des Unternehmens. Der Stamm, das Top-Management, trägt den Baum. Die dicken Äste stehen für verschiedene Unternehmensbereiche, die kleineren Zweige sind einzelne Abteilungen.

Die Äpfel symbolisieren die Produkte und Dienstleistungen des Unternehmens. Je höher die Quantität und Qualität, desto höher ist der Ertrag. Eine Portfoliopflege hilft, die Firma so zu „gestalten", dass sie nicht nur jetzt, sondern auch in der Zukunft wertvolle Früchte abwerfen wird. Das ist wie bei der Baumpflege:

- Gesundes Fruchtholz mit hohem Ertrag wird in Ruhe gelassen.
- Bei jungen Ästen muss man genau hinschauen, welche davon sich weiter zu Fruchtholz entwickeln. An welchen Ästen werden aus den Blüten auch Äpfel? Diese brauchen genug Raum und Licht.
- Alte und geschwächte Stämme sollte man entweder besser versorgen oder sie so schonend wie möglich absägen. Anschließend sollte die „Wunde" versorgt werden.
- Wildtriebe (junger Wildwuchs, der eine Menge Ressourcen schluckt, ohne Ertrag zu liefern) sollten rechtzeitig entfernt werden. Im Gegensatz zu Blättern lassen sich Mitarbeiter zum Glück leichter wieder an anderen Ästen unterbringen.

Im Zustand der Baumkrone spiegelt sich auch die Unternehmenskultur wider. Demotivation, Frust oder Angst sind wie Schädlinge, die sich schnell verbreiten können und großen Schaden anrichten. Im Gegensatz dazu wirkt ein gutes Arbeitsklima wie sonniges Wetter, das gute Laune macht und die Photosynthese richtig ankurbelt.

Ein Baum braucht Wurzeln, aus denen er erst seine Kraft schöpfen kann. Je nach Unternehmen sind das zum Beispiel dessen hochwertige Produktionstechnik, enge Kundenbeziehungen, wertvolle Daten, besondere Expertise, lokale Standorte oder eingespielte Prozesse.

Weiterbildung ist wie Dünger: Mit einer guten Mischung aus Wissen und Fähigkeiten wird die Organisation von unten bis oben gestärkt. Das Unternehmen ist Teil eines Ökosystems. Wirtschaftlich steht es in enger Verbindung zu Kunden sowie zu Zulieferern und Dienstleistern. Damit es seine Produkte und Dienstleistungen erzeugen kann, braucht es Energie und Rohstoffe. Die Mitarbeiter und ihre Familien sind abhängig vom Erfolg des Unternehmens. Über Steuern und Abgaben finanziert es zudem das Gemeinwesen.

Ein nachhaltiger Unternehmensansatz bedeutet, dass nicht nur die wirtschaftlichen, sondern auch soziale und ökologische Einflüsse bei der Gestaltung und Steuerung berücksichtigt werden. Zum Beispiel, indem regenerative Energien benutzt werden oder beim Einsatz von Rohstoffen von Beginn an in Kreisläufen gedacht wird.

Zum Schluss: Nichts bleibt, wie es einmal war. Damit sich das Unternehmen im Laufe der Geschichte „neu erfinden" kann, sollten rechtzeitig neue Bäumchen gepflanzt werden.

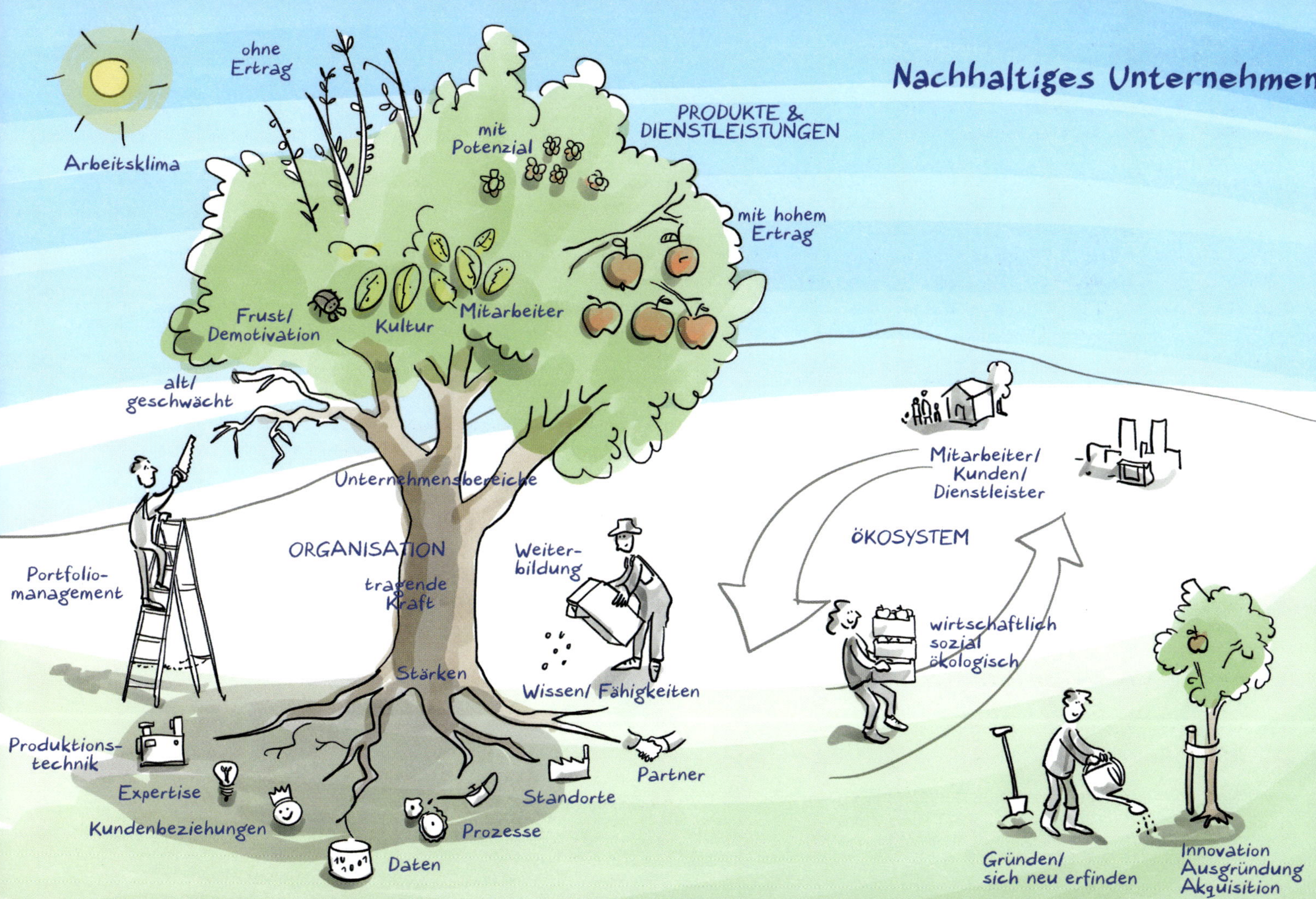

Nachhaltiges Unternehmen
Arbeitsklima
ohne Ertrag
mit Potenzial
PRODUKTE & DIENSTLEISTUNGEN
mit hohem Ertrag
Frust/ Demotivation
Kultur
Mitarbeiter
alt/ geschwächt
Unternehmensbereiche
ORGANISATION
tragende Kraft
Portfolio-management
Weiter-bildung
Stärken
Wissen/ Fähigkeiten
Produktions-technik
Expertise
Kundenbeziehungen
Daten
Prozesse
Standorte
Partner
Mitarbeiter/ Kunden/ Dienstleister
ÖKOSYSTEM
wirtschaftlich sozial ökologisch
Gründen/ sich neu erfinden
Innovation Ausgründung Akquisition

Reflexion

Typische Fragen, die anhand dieses Bildes diskutiert werden können, sind:

- Wie sieht unsere Organisationsstruktur aus? Welche Unternehmensbereiche gibt es?
- In welcher Rolle sieht sich das Top-Management?
- Welche Mehrwerte erzeugen wir?
- Wie ist es um unseren Ertrag bestellt?
- Wie würde man bei einer Portfolio-Betrachtung unsere Produkte oder Dienstleistungen beurteilen? Welche Aktivitäten brauchen mehr Unterstützung, Raum und Ressourcen? Welche Aktivitäten sollten besser zurückgeschnitten werden?
- Was kennzeichnet unsere Unternehmenskultur? Wie ist das Arbeitsklima?
- Was sind unsere Wurzeln? Welche müssen gestärkt werden? Wie?
- Welche Stakeholder sind Teil unseres Ökosystems? Ist das System im Gleichgewicht oder ist es instabil?
- Welche internen oder externen Faktoren sind eine Bedrohung für die Gesundheit des Systems?

Beispiel

Ein Beratungsunternehmen, das auf Reorganisationsprojekte spezialisiert ist, ist in den vergangenen Jahren ordentlich gewachsen. Wie hat sich das auf das Unternehmen ausgewirkt? Wer gewohnt ist, kritisch auf andere zu schauen, tut sich oft schwer mit dem Blick in den Spiegel. Anhand der Metapher *„Wenn wir ein Apfelbaum wären, dann …"* sprudelten aber viele interessante Beobachtungen hervor:

So hatte es einen Boom an kleinen Projekten von öffentlichen Auftraggebern gegeben. Diese schluckten viel Kapazität, erwiesen sich aber als deutlich weniger lukrativ als die großen Projekte aus der freien Wirtschaft. Damit der Baum nicht schief wächst, sollte man zukünftig die Akquisetätigkeiten verlagern und kritischer auf die Angebote schauen.

Die Pandemie hat bei vielen Kunden den Bedarf an Begleitung bei der Umstellung auf Home Office deutlich erhöht. Da das Unternehmen hier selbst Vorreiter war, konnte sehr zeitnah ein Beratungs- und Trainingsangebot zusammengestellt werden. Dieser Ast wird sich schnell weiterentwickeln.

Es gibt zwar viele neue Talente, aber die wichtigen Positionen werden weiterhin von den gleichen alten Führungskräften besetzt. Dies führt zu Unzufriedenheit. Einige grüne Blätter könnten sehr schnell braun werden und vom Baum fallen.

Eines der wichtigsten Assets des Unternehmens ist das zentrale Project Management Competence Center. Wegen Engpässen im Projektbetrieb wurden jedoch erfahrene Mitarbeiter abgezogen. Damit Wurzel und Krone in Balance bleiben, braucht das PMCC dringend Verstärkung!

Die beiden Gründer sind wie Gärtner. Sie identifizieren sich sehr mit ihrem Baum. Wer übernimmt die Pflege, wenn sie sich in ca. fünf Jahren verabschieden werden? Vielleicht sollte man mit der Suche nach geeigneten NachfolgerInnen schon mal anfangen …

Selbst in der Pause standen die Führungskräfte – mit Kaffee und Apfelkuchen in die Hand – noch um das Bild herum und diskutierten darüber, was sie aus den Beobachtungen für sich ableiten.

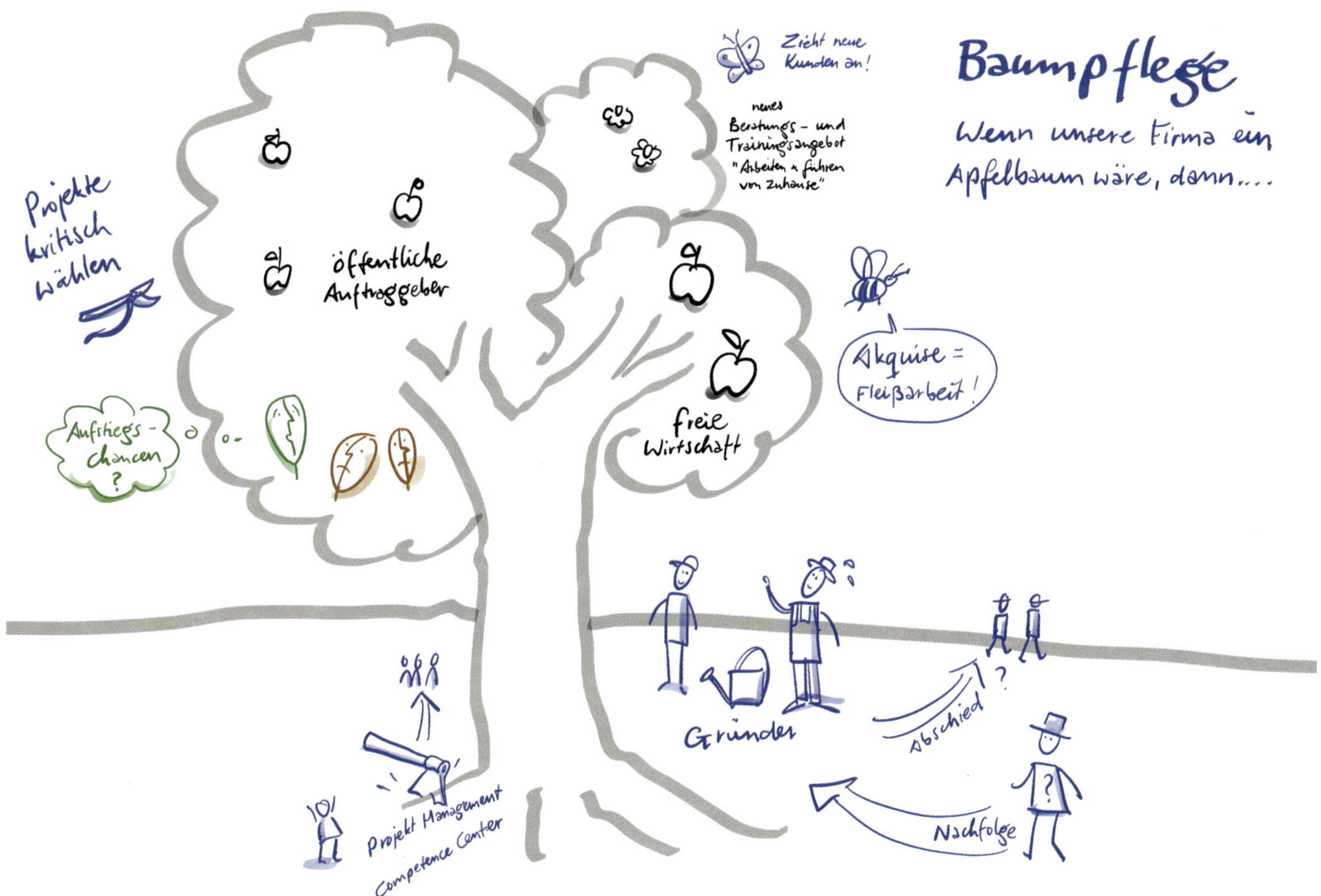
Baumpflege
Wenn unsere Firma ein Apfelbaum wäre, dann....
Zieht neue Kunden an!
neues Beratungs- und Trainingsangebot "Arbeiten + führen von Zuhause"
Projekte kritisch wählen
öffentliche Auftraggeber
Akquise = Fleißarbeit!
freie Wirtschaft
Aufstiegs-chancen?
Gründer
Abschied?
Nachfolge
Projekt Management Competence Center

Innovation fördern

Kreativität zeigt sich im unternehmerischen Kontext oft als Fähigkeit, verschiedene Ressourcen und Impulse erfolgreich zu neuen Angeboten zu kombinieren. Dabei sind die Freude am Gestalten und ein kreatives Arbeitsumfeld wichtige positive Treiber des kreativen Prozesses. Wie könnte das besser repräsentiert werden als mit einer Küche, in der neue Zutaten mithilfe von innovativen Zubereitungsmethoden zu attraktiven neuen Gerichten kombiniert werden?

Vor lauter operativen Aufgaben bleibt die Innovation manchmal auf der Strecke. Daher ist es wichtig, ganz bewusst organisatorische und physische Freiräume zu schaffen und Mitarbeitenden Gelegenheit zu geben, sich am Innovationsprozess zu beteiligen.

Bei marktorientierten Innovationsprozessen spielt der Kunde eine zentrale Rolle. Neue oder sich ändernde Kundenbedürfnisse sind eine wichtige Inspirationsquelle. Oft gibt es konkrete Hinweise seitens des Vertriebs oder des Customer Supports über ungelöste Probleme oder neue Herausforderungen. In einem Design-Thinking-Prozess können durch das Beobachten und Befragen der Zielgruppe in unterschiedlichen Phasen ihres Handelns (Customer Journey Mapping) interessante Problemstellungen ermittelt werden.

Aber wie kommt man vom Problem zur Lösung? Manche Ideen werden von einem genialen Chefkoch im Alleingang entwickelt. Meist entstehen Ideen jedoch durch die Zusammenarbeit verschiedener Köche mit unterschiedlichem Hintergrund. Kreativitätstechniken helfen dabei, die Quantität und Qualität der Ideen zu verbessern. Um neue Gerichte zu erfinden, brauchen wir nicht nur einen gut sortierten Vorratsschrank mit bewährten Zutaten, sondern auch einen Korb voll neuer Technologien, exotischer Materialien, lustiger Gadgets und Bilder oder andere Anreize.

Innovation wird häufig mit neuen Produkten und Features gleichgesetzt. Aber auch Verbesserungen können innovativ sein, etwa in der Beschaffung, bei der Kooperation mit Dienstleistern, in Logistik, Produktion und Vertrieb, bei Zahlungsmodellen, Marketing oder Kundenservice. Das nennt man „Business Model Innovation". In einem Restaurant würde das bedeuten, dass man sich nicht nur über das Essen selbst Gedanken macht, sondern auch über das Ambiente, die passenden Getränke, das Geschirr und den Bestellvorgang.

Aus vielen Ideen werden die vielversprechendsten Ansätze selektiert, um in der Designphase zu tragfähigen Konzepten weiterentwickelt zu werden. Wie beim Kochen gilt: immer wieder vorkosten! Auch die meisten Start-ups agieren nach dem Prinzip „Fail fast". Die Erfahrungen, die beim Bauen und Testen von Mock-ups, Prototypen und MVPs (Minimal Viable Products) gesammelt werden, helfen, den Kurs frühzeitig anzupassen. So wird das Risiko reduziert, erst spät (und damit teuer) zu scheitern. Dieses agile Vorgehen findet mittlerweile auch in vielen Großunternehmen Anwendung.

Hat sich die Innovation in den Tests bewiesen, wird sie in der Implementierungsphase in enger Abstimmung mit Herstellung, Marketing und Vertrieb zur Marktreife entwickelt.

Innovation hört aber nie auf! Das Feedback der Kunden zur Küche hilft, die Gerichte kontinuierlich zu verbessern. Vielleicht sind die Köche schon mit einer ganz neuen Kreation beschäftigt.

Guten Appetit!

Innovation fördern

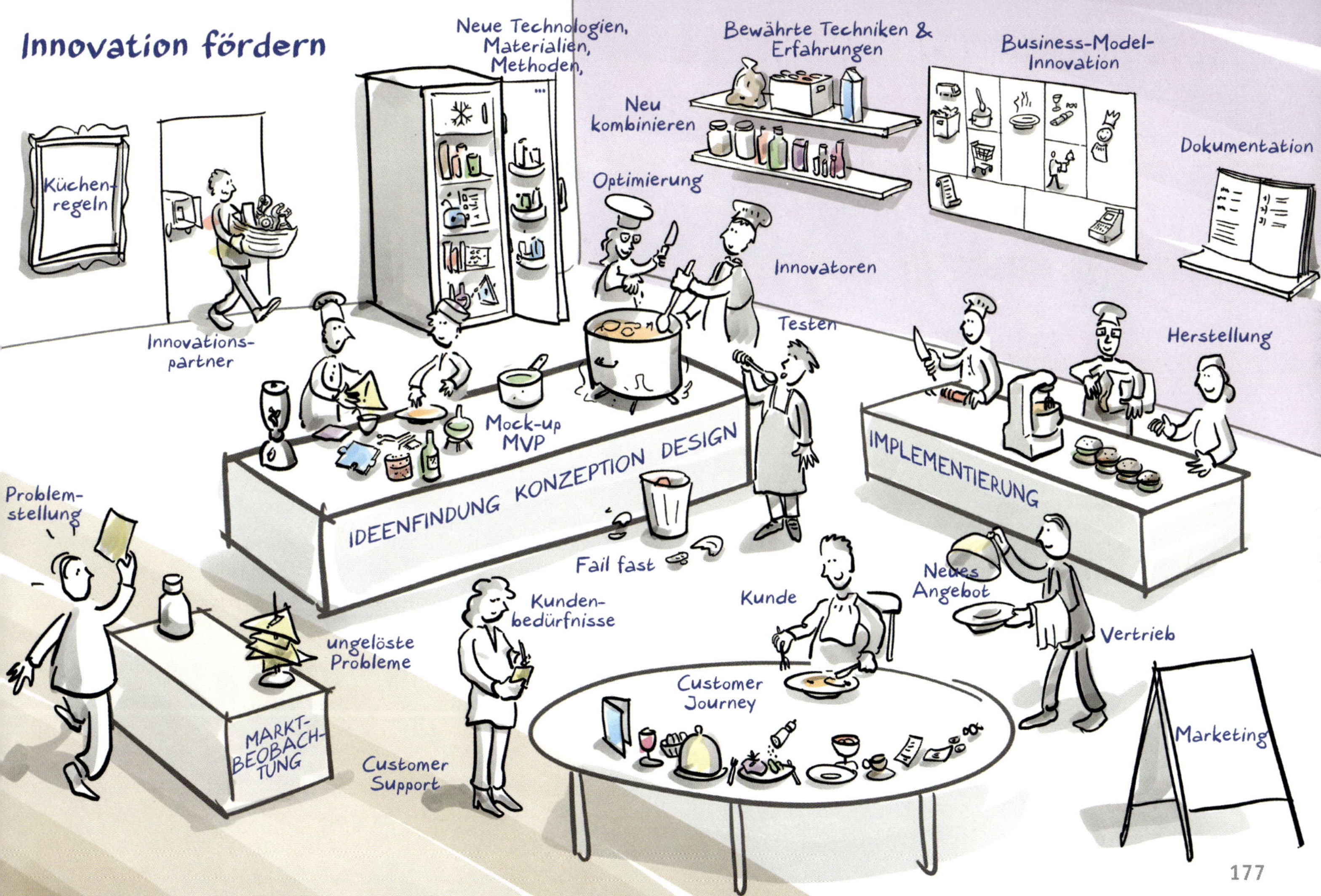

Reflexion
Typische Fragen, die anhand dieses Bildes diskutiert werden können, sind:

- Wo findet bei uns im Unternehmen „Innovation“ statt? Wer sind die Köche?
- Wer sind unsere Kunden? Wie gut kennen wir sie? Wie geraten Insights in die Küche?
- Für welche (bestehenden, neuen, zukünftigen) Kundenbedürfnisse gibt es noch keine befriedigenden Lösungen auf dem Markt?
- Kennen wir die Trends, die neuen Technologien, Materialien, Komponenten oder Prozesse, die für uns relevant sein könnten? Welche Partner könnten diese beisteuern?
- Wird die Ideenfindung dem Zufall überlassen oder werden Ideen systematisch gesammelt oder in Innovationsworkshops systematisch generiert?
- Nach welchen Kriterien werden Ideen beurteilt und ausgewählt ?
- Welche Töpfe stehen aktuell auf dem Feuer?
- Wie können wir beim Testen Kunden frühzeitig einbeziehen?
- Wie findet bei uns der Transfer von neuen Produkten und Dienstleistungen in die Organisation statt?
- Wie reagieren wir auf Kunden-Feedback?
- Welche Regeln gelten in der Küche?

Beispiel

Ein großes Chemieunternehmen hat eine eigene Sparte für Klebstoffe. In einem Gespräch zwischen der R&D-Leiterin und dem Head of Sales kam die Frage auf, wie sie enger zusammenarbeiten könnten. Bald darauf setzten sie sich mit ein paar Mitarbeitenden zusammen, um anhand eines Bildes das Thema „kundenorientierte Innovation“ zu reflektieren. Dabei wurden die folgenden Erfahrungen und Ideen geteilt:

Es gibt im Unternehmen etablierte Prozesse, wie Produktinformationen aus R&D in den Vertrieb „eingespeist“ werden, aber kaum welche, um Marktinformationen vom Vertrieb zurück zum R&D fließen zu lassen.

Es gibt gute Verbindungen zwischen R&D und einigen Großkunden, insbesondere in der Autobranche. Aus gemeinsamen Entwicklungsprojekten entstehen öfter neue, kundenspezifische Lösungen, die später als Produkt auf den Markt gebracht werden. In den vergangenen Jahren sind die Produzenten von Robotertechnik für die Anlagen, die Klebstoffe herstellen, ein immer wichtigerer dritter Partner im Bunde geworden (drei Köche zusammen).

Der Sales Manager für Kunden in der Baubranche benennt spontan einige Anwendungsbereiche im Häuserbau, wo seiner Meinung nach zu viel geschweißt und geschraubt und zu wenig geklebt wird.

Kleinere Kunden haben, wenn überhaupt, persönlichen Kontakt über den Sales Manager. Manche dieser kleinen Kunden sind aber extrem innovativ. Es wäre für R&D interessant, deren Herausforderungen besser zu verstehen, weil sie richtungsweisend für die Zukunft sind. Umgekehrt wäre es für den Vertrieb wichtig zu wissen, woran geforscht wird, damit sie helfen können, mögliche Kunden frühzeitig als Entwicklungspartner zu identifizieren.

So kommt die Idee auf, eine Art von Kochwettbewerb zu veranstalten, um Innovationsideen zu sammeln und Rezepte zu erproben. Ein junger Mitarbeiter aus dem R&D-Team soll zusammen mit einem alten Vertriebshasen die Initiative ausarbeiten und über den internen Social-Media-Kanal mithilfe der geposteten Skizze bewerben.

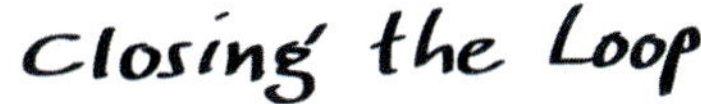
Closing the Loop

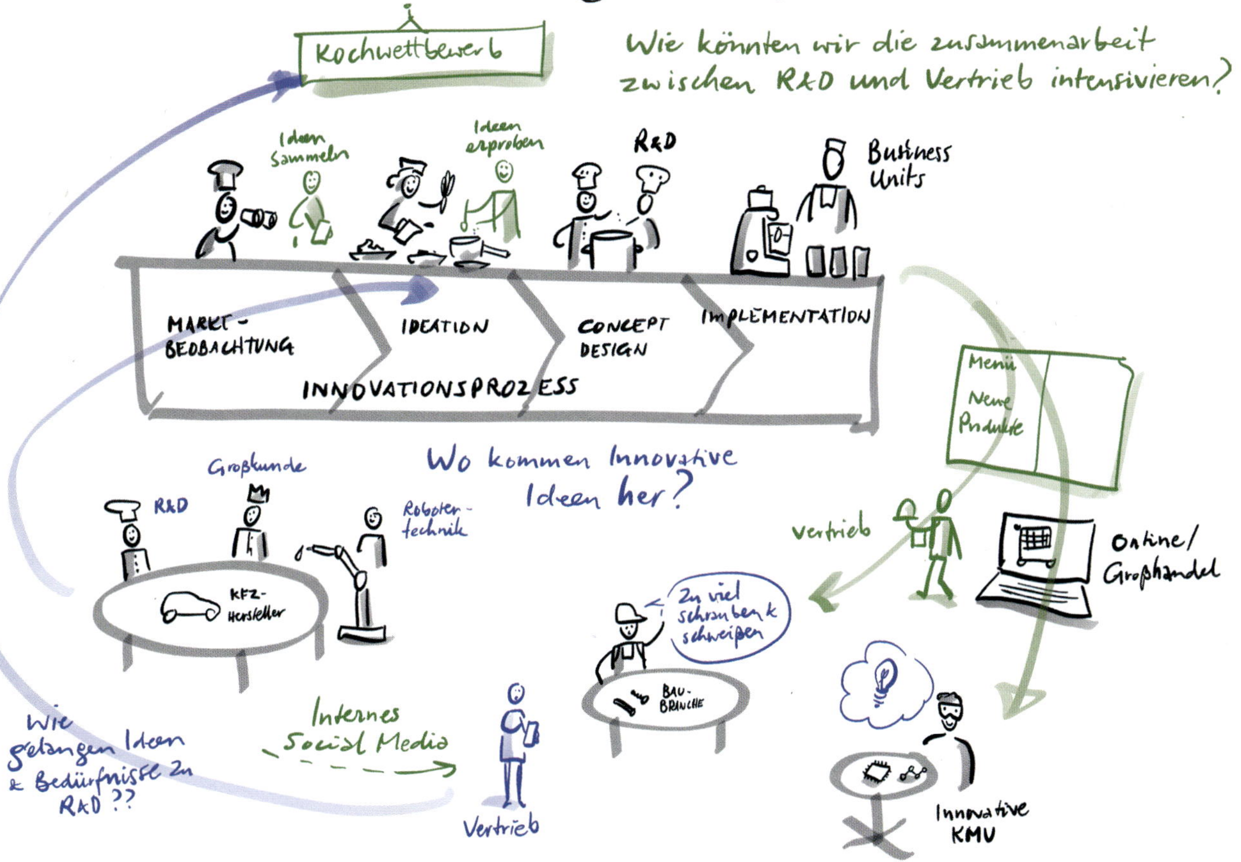

Kochwettbewerb
Wie könnten wir die zusammenarbeit zwischen R&D und Vertrieb intensivieren?
Ideen sammeln
Ideen erproben
R&D
Business Units
MARKT-BEOBACHTUNG
IDEATION
CONCEPT DESIGN
IMPLEMENTATION
INNOVATIONSPROZESS
Menü
Neue Produkte
Wo kommen Innovative Ideen her?
Großkunde
R&D
Roboter-technik
KFZ-Hersteller
Vertrieb
Online/Großhandel
Zu viel schrauben & schweißen
BAU-BRANCHE
Wie gelangen Ideen & Bedürfnisse zu R&D??
Internes Social Media
Vertrieb
Innovative KMU

Veränderungen begleiten

Fast alle Visualisierungen beschäftigen sich auf irgendeine Art und Weise mit Veränderung. Was bei Veränderungsvorhaben häufig zu kurz kommt, ist, dass die betroffenen Menschen – Führungskräfte und Mitarbeiter sowie manchmal auch Lieferanten oder Kunden – sich mitverändern müssen. „Veränderungsmanagement" oder „Change Management" sollen helfen, dass der „Sprung ins kalte Wasser" gelingt.

Die Betroffenen sollten frühzeitig informiert werden: Warum wird das neue Becken so tief gebaut? Warum funktioniert das mit dem Babybecken auf Dauer nicht mehr? Ohne Verständnis für die Notwendigkeit wird keiner die Änderung akzeptieren. Und vielleicht können Betroffene frühzeitig Ideen einbringen, die die angestrebte Lösung noch besser machen. Wer sich gehört fühlt, wird die Umstellung eher befürworten.

Jeder Mensch braucht Zeit, um sich auf eine neue Situation einzustellen und „mitzugehen". Schock, Leugnung, Abwehr, Verwirrung, Frustration, Trauer, Abschied, Akzeptanz, Ausprobieren, neues Selbstvertrauen: Die sogenannte „Change-Kurve" veranschaulicht treffend, welche verschiedenen Phasen und Emotionen dabei durchlaufen werden. Die Geschwindigkeit, mit der die Change-Kurve durchlaufen wird, ist individuell.

Eine kleine Gruppe geht schnell voran. „First Mover" sind meist die, die sich schon lange über den Status quo geärgert haben und sich von der Veränderung Besserung erhoffen. Die meisten Betroffenen sind jedoch eher skeptisch (*„Es hat doch alles gut geklappt bisher."*) und zögerlich. Oft ist es nicht das erste Change-Projekt und bei vielen hat sich „Veränderungsmüdigkeit" eingestellt. Manche lehnen die neue Situation ab. Oft haben sie begründete Befürchtungen, dass sich ihre Position verschlechtern wird oder sogar der Job auf dem Spiel steht. Warum soll man das mitmachen? Dafür braucht es gute Alternativen oder faire Lösungen.

„Change Agents" sind Mitarbeiter, die sich aktiv einbringen, um Veränderung zu gestalten und andere „mitzunehmen". Das heißt jedoch nicht, dass sie immer alles positiv sehen sollen. In der Regel genießen diejenigen das Vertrauen ihrer Kollegen und können am meisten bewegen, die zugleich kritisch und konstruktiv sind.

Damit die Veränderung gelingt, sollten zum Bau des neuen Beckens auch die Nichtschwimmer berücksichtigt werden. Mehrere Stufen erleichtern den Einstieg. Es braucht Schwimmunterricht, um zu lernen, wie man im tiefen Wasser zurechtkommt. Außerdem sollten Rettungsringe da sein für den Fall, dass das nicht auf Anhieb klappt.

Wichtig ist, dass Führungskräfte die Veränderung vorleben. Es kommt nicht gut an, wenn man andere auffordert, ins kalte Wasser zu springen, während man selbst warm angezogen am Beckenrand stehen bleibt!

Eine Veränderung setzt auch große Mengen kreativer Energie frei. Mit dem Schwimmen werden neue Möglichkeiten erschlossen: Tauchen, Bahnen schwimmen und Wasserball spielen. Das macht Freude, aber verursacht auch Reibung. Das Wertesystem ändert sich. Regeln müssen neu verhandelt werden.

Auch der Einsatz von Visualisierungen im betriebswirtschaftlichen Umfeld ist ein kleiner „Change". Manchmal ist der Moment, wo eh alles in Bewegung ist, genau der richtige Zeitpunkt, solche neuen Formen der Kommunikation einzuführen! Also ... nimm deinen Stift und ab ins kalte Wasser!

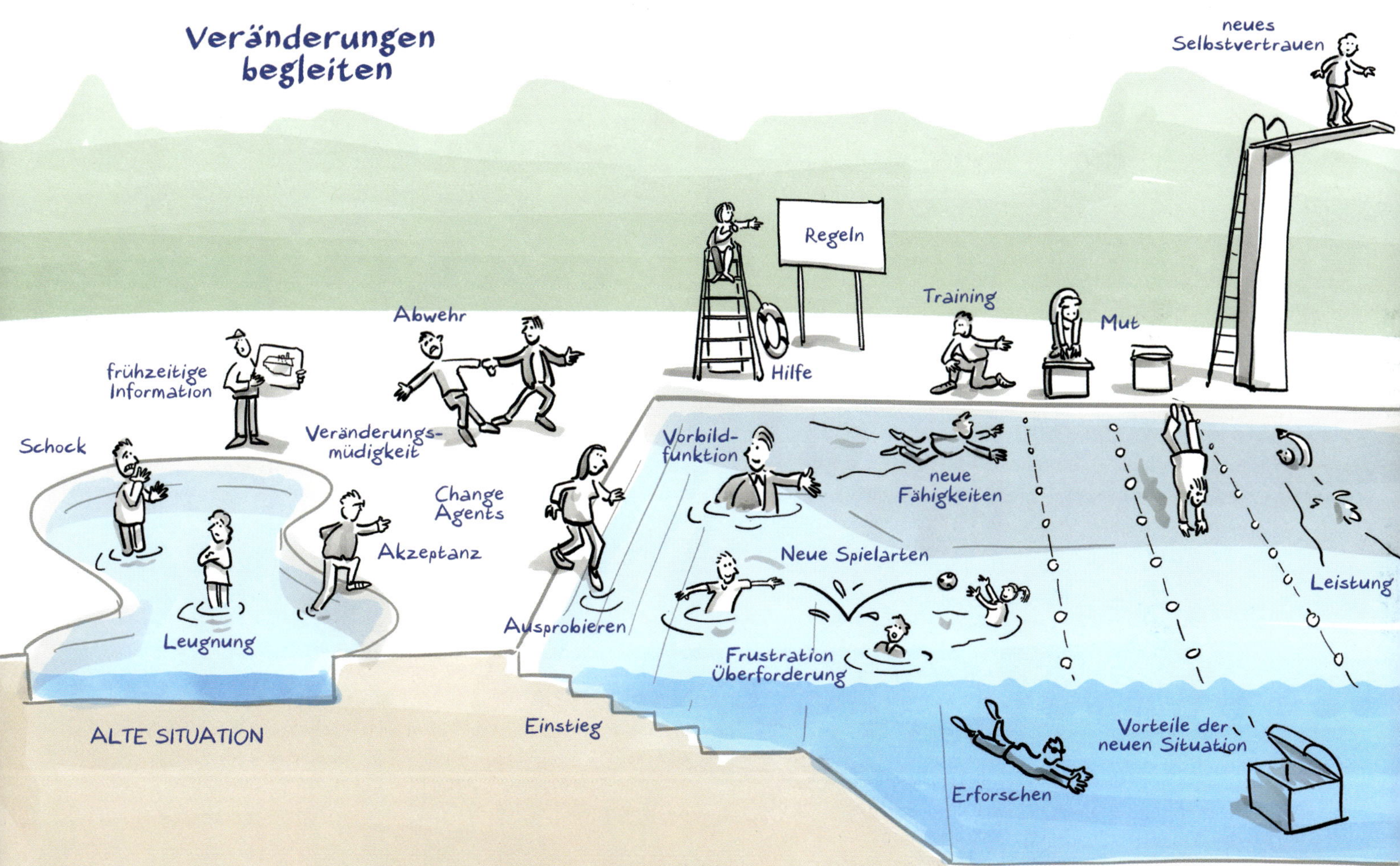
Veränderungen begleiten
neues Selbstvertrauen
Regeln
Training
Mut
Hilfe
Abwehr
frühzeitige Information
Schock
Veränderungs-müdigkeit
Vorbild-funktion
neue Fähigkeiten
Change Agents
Akzeptanz
Neue Spielarten
Leistung
Ausprobieren
Leugnung
Frustration Überforderung
ALTE SITUATION
Einstieg
Vorteile der neuen Situation
Erforschen
NEUE SITUATION

Reflexion
Typische Fragen, die anhand dieses Bildes diskutiert werden können, sind:

- Was ist das Veränderungsvorhaben? Was ist der Nutzen für die Organisation? Was würde passieren, wenn wir nichts ändern?
- Welche Gruppen und Personen sind von der Veränderung betroffen? Welche Pros und Kontras gibt es aus Sicht der Betroffenen?
- Wann und wie informieren wir über das Vorhaben? Wie können wir Betroffene am Gestaltungsprozess beteiligen?
- Welche Emotionen werden durch die Umstellung ausgelöst? Was könnte dabei helfen, in die nächste Phase der Veränderungskurve zu kommen?
- Welche Veränderungsprojekte gab es schon? Wie sind sie gelaufen? Was könnte man daraus lernen?
- Wird es „Verlierer" geben? Welche Alternativen oder fairen Lösungen gäbe es für sie?
- Wer ist in der Rolle des „Change Agents", bzw. könnte sie gut einnehmen?
- Wie machen wir den Einstieg in die neue Situation so leicht wie möglich?
- Wie können Führungskräfte ihrer Rolle konkret gerecht werden?
- Wie könnte sich die Umstellung zukünftig auf Kultur, Werte und Regeln auswirken?

Beispiel

Vor zwei Jahren wurde ein erfolgreiches kleines Unternehmen, Anbieter eines „Personalized Video-Magazins", von einem großen Medienkonzern gekauft. Bisher war dies nur eine Änderung auf dem Papier. Nun aber soll die Tochter im Mutterunternehmen aufgehen.

Die fünf Abteilungsleiter treffen sich, um die Lage zu eruieren. Wichtige Gründe für die Eingliederung sind sowohl die finanzielle und rechtliche Absicherung der Tochter sowie erhöhter Einfluss auf die Managemententscheidungen als auch erhoffte Synergien durch die gemeinsame Nutzung von technischen Plattformen – insbesondere des Hosting-Centers und des Content-Management-Systems.

Die ersten Reaktionen sind ablehnend. Das dynamische Selbstbild des Online-Magazins passt kaum mit dem technokratischen Image der Mutter zusammen. Es gibt die Befürchtung, dass das Magazin sehr viel werbelastiger werden soll. Lässt sich die Lösung, die mit Blut, Schweiß und Tränen über die letzten Jahren aufgebaut wurde, überhaupt auf einem anderen CMS abbilden? Die Abhängigkeit von der technischen Infrastruktur des Mutterunternehmens könnte die Innovationen ausbremsen. Und was soll aus dem eigenen IT-Techniker und Programmierer werden?

Es gibt aber auch positive Stimmen. Einer der Abteilungsleiter äußert: *„Sollen unsere Verträge auch Konzernverträge werden? Mit Kündigungsschutz, Firmenrente und dem ganzen Pipapo? Das ist doch das Beste, was uns passieren kann?"*

Damit der Übertritt ins große Konzernbecken klappt, wird Folgendes vorgeschlagen:

- Ausführliche Prüfung der CMS-Funktionalität, bevor über die Integration entschieden wird.
- Eigene, erfahrene Systementwickler sollen aufseiten des Mutterkonzerns technische Ansprechpartner werden.
- Training der Mitarbeitenden zum neuen System.
- Keine erzwungene Kündigung, keine Verschlechterung der Verträge.
- Jobrotation, ein Programm zum gegenseitigen Kennenlernen.

Es wird ein Termin mit dem Geschäftsführer vereinbart, um dies zu besprechen. Nur dann können die Verantwortlichen auch guten Gewissens ihre Mitarbeiter für den Wandel mobilisieren. Die Skizze dient dabei als Gesprächsleitfaden.

Der Sprung ins tiefe Wasser
Henk
Wie gelingt die Konzerneingliederung?
CMS-Schulung
Jobrotation
Abo
Business Model
Werbung? + Abo
Eigenes
CMS & IT
Erst prüfen
Konzern-lösung
"Eigene" ITler
Alt
Vertrag
Neu
- keine Kündigungen
- keine Verschlechterung
Jung
Image
Verstaubt
Verständnis + Respekt

Im klassischen Projekt arbeiten

Die geläufigste Definition von „Projekt“ lautet ungefähr so: *„Ein Projekt ist ein zeitlich befristetes, organisiertes Vorhaben, um ein festgelegtes Ziel im Rahmen von vorab definierten Anforderungen und Rahmenbedingungen zu erreichen.“* Das klingt fast so, als ob hier kein Produkt entwickelt, sondern ein hoher Berg bestiegen wird ... Kein Wunder, dass das beim Visualisieren von Projekten eine viel genutzte Metapher ist. Ich habe lange überlegt, ob ich dafür ein anderes Bild nutzen sollte, aber die Bergbesteigung ist einfach zu schön, um sie auszulassen ...

Es gibt mehrere Phasen bei der Durchführung eines Projekts. Zuerst werden die Vorbereitungen getroffen und das Projekt wird initiiert. Welches Ziel soll erreicht werden? Welche spezifischen, messbaren Kriterien sollen erfüllt werden?

Das Unterfangen wird vom „Project Sponsor“ beauftragt. Er stellt in der Regel die Ressourcen zur Verfügung (dazu gehören zum Beispiel Zeit, Arbeitsmittel, Räumlichkeiten und Budget).

Das Team wird aus mehreren Personen zusammengestellt, die alle bestimmte Expertisen und Erfahrungen mitbringen. Die Projektleiterin ist wie eine Bergführerin, die die Verantwortung hat, die multidisziplinäre Gruppe zum Ziel zu führen.

In der Planungsphase wird der Weg zum Gipfel durchdacht und aufgezeichnet. Jeder im Team bekommt bestimmte Aufgaben in Form von Arbeitspaketen zugewiesen, für die er oder sie Verantwortung trägt. Die „Roadmap“ ist wie eine Wanderkarte, auf der die wichtigsten Zwischenziele in Form von „Meilensteinen“ eingetragen werden. Auch werden Ressourcen zugewiesen, Kapazitäten geplant und Kosten budgetiert.

Auch ist es wichtig abzusprechen, was, wie und wann kommuniziert wird. Dabei sollte man in der Kommunikation unterscheiden zwischen der Abstimmung innerhalb des Teams, dem Reporting in Richtung des Auftraggebers und den Projektinformationen nach außen.

Ist man einmal losgelaufen, sollten regelmäßig die geplanten Schritte überprüft und ggf. angepasst werden. Dies bezeichnet man als Projektsteuerung. Teammeetings sind wie eine kurze Rast am Wegesrand, um gemeinsam einen Blick auf die Karte zu werfen. Ein Milestone Meeting könnte man vergleichen mit einem Zusammentreffen in der Berghütte, um zu schauen, ob die geplanten Arbeitspakete in der angedachten Qualität sowie innerhalb des Zeit- und Budgetrahmens geliefert worden sind. Wenn nicht, welche Maßnahmen sollten ergriffen werden? Wie wirkt sich das auf den Plan aus? Bei besonders schwierigen Situationen oder wichtigen Entscheidungen wird der Auftraggeber einbezogen.

Ein Projekt findet immer in einem größeren Rahmen statt. Diese externen Einflüsse können sich sowohl positiv als auch negativ auf den Verlauf auswirken. Sie sind wie gutes oder schlechtes Wetter, und wenn man Pech hat, wurde der Weg von einer Schlammlawine weggespült und man muss eine neue Spur suchen. Wenn man Glück hat, findet man vielleicht auch einmal eine Abkürzung.

Ist das Ziel erreicht, wird das Ergebnis vom Auftraggeber getestet und, wenn alles passt, abgenommen. Das sollte gefeiert werden! Es ist aber auch eine gute Gelegenheit, zurückzuschauen und das Projekt Revue passieren zu lassen. Was ist gut gelaufen, was nicht? Was würden wir nächstes Mal anders machen? Manche Projektteammitglieder finden den Weg zurück in ihre ursprüngliche operative Arbeit. Andere schließen sich gleich der nächsten Expedition an.

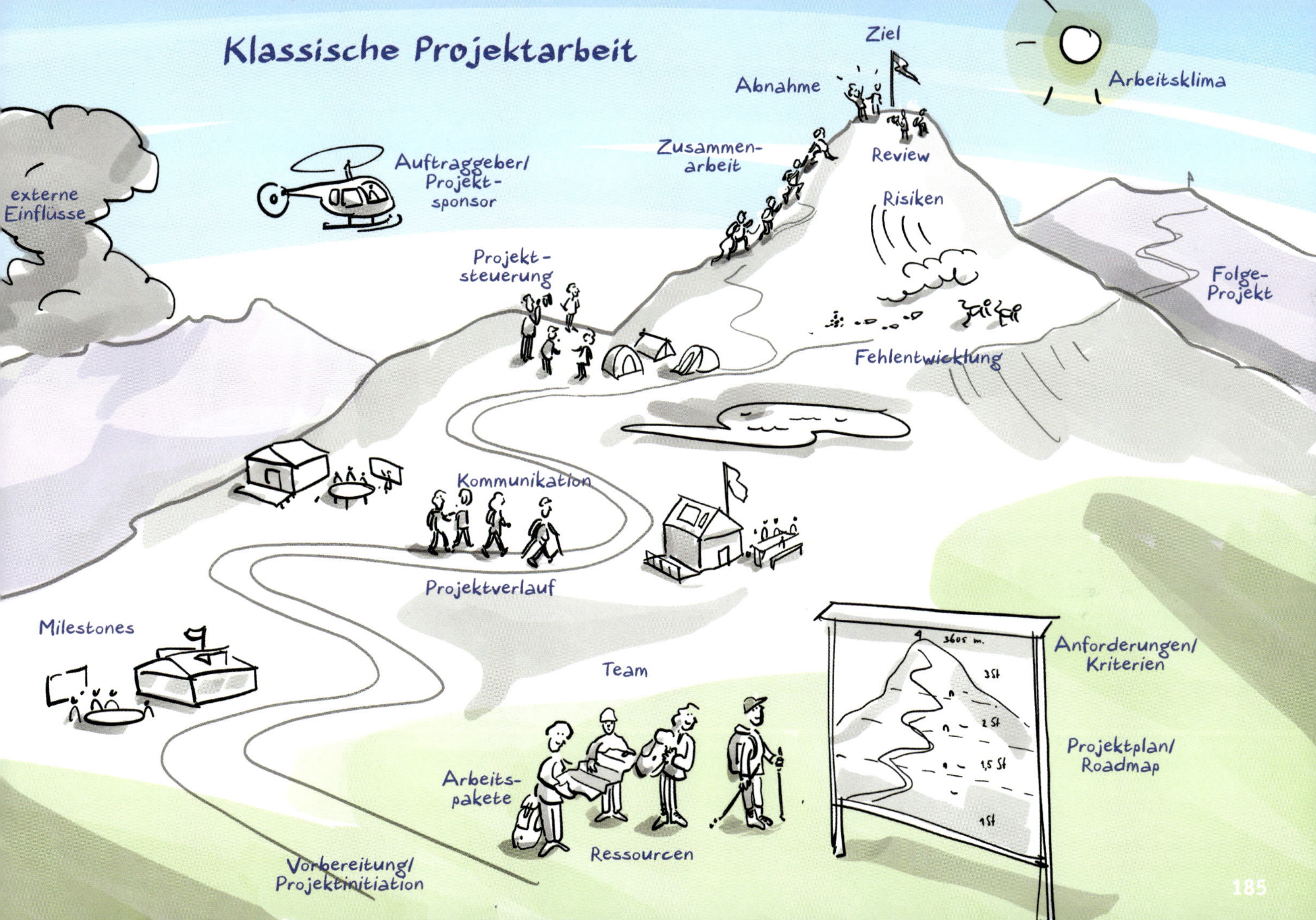
Klassische Projektarbeit
Ziel
Abnahme
Arbeitsklima
externe Einflüsse
Auftraggeber/ Projekt- sponsor
Zusammen- arbeit
Review
Risiken
Projekt- steuerung
Folge- Projekt
Fehlentwicklung
Kommunikation
Projektverlauf
Milestones
Team
3605 m.
3 St
2 St
1,5 St
1 St
Anforderungen/ Kriterien
Projektplan/ Roadmap
Arbeits- pakete
Ressourcen
Vorbereitung/ Projektinitiation

Reflexion

Typische Fragen, die anhand dieses Bildes diskutiert werden können, sind:

- Was ist das Ziel? Welche Anforderungen sollen erfüllt werden? Wie können wir sie spezifisch und messbar definieren?
- Wer sind die Auftraggeber? Wer ist Projektleitung? Wer ist im Team?
- Welche unterschiedlichen Disziplinen sind im Projektteam vertreten?
- Welche Arbeitspakete werden definiert?
- Welche Ressourcen stehen insgesamt und für die einzelnen Pakete zur Verfügung?
- Wie sieht die Roadmap aus? Welche Ergebnisse sollen wann in welcher Qualität erreicht werden (Milestones)?
- Wie kommunizieren wir? Wie und wann sollen Meetings stattfinden und Reports erstellt werden?
- Von welchen externen Faktoren könnte das Projekt positiv oder negativ beeinflusst werden? Wie gehen wir mit außergewöhnlichen/unvorhersehbaren Ereignissen um?
- Wann soll das Ziel erreicht sein? Wie findet das Testen und die Abnahme statt?
- Was passiert nach dem Projekt mit dem Ergebnis? Was ist mit dem Team?

Beispiel

Ein Zulieferer in der Autoindustrie hat gerade die Entwicklung eines Steuerungsmoduls abgeschlossen. Die Teilprojektleitenden sitzen zusammen und schauen auf das Projekt zurück. Damit es beim Nachfolgeprojekt noch besser läuft, sollen die wichtigsten Ereignisse und „Lessons Learned" anschaulich dargestellt und im Flur der Abteilung aufgehängt werden.

Es gab drei große Treffen, in denen alle Karten auf den Tisch gelegt wurden. Das war extrem wichtig, um die Mannschaft immer wieder auf Kurs zu bringen. Da das erste Treffen in einem hüttenähnlichen Restaurant stattfand, wurden diese Treffen als „Hüttenversammlungen" bezeichnet.

Zu viele Mitglieder des Teams waren parallel auch mit anderen Aufgaben betraut. Insbesondere am Projektstart hat das die Arbeit unheimlich „zäh" gemacht. Jeder Schritt hat sehr viel Kraft gekostet. Ein kleineres, fokussierteres Team mit punktueller Unterstützung von externen Experten wäre besser vorangekommen.

Das Key Account Management hatte ein bestimmtes Feature gefordert, das deutlich komplizierter war, als ursprünglich gedacht. Erst als bereits sehr viel Konzeptionsaufwand investiert worden war, stellte sich heraus, dass das Feature doch nicht benötigt wurde. Eine engere Abstimmung mit dem Key Account Management während des Projekts hätte dies vermeiden können.

Der Prototypenbau dauerte wiederholt länger als geplant. Einige Teile ließen sich mit einem 3-D-Drucker doch bestimmt viel schneller fertigen?

Im Laufe des Projekts wuchs die Befürchtung, dass einige Kunden ihre Planung früher als gedacht auf die Produktion von Elektrofahrzeugen umstellen würden. Damit hätte sich das Interesse am Produkt schlagartig ändern können. Zum Glück ist diese „Lawine" nicht abgegangen. Für das nächste Projekt müsse die „E-Variante" von Anfang an mitentwickelt werden.

Alle freuen sich auf den wohlverdienten Urlaub, bevor das nächste Projekt an den Start geht.

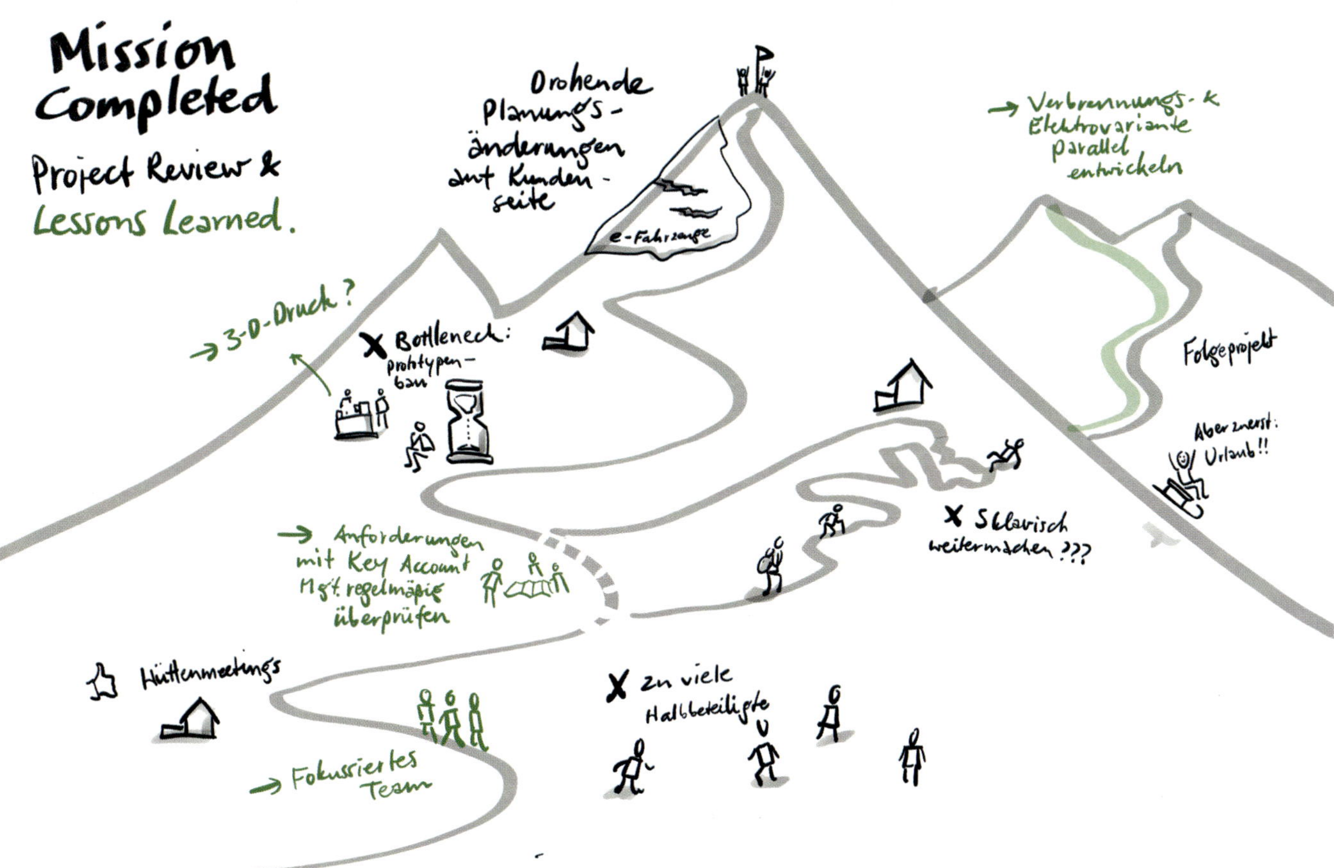
Mission Completed
Project Review &
Lessons Learned.
Drohende Planungsänderungen auf Kundenseite
e-Fahrzeuge
→ Verbrennungs- & Elektrovariante parallel entwickeln
→ 3-D-Druck?
X Bottleneck: Prototypenbau
Folgeprojekt
Aber zuerst: Urlaub!!
X Sklavisch weitermachen ???
→ Anforderungen mit Key Account Mgt. regelmäßig überprüfen
Hüttenmeetings
X zu viele Halbbeteiligte
→ Fokussiertes Team

Im agilen Projekt arbeiten

Wie das vorherige Beispiel zeigt, läuft ein Projekt nur selten so, wie vorab geplant. Die Folge ist, dass der Plan immer wieder angepasst werden muss, weil etwas „nicht richtig" läuft. Bei der agilen Projektarbeit wird das flexible Reagieren auf Veränderungen antizipiert. Diese Vorgehensweise hat sich zuerst in der Softwareentwicklung etabliert, doch lassen sich manche Prinzipien auch auf andere Projekte übertragen. Um das zu verdeutlichen, schauen wir uns noch mal eine Bergbesteigung an.

Am Fuß des Gebirges stehen auf einer Tafel die Regeln des „agilen Manifests", welche man frei auf das Bergsteigen übertragen kann:

„Wir erschließen die Berge für uns und für andere. Dabei gilt:

- *Gemeinsam zu gehen ist wichtiger als das Steilhangklettern mit schwerer Ausrüstung.*
- *Voranzukommen ist wichtiger als das Dokumentieren der Wege.*
- *Im Zeltlager sollte man lieber zusammenarbeiten als verhandeln.*
- *Reagieren auf Veränderungen ist wichtiger als das Befolgen eines Plans."*

Beim agilen Arbeiten verfolgt das Team eine langfristige Vision. Welcher Mehrwert soll für die Kunden und für das Unternehmen mit der Arbeit geschaffen werden? Wie diese Vision genau realisiert wird, wird sich erst im Laufe des Projekts ergeben. Wichtig ist aber, dass die Richtung stimmt.

Das Projekt gliedert sich in Etappen, die unterwegs jedes Mal wieder neu geplant werden. Diese sogenannten „Sprints" dauern immer gleich lang. Am Anfang des Sprints wird entschieden, welche Erwartungen an das Produkt (sogenannte User Stories) am Sprintende erfüllt sein sollen. Dabei nimmt das Team sich nur so viel vor, wie in der Zeit realistisch machbar ist.

Wer woran arbeitet und wie weit der Fortschritt ist, wird regelmäßig abgeglichen und auf einer großen Tafel sichtbar gemacht. Dies fördert Transparenz und selbstbestimmtes Arbeiten.

Am Ende jedes Sprints sollte immer ein testbares Zwischenergebnis vorliegen, auf dessen Basis die nächste Etappe geplant wird.

Übertragen aufs Bergsteigen heißt das, dass man sich bei der Tourenplanung nicht auf Hütten und Gipfel festlegt, sondern am Anfang jeder Etappe erneut schaut, wo man am Ende des Tages das Zelt aufschlagen möchte. Dabei sollte jedes Mal ein Pass oder Aussichtspunkt erreicht werden. Je nachdem, wie sich das Gelände vor einem entfaltet, könnte es sein, dass die Tour auf einem anderen Gipfel endet als auf dem, den man am Anfang angepeilt hatte.

Beim agilen Arbeiten ist auch die Rollenverteilung eine andere. Statt einer Projektleitung gibt es einen „Scrum Master" oder „Agilen Coach", der eher ein Fitness-Coach als ein Bergführer ist. Der „Product Owner" repräsentiert nicht nur die Interessen des Auftraggebers, sondern auch die der Anwender, Eigentümer, Kooperationspartner und anderer Stakeholder. Er hat eine viel aktivere Rolle in der Definition und Priorisierung der Zwischenziele als der klassische Auftraggeber und taucht jedes Mal im Lager auf, um über die nächste Etappe mitzubestimmen.

Ein weiteres Prinzip ist, dass die Teams sich selbst organisieren und immer wieder Reflexionsschleifen einbauen. Lasst uns diesmal also nicht auf dem Gipfel enden, sondern am Lagerfeuer, wo wir gemeinsam überlegen, wie wir als Team noch besser werden können, sodass wir jede Herausforderung meistern.

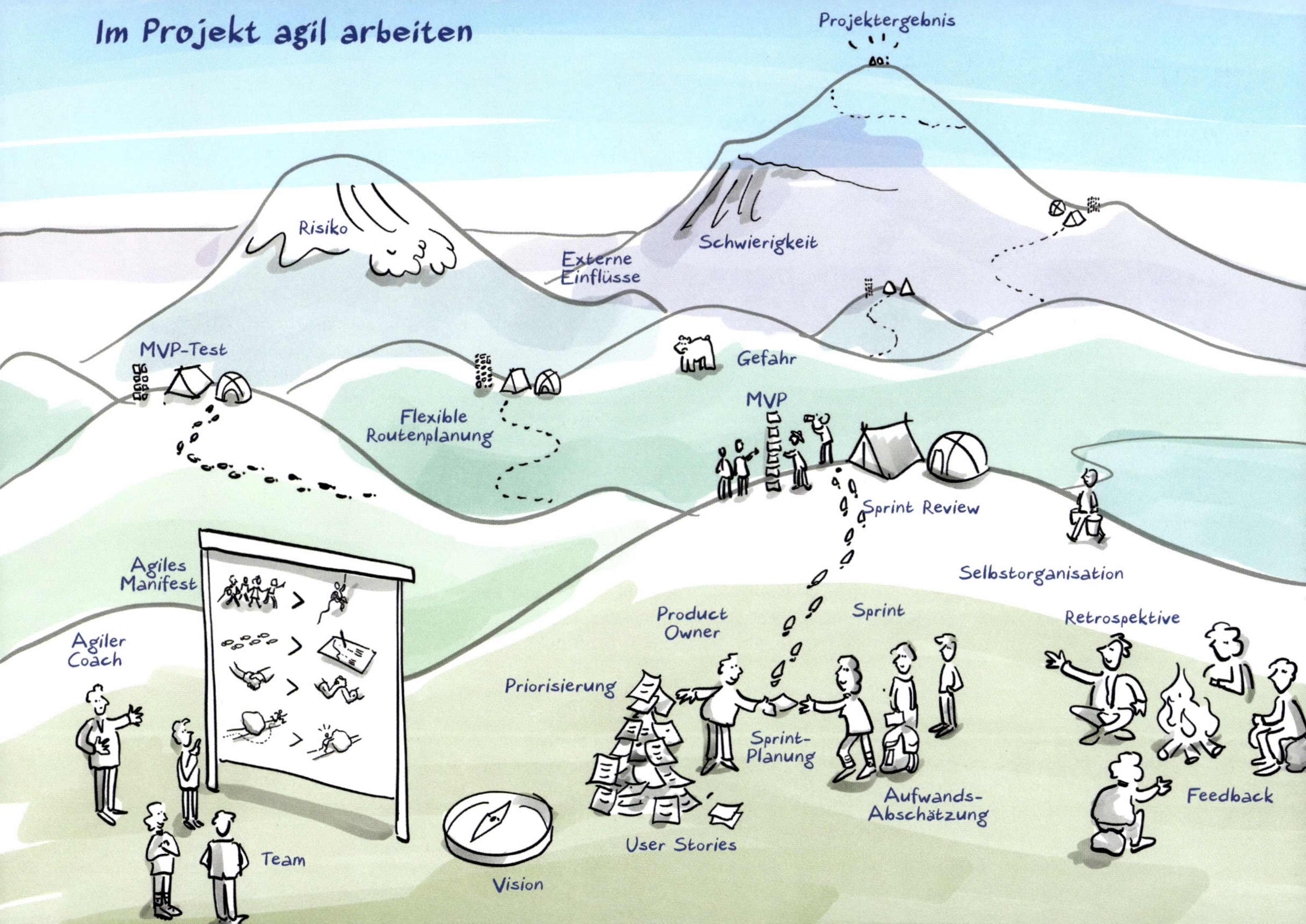
Im Projekt agil arbeiten
Projektergebnis
Risiko
Externe Einflüsse
Schwierigkeit
MVP-Test
Gefahr
Flexible Routenplanung
MVP
Sprint Review
Selbstorganisation
Agiles Manifest
Agiler Coach
Product Owner
Sprint
Retrospektive
Priorisierung
Sprint-Planung
Aufwands-Abschätzung
Feedback
User Stories
Team
Vision

Reflexion

Typische Fragen, die anhand dieses Bildes diskutiert werden können, sind:

- In welchem Umfeld bewegen wir uns?
- Nach welchen Prinzipen wollen wir arbeiten? Wie würde sich das „agile Manifest“ auf unsere Tätigkeit praktisch auswirken?
- Welche Rollen brauchen wir? Wer ist im Team, wer ist Product Owner, wer ist Agiler Coach? Was beinhalten ihre Rollen genau?
- Was wollen wir mit unserer Arbeit letztlich erreichen? Was ist unsere Vision?
- Welche Rahmenbedingungen gibt es (Zeit, Raum, Budget, Qualität, Tools)?
- Wie lange sollen unsere Sprints sein?
- Wie sind Sprint-Planung, täglicher Austausch und Sprint Review organisiert?
- Wer sind unsere „Nutzer“ und „anderen Stakeholder“? Was wünschen sie sich als Ergebnis des Projekts? Warum?
- Welche der User Stories sollten zuerst entwickelt und getestet werden?
- Welche Aufgaben müssen dafür erledigt werden? Wie hoch schätzen wir den Aufwand dafür ein?
- An welchen Stellen des Prozesses bauen wir Momente der Rückbesinnung ein?
- Was braucht es, um als Team zu wachsen?

Beispiel

Ein Professor und drei wissenschaftliche Mitarbeiter schreiben ein Buch über künstliche Intelligenz. Es soll ihr Fachgebiet einem größeren Publikum zugänglich machen. Die Universität möchte sich mit dem Thema profilieren und positionieren. Damit das Buch nicht bereits beim Erscheinen veraltet ist, entscheidet sich das Team, das Projekt nach agilen Methoden und Prinzipien schnell und flexibel zu realisieren.

Als „Agiler Coach“ wird ein Dozent ins Boot geholt, der an der gleichen Uni einen Kurs zu agiler Software-Entwicklung anbietet. Er organsiert ein Kick-off-Meeting, um zu klären, was „agil“ für dieses Projekt genau bedeutet.

Verlagsseitig ist die Lektorin mit dabei. Sie ist von der Idee begeistert und übernimmt die Rolle des Project Owners. Dabei vertritt sie nicht nur die Interessen des Verlags und der zukünftigen Leser des Buches, sondern auch die der Universität, die das Buch mitfinanziert.

Weil die Inhalte nicht nur über Text, sondern auch über Bilder vermittelt werden sollen, wird entschieden, von Anfang an eine Infografikerin mit ins Team zu holen.

Als wichtige Prinzipien werden festgehalten: Lesbarkeit ist wichtiger als Wissenschaftlichkeit. Gesellschaftliche Relevanz ist wichtiger als technische Details.

Mögliche Inhalte werden in Form von User Stories definiert. Zum Beispiel: *„Ich möchte als Führungskraft in der Logistikbranche wissen, wie sich Künstliche Intelligenz auf den Warentransport auswirkt, weil ich mich und mein Team rechtzeitig auf Änderungen vorbereiten möchte.“* Diese Statements werden auf einer separaten Pinnwand festgehalten und priorisiert.

Das Team legt los und präsentiert nach vier Wochen eine allererste Grobfassung, die sich schon anfassen lässt. Einige Kapitel werden als Blog gepostet und vom Verlag über Social Media beworben. Das Blog erreicht eine unerwartet große Leserschaft. Die Kommentare helfen beim Lektorat des Buches.

Für die fehlenden Inhalte wird jedes Mal der Aufwand für Recherche und Schreiben abgeschätzt. Nach weiteren sechs Sprints ist das Buch druckfertig. Am Ende stellt sich heraus, dass, um die Vision zu erfüllen, das Weiterführen des Blogs wichtiger sein wird als die eigentliche Publikation des Buches.

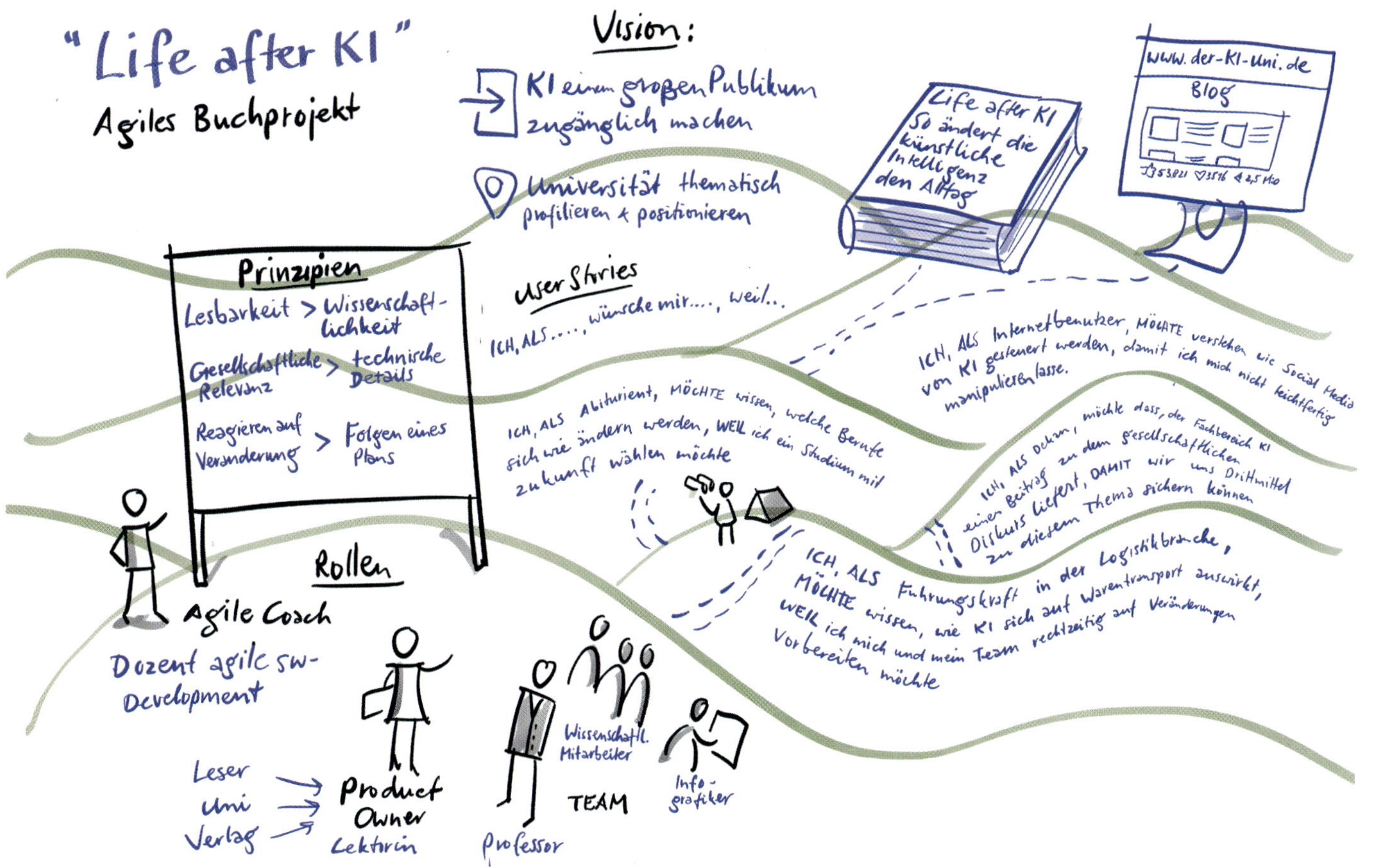

"Life after KI"
Agiles Buchprojekt
Vision:
KI einem großen Publikum zugänglich machen
Universität thematisch profilieren + positionieren
Life after KI
So ändert die künstliche Intelligenz den Alltag
www.der-KI-uni.de
Blog
Prinzipien
Lesbarkeit > Wissenschaftlichkeit
Gesellschaftliche Relevanz > technische Details
Reagieren auf Veränderung > Folgen eines Plans
User Stories
ICH, ALS ...., wünsche mir...., weil...
ICH, ALS Internetbenutzer, MÖCHTE verstehen wie Social Media von KI gesteuert werden, damit ich mich nicht leichtfertig manipulieren lasse.
ICH, ALS Abiturient, MÖCHTE wissen, welche Berufe sich wie ändern werden, WEIL ich ein Studium mit zukunft wählen möchte
ICH, ALS Dekan, möchte dass, der Fachbereich KI einen Beitrag zu dem gesellschaftlichen Diskurs liefert, DAMIT wir uns Drittmittel zu diesem Thema sichern können
ICH, ALS Führungskraft in der Logistikbranche, MÖCHTE wissen, wie KI sich auf Warentransport auswirkt, WEIL ich mich und mein Team rechtzeitig auf Veränderungen vorbereiten möchte
Rollen
Agile Coach
Dozent agile sw-Development
Leser
Uni
Verlag
Product Owner
Lektorin
Professor
Wissenschaftl. Mitarbeiter
TEAM
Infografiker

Metapherwelten – Abschlussübung

In diesem Kapitel drehte sich alles darum, für eine breite Palette an Herausforderungen eine passende Metapher zu finden und diese anhand eines Bildes zu erläutern. Ich hoffe, du konntest dich an der einen oder anderen Stelle in den Metaphern und Fallbeispielen wiederfinden.

1. Welche der Metaphern hat bei dir am meisten Resonanz erzeugt?

2. An welche persönliche Erfahrung wurdest du erinnert? Gibt es vielleicht sogar eine aktuelle Herausforderung, die der im Beispiel geschilderten ähnelt? Schreibe sie oben auf ein Blatt Papier.

3. Schau dir die Fragen, die typischerweise anhand des gewählten Bildes reflektiert werden können, genau an. Versuche die Fragen mit Bezug zu deiner persönlichen Erfahrung oder aktuellen Herausforderung so konkret wie möglich zu beantworten.

4. Zeichne auf ein zweites Blatt eine Visualisierung, um deine Erkenntnisse festzuhalten. Schau dir dazu ggf. die Vorgehensweise für das Erstellen einer Visualisierung auf Basis einer metaphorischen Hintergrundstruktur (siehe S. 106 f.) noch einmal an.

Teil 7

Anwendungsszenarien

(Kochen für jeden Anlass)

Soll es ein schneller Snack zwischendurch sein? Oder ein Menü mit mehreren Gängen für geladene Gäste? Kochen ist nicht gleich kochen. Und auch das Visualisieren wenden wir auf unterschiedlichste Art und Weise an. Vom Zweiergespräch über Online-Meetings und Workshops bis hin zur Großveranstaltung: In diesem Teil werden Szenarien aufgezeichnet, wie du deine neu erworbenen Fähigkeiten je nach Kontext zum Einsatz bringen kannst.

Sketchnotes

Wie viel von dem, was du gelesen, gehört oder gesehen hast, ist gleich wieder vergessen? Sofern es eh nicht wichtig war, ist das nicht weiter schlimm. Wenn man aber von etwas begeistert ist und es zu neuen Einsichten anregt, dann möchte man es irgendwie „festhalten".

Es bedarf keiner besonderen Erwähnung, dass sich Inhalte, die wir in irgendeiner Form aktiv verarbeiten, besser im Gedächtnis verankern, als wenn wir das nicht tun. Jeder hat schon einmal die Erfahrung gemacht, dass Lernstoff besser hängen bleibt, wenn man ihn in wenigen Stichpunkten schriftlich zusammenfasst. Das Visualisieren in Form von „Sketchnoting" aktiviert das Gehirn gleich auf mehreren Ebenen: sprachlich, visuell, künstlerisch ... So prägen sich die Informationen besser im Gedächtnis ein.

Das klassische Anwendungsszenario für Sketchnoting ist das parallele Mitzeichnen bei Konferenzen. Aber warum solltest du Sketchnotes nicht auch zu einer Podcast-Folge, einem Zeitschriftenartikel oder einem Internetvideo anfertigen?

1. Besorge dir ein schönes Skizzenbuch.
2. Halte Augen und Ohren auf! Was verdient deine Aufmerksamkeit? Was hat dich fasziniert?
3. Zeichne die Inhalte mit. Lass dich von den Strategien zum Ad-hoc-Visualisieren ab S. 88 inspirieren, um deinen bildhaften Notizen Struktur zu geben.
4. Bei Sketchnotes geht es nicht um Vollständigkeit, sondern nur um die Inhalte, die du persönlich mitnehmen willst.

Regelmäßig Sketchnotes zu erstellen, ist auch eine gute Übung für das Ad-hoc-Visualisieren von Konferenzen. Graphic Recording (siehe S. 226 ff.) ist im Grunde nichts anderes als „Sketchnotes mit Anspruch in groß".

Manche Kollegen haben immer ein Skizzenbuch dabei, in dem sie alles, was sie erfahren und interessant finden, grafisch festhalten. Im Laufe der Jahre kommen so einige Dutzend Hefte zusammen, die das ganze Leben, beruflich und/oder privat, repräsentieren.

Ich muss ehrlich gestehen, dass ich immer etwas eifersüchtig bin, wenn ich jemandem beim „Sketchnotes"-Zeichnen über den Schulter schaue. Gerne wäre auch ich so gut organisiert und diszipliniert! Wie oft habe ich ein neues Heft angefangen mit dem Vorsatz, es von vorne bis hinten mit anspruchsvoll gestalteten Visualisierungen zu füllen – als erstes Heft einer ganzen Reihe. Leider bin ich dann immer nach wenigen Seiten gescheitert und meine Hefte sehen am Ende wieder so aus wie ihre Vorgänger: mit unlesbaren Skribbeleien und lieblos ausgerissenen Blättern.

Als ich einen erfahrenen Sketchnoter nach seinem Geheimrezept gefragt habe, hat er mir empfohlen, keine zu hohen Ansprüche an die einzelnen Seiten zu stellen: *„Die Arbeit an sich ist wichtiger als das Ergebnis. Die Befriedigung kommt mit der Zeit, wenn das Buch sich füllt, man immer besser wird und sich einen eigenen, durchgängigen Stil angeeignet hat."* Vielleicht schaffst du es!

Gedankenskizzen

Hin und wieder drehen sich die Gedanken im Kreis. Zwischenmenschliche Konflikte, technische Herausforderungen, komplexe Abläufe, emotionale Zerrissenheit: Oft braucht es einen neuen Impuls, um den Knoten zu lösen. Dies kann ein Gespräch mit Kollegen, ein Eintrag im Tagebuch oder ein Spaziergang sein. Aber auch eine Skizze kann helfen, die Gedanken zu ordnen und zu neuen Perspektiven, Ansätzen oder Lösungen zu gelangen.

1. Nimm dir ein leeres Blatt Papier. DIN A4 ist okay, A2 ist besser!
2. Schließ die Augen und „schaue" in dich hinein: Was beschäftigt dich im Moment?
3. Zeichne einfach drauflos. Vielleicht gibt es eine erste, ungefähre Vorstellung von dem, was du zeichnen willst. Wenn nicht, fange einfach mit dem an, was dir spontan einfällt: ein Symbol, eine Straße, zwei Figuren links und rechts auf dem Papier, was auch immer!
4. Während des Zeichnens kommt mit Sicherheit irgendwann der Gedanke: *„Oh je! Das, was ich am Anfang gezeichnet habe, stimmt nicht! Das Bild muss eigentlich anders aussehen!"* War das am Anfang also ein „Fehler"? Nein, im Gegenteil: Solange ich nur das zeichne, was ich von Anfang an eh schon im Kopf hatte, habe ich nichts dazugelernt. Das „Aufdecken der Fehler" ist genau der entscheidende, kreative Schritt zur neuen Einsicht!
5. Freue dich, wende das Blatt und zeichne das Ganze noch mal „richtig".

Mit ein bisschen Glück stößt du auf eine neue Schwachstelle und musst noch mal von vorne anfangen. Irgendwann ist der Knoten gelöst oder du bist wenigstens ein paar Schritte weiter. Je mehr Erfahrung du mit den Gedankenskizzen sammelst, desto leichter wird es, auch vor und in Gruppen deine Ideen zu visualisieren.

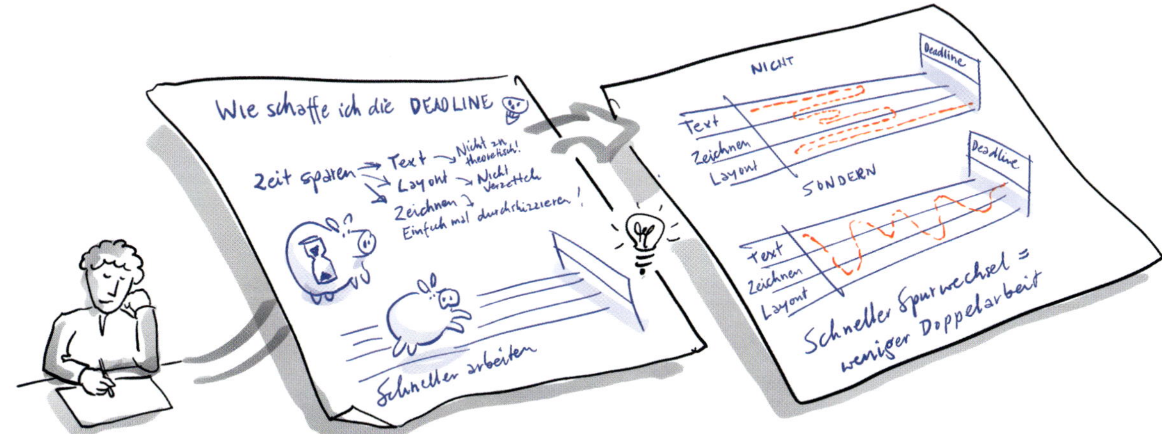

Persönliche Ziele visualisieren

Wie auf Seite 30 erläutert, wird der Begriff des Visualisierens nicht nur dafür genutzt, etwas zu Papier zu bringen, sondern auch, wenn wir versuchen, uns etwas so bildhaft wie möglich vorzustellen, damit es sich in der Realität „manifestiert“. Wer seine persönlichen Ziele auf Papier bringt, nutzt also beide Arten des Visualisierens gleichzeitig. Wenn das kein Wunder bewirken kann …

1. Schließ die Augen und höre in dich hinein: Gibt es einen persönlichen Herzenswunsch? Einen neuen Job, eine glückliche Beziehung, ein Haus mit großem Fenster und Balkon Richtung Süden?
2. Visualisiere das Ziel in Wort und Bild.
3. Je mehr Farben, Sprechblasen, Emojis oder andere Details dir dabei helfen, das Ziel genau vor Augen zu haben, desto besser.

Zu viel Hokuspokus?

4. Zeichne ein zweites Bild. Darin gibst du all den Dingen und Themen Platz, die du brauchst, um dein Ziel zu erreichen:
   - Neue Gewohnheiten, die du dir angewöhnen möchtest.
   - Glaubenssätze, von denen du dich verabschieden musst.
   - Weichen, die gestellt werden sollten.
   - Zufälle, die du dir herbeiwünschst.
   - Mutige Schritte, die du machen wirst …
5. Hänge das Blatt Papier an einer Stelle auf, an der du ihm häufig begegnen und es immer wieder anschauen wirst.

So ist das Ziel schon zum Anfassen nah!

Eine visualisierte Bewerbung

Wer sich erfolgreich bewerben möchte, will Interesse wecken und hat dazu eine Menge gleichzeitig zu vermitteln: den bisherigen Lebenslauf, Expertise, Einzigartigkeit ... Eine Visualisierung kann helfen, gleich mehrere Fliegen mit einer Klappe zu schlagen. Du gibst dem Personalmanagement und potenziellen Vorgesetzten nicht nur wichtige Informationen über dich selbst, sondern machst auch neugierig auf dich.

Lebenslauf

Der tabellarische Lebenslauf vermittelt Zahlen und Fakten. Aber welches Bild hast du von deinem beruflichen Leben? Welches Bild möchtest du gerne vermitteln?

1. Wähle eine für dich passende Grundstruktur, zum Beispiel eine Timeline (siehe S. 117) oder eine Straße. Du kannst dich auch von der Speisekarte zu den Themen „Neues Entdecken" oder „Planen und Zurückschauen" inspirieren lassen (ab S. 130).
2. Zeichne auf einzelnen Abschnitten deine Ausbildungen und beruflichen Stationen ein.
3. Ergänze das Bild um Wort- und Textelemente. Zum Beispiel:

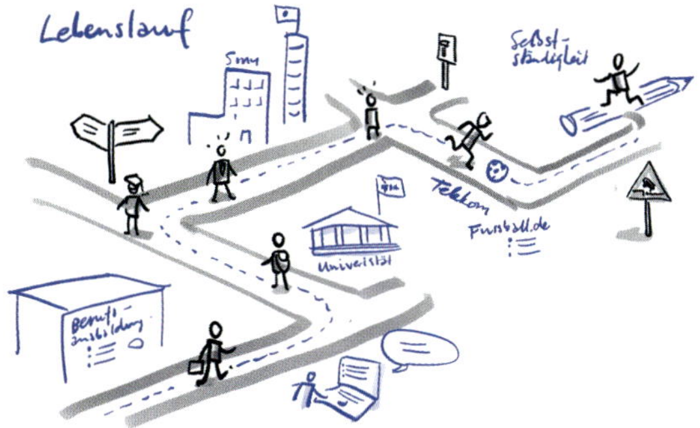

- Wegverzweigungen für richtungsweisende Ereignisse
- Meilensteine für bestandene Prüfungen
- Baustellen-Verkehrsschilder oder Kräne für große Projekte
- Pokale für besondere Leistungen und Erfolge
- Blitze oder Steine für schwierige Konflikte oder Hindernisse

Kenntnisse und Fähigkeiten

Alternativ kannst du dein persönliches Profil visualisieren mit dem Wissen und den Fähigkeiten, die du mitbringst.

- Eine illustrierte Mind Map (siehe S. 96 f.) passt immer.
- Vielleicht gibt es eine passende metaphorische Darstellung? Wie passt du als „Puzzlestück" in die Lücke, die das Unternehmen mit dir schließen kann?

Schaffst du es ins Vorstellungsgespräch, ist auch die Chance groß, dass dein Bild auf dem Tisch liegt. Anhand des Bildes ist es leicht, in einen intensiven Austausch zu kommen – und dieser wird auf diese Weise in eine Richtung gelenkt, die dir liegt.

Visueller Gesprächsimpuls

Ob in einem Coaching, Mitarbeitergespräch oder Streitgespräch: Oft ist es hilfreich, die gewohnten Wege der Kommunikation zu verlassen. Aus diesem Grund werden im Coaching häufig Fotos, Postkarten oder Cartoons eingesetzt. Auch die Bilder des Business-as-Visual-Kartensets sind nicht nur als Grundlage für Visualisierungen, sondern auch als Gesprächsimpuls sehr gut geeignet.

1. Suche dir vorab oder gemeinsam mit deinem Gesprächspartner anhand einer klar formulierten Fragestellung ein passendes Bild. Zum Beispiel:
   - Welches Bild passt zu deiner Organisation?
   - Wie möchtest du arbeiten?
   - Mit welchen Herausforderungen hast du zu kämpfen?
2. Hast du ein passendes Bild gefunden, kannst du anfangen, die verschiedenen Details zu deuten, z.B.:
   - Mit welcher Figur identifiziere ich mich am meisten?
   - Was bedeuten einzelne Details im Bild, übertragen auf meine eigene Situation?
   - Welche Szenen im Bild geben vielleicht schon einen Hinweis auf einen möglichen nächsten Schritt, eine Problemlösung oder ein alternatives Szenario?
3. Je nach Anlass und Setting kann es sinnvoll sein, die neu gewonnenen Einsichten in einem eigenen Bild zu visualisieren. Hierzu findest du auf der Rückseite der Karten ein Beispiel für eine einfache Darstellung des Motivs.

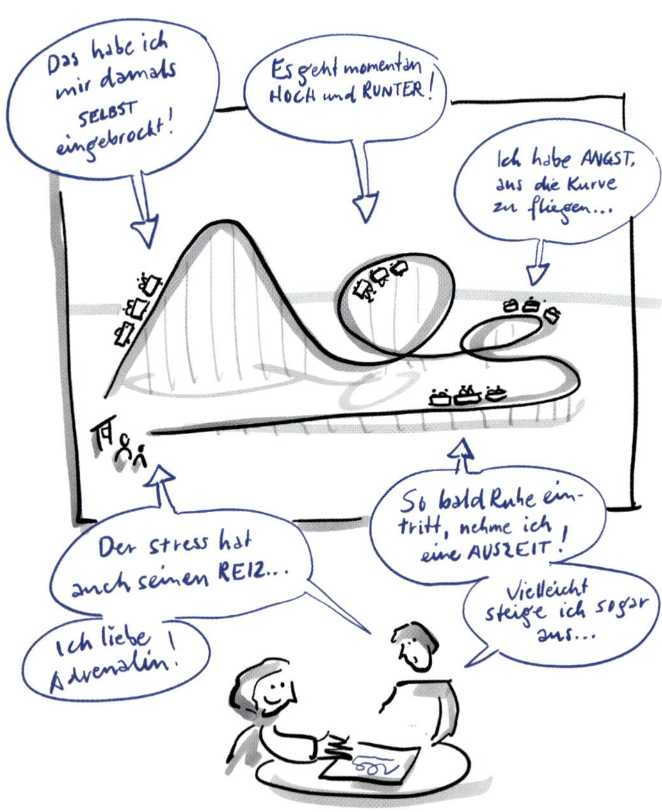

Post-it-Präsentation

Möchtest du für ein kleines, interaktives, informelles Meeting eine Präsentation vorbereiten? Bevor du deinen Laptop aufklappst und PowerPoint startest, möchte ich dir eine Alternative ans Herz legen: die Post-it-Präsentation.

1. Erstelle von allen Inhalten, die du in der Präsentation vermitteln möchtest, einzelne Post-its.
2. Bringe die Post-its auf einer Fläche in eine logische Struktur, die deine Kernbotschaft unterstützt.
3. Überlege dir, in welcher Reihefolge sich die Inhalte auf der Fläche am besten erzählen lassen. Das muss nicht immer von oben nach unten sein! Manchmal ist es „dramaturgisch" spannend, mit dem Endergebnis anzufangen und dann darauf hinzuarbeiten. Oder erst die Oberpunkte nacheinander zu platzieren, um sie dann der Reihe nach mit Details zu ergänzen.
4. Nehme die Post-its in der Reihenfolge, in der du die Information präsentieren willst, von deiner Arbeitsfläche. Klebe die Zettel zusammen, sodass das erste Post-it oben auf dem Stapel ist.
5. Die einzelnen Post-its sind nun zum einen die Spickzettel für das, was du erzählen willst, und zum anderen die Bausteine deiner anschaulichen Visualisierung. Während du die Inhalte der Post-its erläuterst, klebst du sie auf einer Pinnwand oder einem Flipchart in der ursprünglichen Anordnung zusammen.
6. Fehlt etwas, gibt es Anregungen oder Fragen, kannst du die Visualisierung direkt ändern oder ergänzen.

Die Vorteile der Methode sind vielfältig: Sie ist schnell, unterhaltsam und lädt zum gemeinsamen Weiterspinnen ein.

Visualisieren im Meeting

Obwohl mit Beamer, Smartboard und Videokonferenz-Systemen immer mehr „Technik“ in die Meeting-Räume eingezogen ist, sind Flipcharts, Whiteboards und Pinnwände zum Glück nicht gänzlich verschwunden. Das hat einen guten Grund! Erinnerst du dich an die „Wertschöpfungsspirale des Visualisierens“ am Anfang des Buchs (siehe S. 18)? Dort wurde beschrieben, dass Gruppenkommunikation sich plötzlich ändert, sobald jemand aufsteht und anfängt, das Gesagte aufzuzeichnen. Aber zeichnen ist nicht gleich zeichnen. Es macht einen Unterschied, mit welcher Absicht du dich beim Meeting an Flipchart, Pinnwand oder Whiteboard stellst.

Diskussion protokollieren

Wenn der Fokus auf dem Protokollieren liegt, sind die Methoden „Pimp your Protocol“, „Der Rote Faden“ und „Post-it-Poster“ generell gut geeignet, den Verlauf des Gesprächs festzuhalten (siehe ab S. 90).

Neue Themen in der Gruppe erkunden

Steht ein neues Thema auf die Agenda, sind die Methoden „Key Visual“, „Mind Map“, „Organische Cluster“ und „Post-it-Poster“ aus Kapitel 4 gut geeignet, die Gedanken spontan zu ordnen (siehe ab S. 92).

Hast du vorab Gelegenheit, dir Gedanken zu machen, in welche Subthemen oder Fragen sich das Thema herunterbrechen lässt, kannst du auch ein passendes Canvas dazu suchen oder selbst eines vorbereiten (siehe S. 102 f.).

Dein „Heureka" visualisieren

Diese Situation kennst du vermutlich: Es wird heftig diskutiert, aber irgendwie kommst du nicht vom Fleck. Plötzlich hast du aber ein Muster, eine Logik oder ein Modell vor dem inneren Auge, was es dir erlaubt, die Thematik als Gesamtkonstrukt zu erfassen. Und vermutlich bringt dich diese Einsicht der Lösung einen Schritt näher. Begeistert versuchst du nun, anderen deine brillante Idee näherzubringen, stößt aber auf deren Desinteresse. Warum? Schenken deine Kollegen dir (und damit deiner Idee) einfach zu wenig Beachtung? Oder verharren sie auf einem Standpunkt, der es ihnen nicht erlaubt, deiner Logik zu folgen?

In diesem Fall hilft dir eine Visualisierung gleich in mehrfacher Hinsicht:

- Wer aufsteht und den Mut aufbringt, nicht nur mit Worten zu argumentieren, sondern ein Bild zu malen, kann sich der ungeteilten Aufmerksamkeit der anderen gewiss sein.
- Erst wenn du anderen anhand des Bildes deine *Denklogik* vermittelst, können sie auch deine *Schlussfolgerungen* besser nachvollziehen.
- Deine Worte verpuffen nicht im Raum, sondern hinterlassen Spuren. So kannst du immer wieder auf deine Idee verweisen, ohne viele Worte verlieren zu müssen.

1. Überlege dir, auf welcher inneren Logik dein Aha-Erlebnis basiert. Ist es ein bestimmter Ablauf von Ereignissen? Eine Klassifizierung? Ein Modell? Mach dir eventuell eine grobe Skizze.
2. Zeichne zunächst die „Denklogik" als Grundstruktur in einer hellen, unauffälligen Farbe (z.B. Grau oder Blau).
3. Ergänze wenige Wort-Bild-Elemente, die deine Logik erläutern.
4. Benenne und highlighte den „Schlüssel" zur Lösung, den Kern deiner neuen Einsicht.

Beim ersten Entwurf ist es wirklich absolut unwichtig, ob er schön aussieht. Beschränke dich inhaltlich auf das Minimum, damit die Aufmerksamkeit nicht überstrapaziert oder durch Nebensächliches abgelenkt wird. Hauptsache, dein persönliches „Heureka" kommt rüber. Wenn deine Logik Anklang findet und deine Kollegen in der weiteren Diskussion auf deine Skizze verweisen, kannst du sie noch mal „sauber" zeichnen und mit weiteren Aspekten ergänzen.

Digitales in der Gruppe bearbeiten

Organigramme, Prozessdarstellungen, Canvas-Vorlagen: Häufig wird man in einem Meeting oder Workshop etwas nicht „von Grund auf" neu visualisieren, sondern baut auf digitaler „Vorarbeit" auf. Natürlich kann man diese Vorarbeit im Meeting an die Wand beamen und am Computer weiterbearbeiten. Das hat aber erhebliche Nachteile:

- Bei PowerPoint & Co. geht oft viel Zeit mit Editieren und Formatieren verloren. Es werden Schriftgrößen geändert, Kästchen verschoben und Farben angepasst, obwohl inhaltlich noch kein Konsens da ist.
- Die Gruppe bekommt gar nicht erst die Möglichkeit, sich schrittweise an die Lösung heranzutasten oder grundlegende Alternativen zu diskutieren. Alles muss gleich „final" sein.
- Nur eine Person – die am Rechner – hat „die Hoheit" über das Dokument. Das macht alle Anwesenden mit einer anderen Ansicht ziemlich machtlos und kann zu Frustration führen.

Was sind also gute Alternativen, um einen digitalen Vorentwurf im Meeting gemeinsam weiterzubearbeiten?

Groß ausdrucken

Die einfachste Low-Tech-Lösung:

1. Drucke die Vorarbeit groß aus und hänge sie an die Wand.
2. Sammle Änderungsvorschläge und Ergänzungen, schreibe sie auf Post-its und klebe sie auf den Ausdruck.
3. Sind alle einverstanden, werden die Änderungen auf den Ausdruck gezeichnet oder gleich ins digitale Dokument geschrieben.

Mit Post-its auf die Projektionswand

Nicht jeder hat die Mittel (oder das Budget oder die Zeit) eine digitale Vorlage auf Großformat auszudrucken. Dazu gibt es folgende „Hybridlösung":

1. Beame die digitale Vorlage an die Wand.
2. Arbeite mit Haftzetteln in dem projizierten Bild. So können sich alle am Sammeln und Strukturieren von Ideen beteiligen.
3. Das fertige Ergebnis wird abfotografiert.
4. Zurück am Arbeitsplatz kannst du Änderungen und Ergänzungen in die ursprüngliche Grafik einarbeiten.

Skizzen auf dem Tablet
Öffnen wir ein Dokument auf dem Tablet, haben die entsprechenden Apps mittlerweile ganz vernünftige Funktionen zum Zeichnen.

1. Verbinde das Tablet mit dem Beamer. Öffne das Dokument in PowerPoint, Keynote oder einer anderen App.
2. Mit den Zeichnungsfunktionen der App kannst du nun auf dem Dokument Notizen oder „händische" Korrekturen vornehmen, genauso wie du das auf einem Ausdruck gemacht hättest.
3. Zurück am Arbeitsplatz arbeitest du die Änderungen und Ergänzungen in die ursprüngliche Grafik ein.

Elektronisches Whiteboard
Bald werden elektronische Whiteboards so selbstverständlich zum Inventar eines Konferenzraums gehören wie heute der Beamer.

1. Mach dich vorab vertraut mit den Zeichnungsfunktionen des Whiteboards: Welche Stifte gibt es? Wie wechsle ich die Farbe? Kann ich in mehreren Ebenen arbeiten?
2. Öffne deine elektronische Vorlage auf dem elektronischen Whiteboard.
3. Dann nimmst du auf dem Dokument Notizen und „händische" Korrekturen vor.
4. Zurück am Arbeitsplatz kannst du wieder die Änderungen und Ergänzungen in die ursprüngliche Grafik einarbeiten.

Online-Collaboration-Tools
Auf Seite 221 ist beschrieben, wie mit Online-Collaboration-Tools in einem *virtuellen* Setting gemeinsam visualisiert werden kann. Der Nutzung solcher Tools im *realen* Meeting-Raum steht aber auch nichts im Wege!

1. Lege die Vorarbeit im Online-Collaboration-Tool an und präsentiere die Arbeitsfläche mit dem Beamer.
2. Alle Teilnehmenden haben ihren eigenen Laptop oder eigene Tablets im Meeting dabei und können virtuelle Post-its einkleben oder in das Dokument hineinmalen.

Trainingsinhalte visualisieren

PowerPoint und Beamer sind unschlagbar effizient, wenn es darum geht, flexibel große Mengen an Informationen zu vermitteln. Der große Nachteil: Egal wie hübsch und mit wie vielen Animationen die einzelnen Folien designt wurden – PowerPoint ist eine kommunikative Einbahnstraße und irgendwann tritt Langeweile ein. Daher an dieser Stelle ein paar Ideen, wie du deine Visualisierungsfähigkeiten nutzen kannst, um das Medium zu wechseln, die Aufmerksamkeit der Teilnehmenden (zurück) zu gewinnen und den gemeinsamen Austausch zu fördern.

Visuelle Agenda

Bei manchen Trainings vermittelt die Tagesagenda eher den Eindruck, vordringlichstes Ziel der Veranstaltung sei es, am Ende an alle Themen ein Häkchen machen zu können. Das ist schade: Ein gelungenes Training nimmt die Teilnehmenden mit auf eine Reise ins Neuland. Eine Visualisierung dieses Abenteuers bereitet den Teilnehmenden Vorfreude und zeigt auf verspielte Art, was sie im Training erwartet.

1. Nimm dir einen großen Bogen Flipchart- oder Pinnwandpapier.
2. Aus der „Speisekarte" (ab S. 115) wählst du nun eine passende Grundstruktur, zum Beispiel die Bildstrukturen „Rocket Science", „Chemischer Prozess", „Bergsteigen", „Fluss" oder „Schatzkarte".
3. Übertrage diese auf Flipchart/Pinnwand.
4. Mit Wort-/Bild-Elementen schreibst du die einzelnen Agendapunkte in die Stuktur hinein. Alternativ kannst du diese auch mit Post-its hineinkleben, um im Laufe des Trainings die Agenda anpassen zu können.
5. Hänge die Agenda an die Wand. So können die Teilnehmenden jederzeit nachverfolgen, wie weit die Reise fortgeschritten ist.

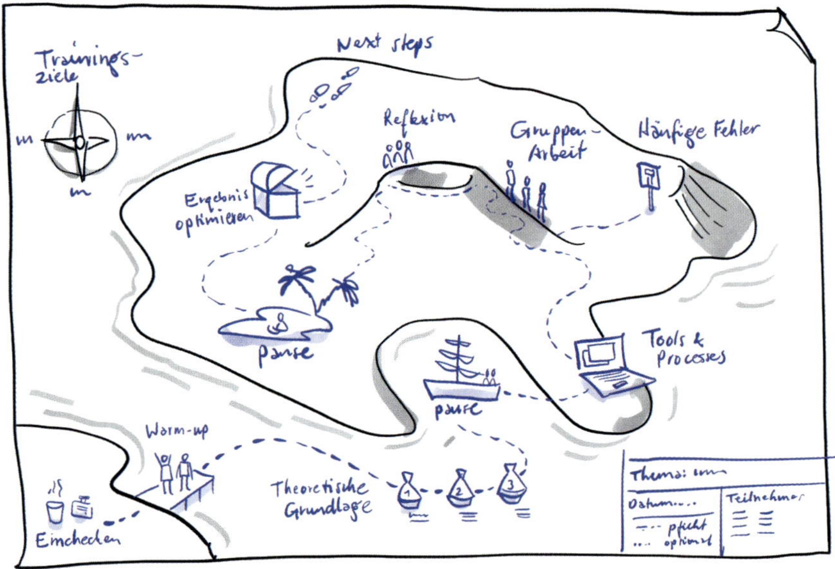

Flipcharts und Pinnwände gestalten
Die „Bausteine einer Visualisierung“ aus Kapitel 3 sind hervorragend geeignet, um Trainingsmaterial attraktiv zu gestalten.

1. Schreibe den Titel deines Charts in einer schönen, passenden Schrift (siehe S. 62) und platziere ihn ggf. in einen passenden Textcontainer (siehe S. 63).
2. Illustriere deine Sätze mit Symbolen oder fasse die wichtigsten Inhalte als Bild-Text-Elemente zusammen (siehe S. 64).
3. Male um den fertigen Inhalt einen Rahmen (siehe S. 70).
4. Unterstütze die Struktur deines Charts mit leuchtenden Hintergrundfarben (siehe S. 72).

Interaktive Flipchart-Folie
Auch wenn deine Präsentationsbasis aus PowerPoint-Folien besteht, kannst du zwischendurch immer wieder zum Flipchart wechseln. Überlege dir vorab: Auf welcher Folie wird ein Thema behandelt, das auch für einen interaktiven Austausch zwischen dir und den Teilnehmenden geeignet ist?

1. Schreibe den passenden Titel dazu oben auf ein Flipchart. Eine offene Frage ist immer ein guter Start für Interaktion.
2. Bereite einzelne „Bullet Points“ als Bild-Text-Elemente auf großen Post-its vor.
3. Ist während des Trainings das Thema an der Reihe, wechselst du zum Flipchart und gehst an diesem mit den Teilnehmenden in Dialog.
4. Wird während des Austauschs ein Punkt erwähnt, wozu du ein Post-it vorbereitet hast, klebst du dieses auf.
5. Kommen neue Punkte dazu, zeichne spontan einen extra Zettel.

Nach diesem Intermezzo kehrst du wieder zu PowerPoint zurück. Vielleicht fasst du die Inhalte des Flipcharts anhand der ursprünglichen PowerPoint-Folie noch mal zusammen. Doppelt hält besser!

Gelerntes reflektieren und verankern

Es geht sicherlich zu weit, in einem Training zum Thema Projektmanagement den Teilnehmenden nebenbei Sketchnotes beizubringen. Aber man kann schon mit einfachen, kleinen Übungen die Teilnehmenden dazu animieren, einen Stift in die Hand zu nehmen. Das trägt nicht nur zur Abwechslung, sondern auch zum Lernerfolg bei.

Emoji-Stimmungsbild

Ist die Information gut rübergekommen? Was haben die neuen Erkenntnisse ausgelöst? Die übliche „Fragen und Feedback"-Runde kannst du mit einfachen Mitteln zu einem lustigen, visuellen Ereignis machen.

1. Zunächst malst du eine Auswahl an möglichen Emojis an der Wand.
2. Alle Teilnehmenden zeichnen jeweils auf einem DIN-A4-Blatt ein Emoji, das die momentane persönliche Stimmung am besten trifft.
3. Wer fertig ist, hält das Bild hoch.
4. Frage gezielt nach, was genau bei einzelnen Teilnehmenden Fragezeichen, ein Lachen, Verwirrung oder Frustration ausgelöst hat.

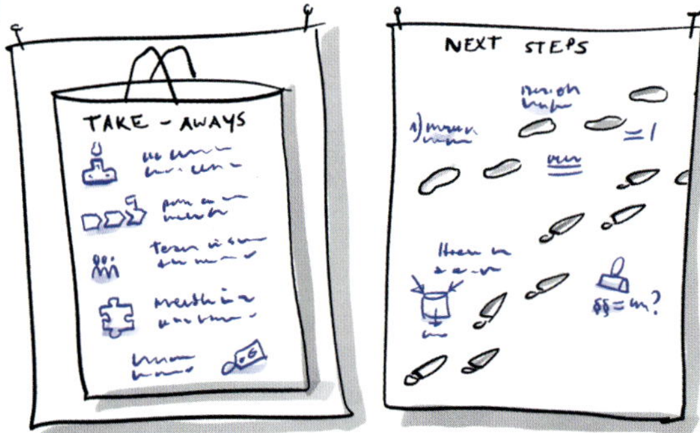

Take-aways und Next Steps visualiseren lassen

Selbst zeichnen zu müssen, ist eine Herausforderung, die die meisten Teilnehmenden aus ihrer Komfortzone zwingt. Damit werden die Inhalte noch besser verankert!

Take-aways

1. Lege den Teilnehmenden Papier und Stifte hin.
2. Visualisiere die wichtigsten Informationen des Tages, die die Teilnehmenden unbedingt „mitnehmen" sollen, in Wort und Bild.
3. Die Teilnehmer malen die Informationen für sich ab.

Next Steps

4. Zeichne eine Straße. Sie reicht vom nächsten Tag über die nächste Woche und den nächsten Monat bis ins nächste Jahr.
5. Alle malen sich die Straße ab.
6. Was von dem Gelernten möchten die Teilnehmenden praktisch anwenden und was möchten sie damit erreichen? Dazu malen sie an jedem Abschnitt des Weges sich selbst und ihre Antworten hinein.
7. Bitte die Teilnehmenden, sich die Bilder im Büro aufzuhängen.

Erwartungsbild & Rückblick

Wann ist ein Training ein Erfolg? Auf den Punkt gebracht: Wenn die Wünsche und Erwartungen der Teilnehmer (über-)erfüllt werden. Mach diesen Erfolg sichtbar!

Am Anfang des Trainings werden Erwartungen und Wünsche visualisiert:

1. Lege den Teilnehmenden Post-its und einen Stift hin.
2. Die Teilnehmenden sollen ihre Erwartungen und Wünsche ans Training aufschreiben (oder sogar aufzeichnen).
3. Bei der Vorstellungsrunde werden die Erwartungen kurz erläutert.
4. Die Antworten sortierst du nach Kategorien, z.B.:
   - Wissen, das vermittelt werden soll
   - Fähigkeiten, die gelernt und geübt werden sollen
   - Situationen, in denen das Gelernte umgesetzt werden soll
   - sonstige Erwartungen (Umgang, Stimmung, Methoden)
5. Reflektiere, welche Wünsche wo im Programm zur Sprache kommen. Sind genannte Punkte bis dato nicht vorgesehen? Was sind deine Erwartungen an die Teilnehmenden?

Am Ende des Trainings kommen die Haftzettel nochmal zum Einsatz:

6. Bitte die Teilnehmenden, die Post-its von der „Erwartungswand" auf eine zweite „Feedback-Wand" einzusortieren, zum Beispiel:
   - Das war gut.
   - Das habe ich noch nicht verstanden.
   - Das war zu viel.
   - Das habe ich vermisst.

Damit wird den Teilnehmenden noch einmal vor Augen geführt, was sich an diesem Tag alles getan hat. Und du selbst hast konkrete Anhaltspunkte, das Training zukünftig noch besser zu gestalten.

Inspirationsbilder

Eine der wichtigsten Voraussetzungen für das Gelingen von Workshops: Die Teilnehmenden schaffen es, aus festgefahrenen Mustern und Sichtweisen auszubrechen! Die Arbeit mit Inspirationsbildern ist in diesem Sinne eine gute Methode, um eine offene Atmosphäre zu schaffen, den kreativen Austausch zu fördern und zu neuen Perspektiven anzuregen.

Im Prinzip sind alle möglichen Fotos, Cartoons oder Postkarten als Assoziationsbilder geeignet. Auch die Motive in dem Business-as-Visual-Kartenset eignen sich gut für das Reflektieren von unterschiedlichen betriebswirtschaftlichen Herausforderungen.

1. Lege eine möglichst breite Palette an Bildern (ca. 20 Stück) auf dem Boden aus oder hänge sie an die Wand.
2. Formuliere eine klare Frage, zu der die Teilnehmenden ein oder mehrere passende Bilder auswählen sollen. Zum Beispiel:
   - Welches Bild passt zu unserer Organisation?
   - Wie möchten wir zusammenarbeiten?
   - In welcher Lage befinden wir uns?
3. Wurde ein passendes Bild gefunden, machen sich die Teilnehmenden daran, die verschiedenen Details zu deuten, z.B.:
   - Wer identifiziert sich mit welcher Figur?
   - Was bedeuten einzelne Szenen, übertragen auf unsere Situation?
   - Kann man einen möglichen nächsten Schritt, eine Problemlösung oder ein alternatives Szenario aus der Metapher ableiten?

Metaphorisches Teamporträt

Ein Großteil der Kommunikation auf der Arbeit beschäftigt sich mit der Frage, *was* getan werden soll. Die Fragen, *wie* man zusammenarbeiten möchte und *warum* wir die Dingen tun, die wir tun, werden eher selten gestellt. Dies zu klären, ist aber die Basis für ein erfolgreich arbeitendes, produktives Team.

1. Nutze die Methode „Inspirationsbilder“ (siehe S. 208), um eine passende Metapher für die Frage zu finden *„Wie arbeiten wir zusammen?“* bzw. *„Wie möchten wir zuammenarbeiten?“*.
2. Übertrage die Grundstruktur des gewählten Motivs auf einen großen Bogen Papier.
3. Jetzt ergänzt du die Visualisierung mit Text-Bild-Elementen, die Antworten auf die Fragen geben:
   - Welchen Mehrwert schaffen wir nach außen (für Kunden, andere Abteilungen, die Gesellschaft ...)?
   - Was macht uns Freude? Was erhoffen wir uns?
   - Was bremst uns aus? Wovor haben wir Angst?
4. Hast du das *Warum?* geklärt, kannst du natürlich auch noch das *Was?* und *Wie?* vertiefen:
   - Welche Menschen/Rollen gibt/braucht es im Team?
   - Mit welchen Kenntnissen und Fähigkeiten?
   - Was sind die wichtigsten Arbeitsprozesse?
   - Welche Werte sind uns bei der Zusammenarbeit wichtig?
5. Hänge das Bild im Flur oder in der Kaffeeküche auf.

Teamhistorie

Ein Firmenjubiläum, der Umzug in ein neues Gebäude, der Abschied des Kollegen, der von Anfang an dabei war … In manchen Augenblicken sollte man einmal ganz bewusst auf die Historie des Teams zurückschauen. Werden „alte Geschichten" visualisiert, trägt dies zur Bildung der Gruppenidentität bei. Zudem kann der Visualisierungsprozess auch helfen, sich bewusst zu werden, wovon man sich verabschieden möchte, damit Platz für Neues entsteht.

1. Male eine Timeline (siehe S. 117), eine Straße (siehe S. 132), einen Fluss (siehe S. 133) oder ein anderes geeignetes Motiv für einen Rückblick auf ein großes Poster.
2. Die Meilensteine mit Jahreszahlen – oder auch eine andere Form zeitlicher Orientierung – platzierst du auf Post-its in auffälliger Farbe entlang des Weges.
3. Sammle nun unterschiedliche Daten, Fakten und Geschichten auf einzelnen Post-its (zuerst jeder für sich, dann im offenen Dialog):
   - Wie ist das Team entstanden?
   - Welche Herausforderungen gab es auf dem Weg?
   - Wie hat sich das Team entwickelt? Wer kam dazu, wer hat sich zwischenzeitlich verabschiedet?
   - Welche Erfolge können wir uns auf die Brust schreiben?
   - Welche persönlichen Höhe- und Tiefpunkte gab es?
4. Klebe die Post-its an die entsprechenden Stellen entlang des Weges. Sollte in manchen Zeitabschnitten mehr zu erzählen sein als in anderen, kannst du die Meilensteine verschieben.
5. Zum Schluss überträgst du die Inhalte auf das Poster.

Die DNA der Gruppe

Die Teilnehmenden einer Bereichsversammlung oder Fachkonferenz kennen sich vielleicht nicht alle persönlich, sind aber sehr wohl als Gruppe miteinander verbunden. Dies kann sicht- und erlebbar gemacht werden, wenn alle gemeinsam ein großes Bild erstellen – zum Beispiel in Form eines DNA-Moleküls.

Vorbereitung

1. Hänge über die ganze Breite einer Wand des Veranstaltungsraums Papier von einer Rolle. Zeichne über die volle Breite des Papiers mit Kreide eine „Doppel-Helix" vor.
2. Zeichne für die „DNA-Basen" in zwei verschiedenen Farben Kreise, ähnlich zweier ineinander verdrehter Perlenketten.
3. In einer hellen Farbe zeichnest du breite Verbindungsstriche zwischen die Kreise der beiden „Ketten" – wie die Sprossen einer Leiter.
4. Versorge die Teilnehmenden mit Markern (natürlich mit Farben passend zum Corporate Design der Organisation ...).

Durchführung

5. Bitte die Teilnehmer ...
   - in die Kreise ein Selbstporträt zu malen und/oder etwas über sich selbst zu schreiben sowie
   - entlang der Sprossen Begriffe zu schreiben, die ihnen bei der Arbeit (oder für die Veranstaltung) persönlich wichtig sind.
6. Gegen Ende der Veranstaltung kannst du dem Bild mit Kreide noch mehr Farbe verpassen und Tiefe geben.

Werte und Leitsätze visualisieren

Betrachtet man die Werte und Leitsätze von Unternehmen, so sind sie meist nahezu identisch: *„Wir sind innovativ, vertrauensvoll, kundenzentriert, nachhaltig, lösungsorientiert …“* Bringt es etwas, die leeren Worthülsen mit Symbolen zu illustrieren?

Wohl kaum. Spannend wird es erst, wenn man sich als Team fragt, was die Begriffe, bezogen auf die eigene Arbeit, *konkret* bedeuten. Dazu können wir das Visualisieren mit Schauspielerei kombinieren.

Schauspielern

1. Notiere die Werte oder Leitlinien auf Zettel.
2. Bilde Kleingruppen mit je zwei bis drei Teilnehmenden.
3. Jede Gruppe bekommt, verdeckt, einen der Zettel.
4. Die Gruppen sollen sich eine konkrete, realistische Szene ausdenken:
   - Wie kommt der Wert/Leitsatz bei uns im Alltag zum Ausdruck?
   - Was könnte passieren, wenn der Wert/Leitsatz „richtig“ gelebt wird?
5. Die Szenen werden im Plenum als Rollenspiel vorgespielt. Wichtig: Die Begriffe auf dem Zettel dürfen nicht wortwörtlich genannt werden!
6. Nach jedem Rollenspiel müssen die Teilnehmenden der anderen Gruppen die Szene einem der Werte/Leitsätze zuordnen. Ist dieser auf Anhieb erkennbar? Könnte noch etwas verbessert werden?

Visualisieren

7. Was ist der Kern der Szene? Zeichne diesen mit einfachen Figuren, Gegenständen und Sprechblasen auf ein DIN-A3-Papier.
8. Rahme die Bilder und veranstalte eine kleine Vernissage im Flur.

Mind-Map-Café

Das klassische „World-Café“ kennt vermutlich jeder: In einem großen Raum stehen mehrere Tische mit jeweils einem Moderator. Die Teilnehmenden werden in Gruppen aufgeteilt und diskutieren an verschiedenen Tischen jeweils ein bestimmtes Thema. Auf dem Tisch liegen „Tischdecken“ aus Papier sowie bunte Stifte, mit denen die Teilnehmenden ihre Gedanken notieren können. Nach einer bestimmten Zeit wechseln die Grüppchen zum nächsten Tisch. Die Tischmoderation fasst die bisherige Diskussion zusammen, damit die nächste Gruppe darauf aufbauen kann.

Auch wenn die Diskussionen anregend und intensiv waren, so ist die Ausbeute auf den Tischdecken oft etwas enttäuschend. Es gibt zu große Hemmungen, einfach draufloszuschreiben/draufloszuzeichnen. Nehme ich mich nicht zu wichtig? Ich kann doch gar nicht malen! Die große weiße Fläche wirkt einschüchternd.

Beim Mind-Map-Café hilfst du den Teilnehmenden, indem du bereits auf jeder Tischdecke einen Anfang machst, der erste Orientierung bietet.

1. Zeichne vor der Veranstaltung schon einmal ein zentrales Thema und erste große „Äste“ mit Wort-Bild-Elementen. Schau dir dazu die Strategie „Mind Map“ von Seite 96 an.
2. Am Anfang der ersten Runde bittet die Tischmoderatorin die Gruppe, Fragen, Argumente und Ideen mit Stichworten und Symbolen an den Ästen zu visualisieren.
3. Die Visualisierungen werden erläutert, diskutiert und weiter ergänzt.
4. Bei der nächsten Runde wird die bisherige Diskussion anhand der Mind Map zusammengefasst.
5. Anhand der bisherigen Ergebnisse erkennt man schnell, welche Bereiche noch Vertiefung erfordern.

So wird aus dem World-Café ein richtiges Künstlercafé!

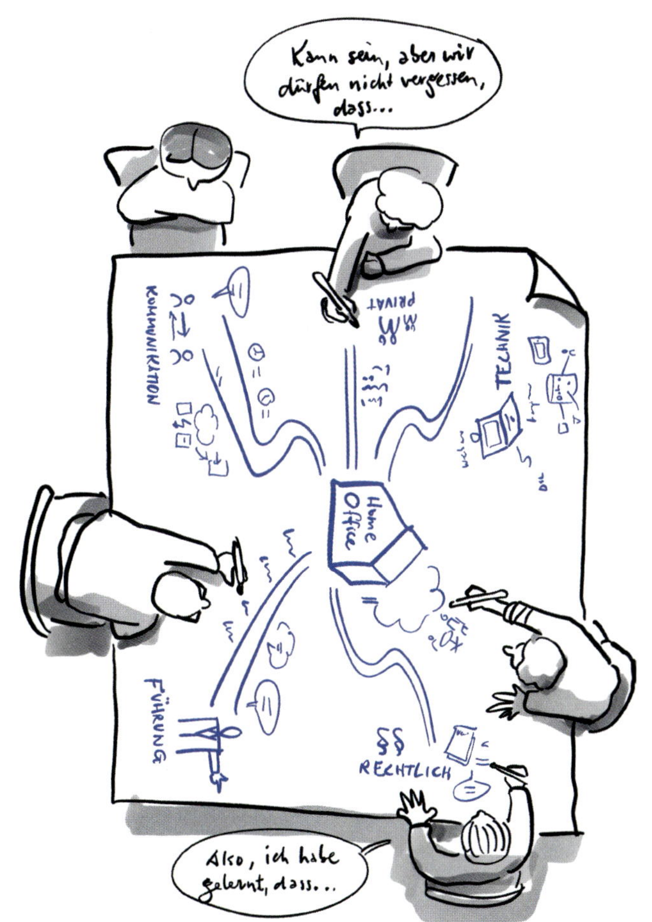

Design Thinking

Design Thinking ist eine Methode, um Lösungen für unterschiedlichste individuelle und gesellschaftliche Herausforderungen zu generieren. Dabei werden verschiedene Phasen durchlaufen, wobei je nach Setting und verfügbarer Zeit unterschiedliche Methoden zur Anwendung kommen.

Um Erkenntnisse und Ideen so anschaulich und fassbar wie möglich zu machen, spielt das Visualisieren beim Design Thinking eine wichtige Rolle. Auf diesen Seiten findest du für jede Phase ein Beispiel, wie du deine Visualisierungsfähigkeiten sowohl als Workshop-Moderator als auch als Teilnehmer zum Einsatz bringen kannst.

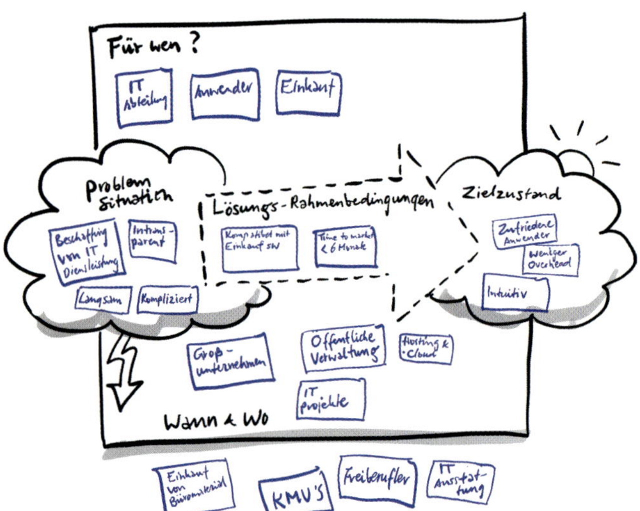

Achtung! Gleichzeitig zu moderieren und zu visualisieren ist fast unmöglich. Wenn gefordert ist, dass möglichst „schöne" Visualisierungen entstehen sollen, deren kommunikativer Zweck über den des Workshops hinausgeht, brauchst du eine zweite Person, die dich bei der Moderation oder beim Visualisieren unterstützt.

Den Problemraum visualisieren

In der erste Phase des „Verstehens" ist es wichtig, im Projektteam ein gemeinsames Verständnis des „Problemraums" zu erlangen, der im Design-Thinking-Projekt bearbeitet werden soll.

1. Zeichne das nebenstehende Template zum „Problemraum".
2. Die Teilnehmenden sollen auf Post-its aufschreiben, welche Stichworte ihrer Meinung nach das Problem beschreiben.
3. Ordne die Post-its auf dem Template ein:
   - Problemsituation: Welches konkrete Problem beschäftigt uns?
   - Zielzustand: Wie soll die Situation konkret aussehen, wenn das Problem gelöst ist?
   - Wen trifft das Problem: Zielgruppe/Nutzer/Beteiligte?
   - Wann und wo tritt es auf?
   - Was sind die Rahmenbedingungen für die Lösung?
4. Die Gruppe diskutiert und entscheidet, wo welche Post-its im Template positioniert werden sollen und welche draußen bleiben.
5. Achte darauf, dass der Problemraum weder zu groß noch zu eng gesteckt wird.
6. Sollte sich im Laufe des Projekts das Verständnis zum Problemraum ändern, so wird dies in der Visualisierung entsprechend angepasst.

Customer Journey visualisieren

In der Beobachtungphase liefern Rollenspiele, Ortsbesichtigungen oder Interviews zahllose wertvolle Einsichten über die Bedürfnisse der Nutzer. Eine von vielen Möglichkeiten, diese Informationen übersichtlich zu dokumentieren, ist das Visualisieren der „Customer Journey“.

1. Zeichne auf jede Pinnwand zu jeder Phase der Reise ein kleine Szene, damit alle die Situation bildhaft vor Augen haben.
2. Ordne die Beobachtungen den verschiedenen Phasen zu:
   - *Was* wird gemacht (Aktionen, Handlungen)?
   - *Wie* wird es gemacht (Tools, Methoden, Medien)?
   - *Wer* ist beteiligt?
   - *Warum*: Was erhofft man sich davon? Was wird vermieden? Markiere die „Painpoints“ und/oder Lösungsansätze (als Inspiration für die Ideenphase) mit einem roten Dreieck.

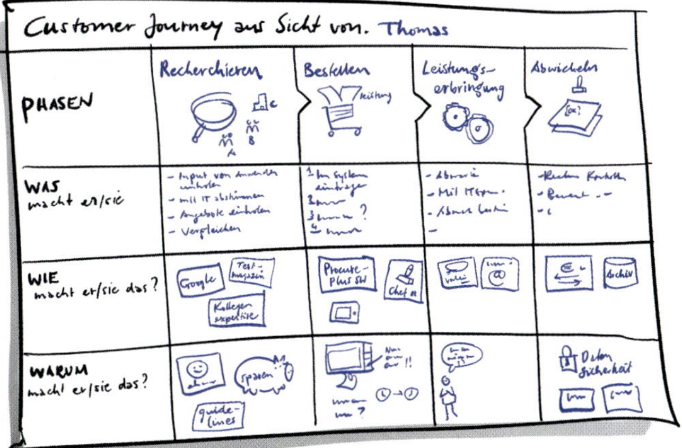

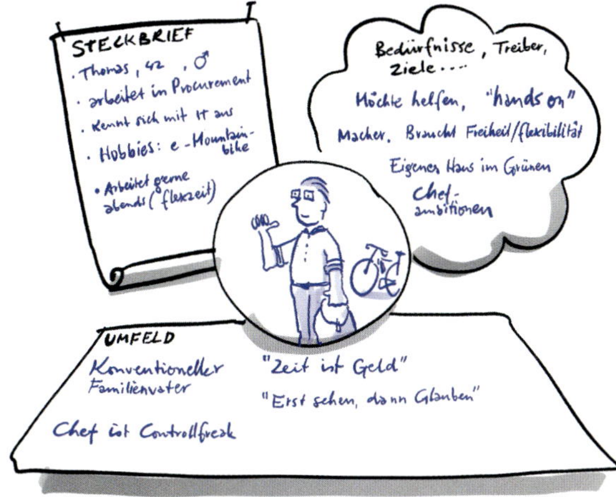

Personas visualisieren

Beim Zusammenfassen der Erkenntnisse ist das „Sich-in-den-Kunden-Hineinversetzen“ eine Schlüsselfähigkeit.

1. Zeichne einen potenziellen Nutzer oder Beteiligten, eine sogenannte Persona. Wie sieht sie aus? Mann/Frau/Alter? Welche Kleidung trägt sie? Was macht sie aus?
2. Schreibe einen Steckbrief mit dem, was bekannt und von außen wahrnehmbar ist: Name, Alter, Geschlecht, Beruf, Interessen ...
3. Was geht wohl in ihrem Inneren vor? Was sind ihre Bedürfnisse, Ängste, Treiber, Ziele?
4. In welchem Umfeld ist die Persona aktiv? Was sind die Anforderungen, Hindernisse, Konventionen, Herausforderungen?

Ideen bewerten & spezifizieren

Kreativitätsmethoden helfen, eine große Menge an verrückten, praktischen, unverständlichen, umwerfenden, minimalistischen, lustigen, technikverliebten und sonstwie gearteten Ideen zu generieren und als Ausgangspunkt zu nutzen: Welche möchten wir wirklich weiter konkretisieren und ausprobieren? Was steckt im Detail dahinter?

1. Beschreibe jede Idee auf einem Post-it.
2. Nach welchen Kriterien sollen die Ideen bewertet werden? Wie z.B.:
   - Impact (inkrementell – substanziell) und
   - Machbarkeit innerhalb des Projektrahmens
3. Notiere für die „Ideenanalyse" die Kriterien entlang zweier Bewertungsachsen. (Oder alternativ: Klebe mit Tape zwei Bewertungsachsen auf die Wand.)
4. Bewerte die Ideen nach den beiden Kriterien und klebe die Post-its an die entsprechende Position.
5. Für die Ideen im gelben und grünen Bereich erstellst du eine detaillierte Ideenbeschreibung auf einem Ideen-Canvas.
6. Schaue die Ideen erneut an: Stimmt die ursprüngliche Bewertung?

Paper Prototyp

Heutzutage gibt es kaum mehr Produkte oder Dienstleistungen, bei denen nicht mindestens ein Teil des Kundenkontakts digital abläuft, sei es auf dem Rechner oder Smartphone. Um zu testen, ob eine Idee funktioniert, sollten beim Bau eines Prototyps und dem anschließenden Test auch digitale Lösungen mit einfachen Mitteln so „fassbar" wie möglich simuliert werden.

1. Dafür stellst du die Benutzeroberfläche (Screen) in Originalgröße mit einfachen Strichen dar.
2. Mache die Handlungsoptionen für den Nutzer klar erkennbar.
3. Was passiert, wenn der Nutzer sich für eine bestimmte Handlungsoption entscheidet? Zeichne einen neuen Screen oder überklebe einen Teil mit einem Post-it.
4. Klebe beim Testen die Screens auf einen Laptop oder ein Smartphone, damit die Erfahrung der Wirklichkeit so nah wie möglich kommt.

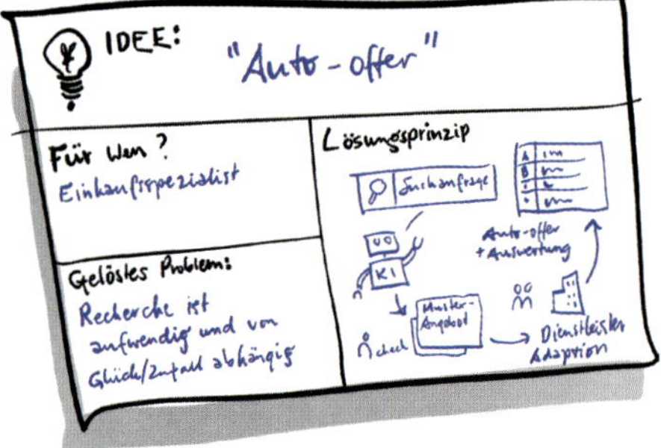

Projekt-Visualisierung

Das Kick-off eines Projekts ist mehr als das bloße Verteilen von Arbeitspaketen. Die Visualisierung des Projektplans bietet die einmalige Chance, die Teammitglieder miteinander in Kontakt zu bringen, die Grundlage für eine offene, vertrauensvolle Kommunikation zu schaffen sowie Maßstäbe für die weitere Projektarbeit zu setzen.

1. Wähle eine passende Metapher für dein Projekt (z.B. die Bildstrukturen zu den Themen „Neues entwickeln und entdecken" oder „Planen und zurückschauen" ab S. 130). Du kannst mithilfe von Inpirationsbildern (siehe S. 208) das Team in die Suche nach einer passenden Metapher einbeziehen.
2. Übertrage die Grundstruktur des gewählten Motivs auf ein großes Blatt Papier.
3. Nimm den Projektplan hinzu. Gemeinsam wird überlegt, welche Phasen, Arbeitspakete und Meilensteine an welcher Stelle ins Bild hineinpassen. Zeichne diese symbolhaft hinein.
4. Was ist wichtig für den Erfolg des Projekts? Wie würde dieser, übertragen auf die metaphorische Bildsprache, zum Ausdruck kommen? Zeichne die entsprechenden Szenen als Text-Bild-Elemente hinein. Ergänze sie mit knackigen Zitaten.
5. Gibt es vielleicht einen passenden Slogan für das Projekt? Gib der Visualisierung eine motivierende Überschrift.
6. Hänge das Bild in den Projektraum, sodass die Teammitglieder bei den Milestone-Meetings oder Sprintplanungen immer wieder auf das Bild schauen können.
7. Aktualisiere es um neue Einsichten oder korrigiere falsche Annahmen.

Alternativ kann man auch beim Projektabschluss zurückschauen und ein Bild mit den wichtigsten „Lessons Learned" erstellen.

Online visualisieren

In globalen Unternehmen und Organisationen, in denen internationale Teams verteilt über die ganze Welt zusammenarbeiten, sind Online-Meetings schon seit einigen Jahren gang und gäbe. Mit der Pandemie sind Home Office und Videokonferenzen für noch viel mehr Menschen Teil des Arbeitsalltags geworden. Der Tisch im Konferenzraum ist zu einem Mosaik aus Gesichtern geworden, die in die Webcam schauen. Statt Unterlagen mit dem Beamer auf die Wand zu projizieren, werden Dokumente auf dem Bildschirm geteilt.

Der informelle Austausch, zarte Zwischentöne und verrückte Ideen gehen in so einem digitalen Setting leicht unter. Wenn man seine Kollegen nur noch von der Bildschirmoberfläche kennt, ist es schwieriger, eine gemeinsame Geschichte, ein echtes Teamgefühl zu entwickeln. Daher ist es wichtig, die Kommunikation so vielseitig wie möglich zu gestalten. Im Prinzip lassen sich fast alle vorher beschriebenen Visualisierungsstrategien und Anwendungsszenarien von der analogen in die digitale Welt übertragen. Aber wie? Und was gilt es dabei zu beachten?

Webcam oder Dokumentenkamera zuschalten

Wer weiterhin analog visualisieren möchte, kann seine Arbeit mit einer extra USB-Kamera abfilmen und dieses Videosignal in die Videokonferenz einspeisen. Dazu braucht man außer einer Kamera auch ein Stativ und gutes Licht.

Normale Webcams haben ein Objektiv mit Weitwinkel, damit man auch große Formate gut abfilmen kann. Wenn man aber auf DIN A3 oder A4 zeichnet, wird das Bild an den Rändern stark verzerrt.

Dokumentenkameras sind speziell auf das Abfotografieren und Abfilmen von Büchern und Zeichnungen ausgelegt. Mit dem mitgelieferten Stativ ist der Aufnahmebereich ungefähr auf DIN-A3-Größe begrenzt. Wem das nicht reicht, der kann die Arbeitsfläche vergrößern, indem er die Kamera auf einen Stapel Bücher stellt.

Tablet zuschalten

Egal, welche Kamera man nimmt, der „Medienbruch" beim analogen Visualisieren in einem ansonsten digitalen Setting führt zu vielen Problemen. Ohne Zoomfunktion sind Größe und Lesbarkeit oft schwierig. Deswegen ist es in einer virtuellen Arbeitsumgebung für den Visualisierer einfacher, ebenfalls digital zu arbeiten: auf einem Tablet.

Etliche Online-Videokonferenz-Tools haben eine rudimentäre Whiteboard-Funktion, mit der alle gemeinsam zeichnen können. Die Zeichenfunktionen sind relativ beschränkt, werden aber kontinuierlich besser. Wenn du für dich und die anderen Teilnehmenden eine anspruchsvollere Visualisierung anfertigen willst, solltest du dir vorab überlegen, ob du nicht lieber auf deiner eigenen, vertrauten Zeichen-App arbeiten möchtest.

1. Verbinde das Tablet über Kabel oder Bluetooth mit dem Computer.
2. Spiegle die Arbeitsoberfläche auf dem Computer.
3. Teile das Fenster in der Konferenz.

Einbindung in die Kommunikation

Wer vor Ort in einem realen Raum visualisiert, ist automatisch sichtbar. Jeder sieht es, wenn du parallel zum Geschehen aufstehst und etwas auf das Flipchart zeichnest. Alle bekommen es mit, wenn du neben dem Podium als Graphic Recorder vor der Leinwand stehst und malst.

Im digitalen Raum wird die Aufmerksamkeit jedoch durch die Technik viel stärker beschränkt und fokussiert. Wer nicht spricht oder gerade sein Dokument teilt, ist praktisch nicht existent.

Wer in einem Online-Meeting visualisiert, muss sich daher aktiv um eine Einbindung ins Geschehen bemühen:

1. Bespreche vorab mit der Moderation, wie das Visualisieren während des Meetings eingebunden werden soll.
2. Lass dich am Anfang des Meetings von der Moderation vorstellen und kündige an, was du vorhast.
3. Schalte die Visualisierung zwischendurch immer wieder zu, damit dir die Teilnehmenden quasi einen Blick über die Schulter werfen können, wie sich das Bild entwickelt.
4. Frage die Teilnehmenden nach Feedback und Anregungen – entweder direkt in der Konferenz oder parallel über den Chat-Kanal.
5. Präsentiere und erläutere das Bild als Teil der Zusammenfassung des Meetings oder der Veranstaltung.

Gut vorbereitet statt auf der grünen Wiese

In Videokonferenzen ist es schwieriger, über längere Zeit die Aufmerksamkeit und Konzentration der Teilnehmenden aufrechtzuerhalten. Deshalb sind Online-Veranstaltungen oft kürzer als Konferenzen in der analogen Welt. Damit trotzdem die gleiche Menge an Information vermittelt werden kann, sind die Teilnehmenden meist besser vorbereitet und es wird kompakter kommuniziert. Dass die Informationsdichte höher ist, macht das „live" Visualisieren allerdings nicht gerade einfacher.

Zum Glück gibt es beim Online-Visualisieren neben diesen beschwerlichen Umständen aber auch einen riesigen Vorteil: Du kannst selbst bestimmen, *was* die Teilnehmenden *wann* zu sehen bekommen. Du kannst daher dein Blatt schon vorab halb vollzeichnen oder in deinem Zeichenprogramm bereits eine Hintergrundebene anlegen.

Die Zeit, die dir während der Veranstaltung fehlt, muss du also vorab in eine (noch) bessere Vorbereitung stecken:

1. Lass dich von Host oder Moderation ausführlich briefen:
   - Welche Themen kommen dran?
   - Was sind voraussichtlich die wichtigsten Diskussionspunkte?
   - Könntest du ggf. Präsentationen oder andere Dokumente, die voraussichtlich geteilt werden, schon vorab bekommen?
2. Entwickle vorab eine Bildstruktur, die dazu geeignet ist, die Inhalte aussagekräftig zu transportieren (siehe ab S. 113).
3. Während der Online-Veranstaltung brauchst du dich dann nur noch auf die Inhalte zu konzentrieren und nicht auf die Struktur.

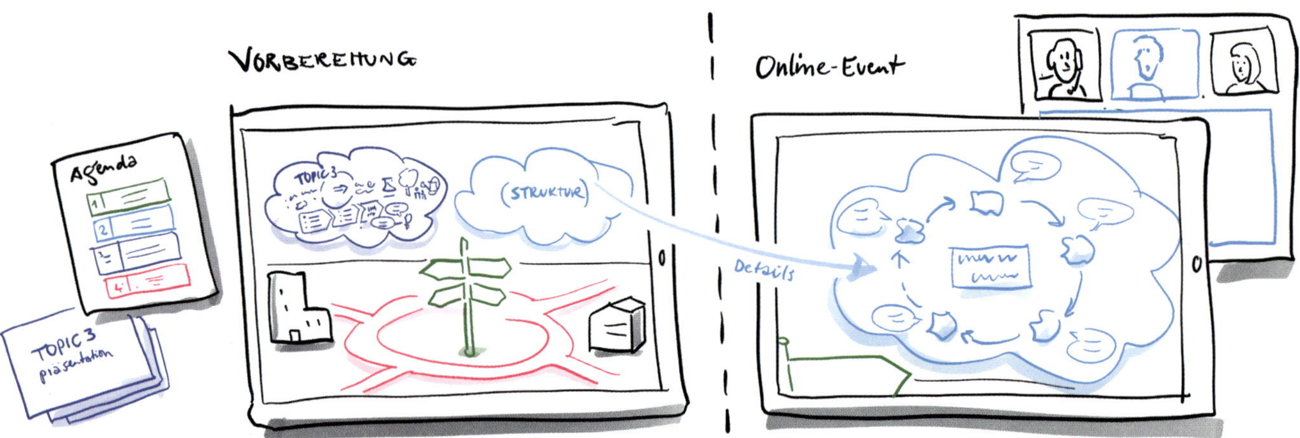

Online-Collaboration-Tools
Bei Videokonferenzen sind die Interaktionsmöglichkeiten deutlich eingeschränkter als bei einem physischen Treffen. Ergänzende Online-Tools und -Plattformen speziell für die interaktive Zusammenarbeit gleichen diesen Nachteil aber zunehmend aus. Mithilfe sogenannter Online-Collaboration-Tools (z.B. Miro, Mural oder Conceptboard) kreiert man seine eigene Online-Arbeitsfläche und arbeitet gemeinsam und zeitgleich wie an einem virtuellen Whiteboard. Die Funktionen und Gestaltungsmöglichkeiten der Arbeitsfläche sind dabei ähnlich wie bei PowerPoint.

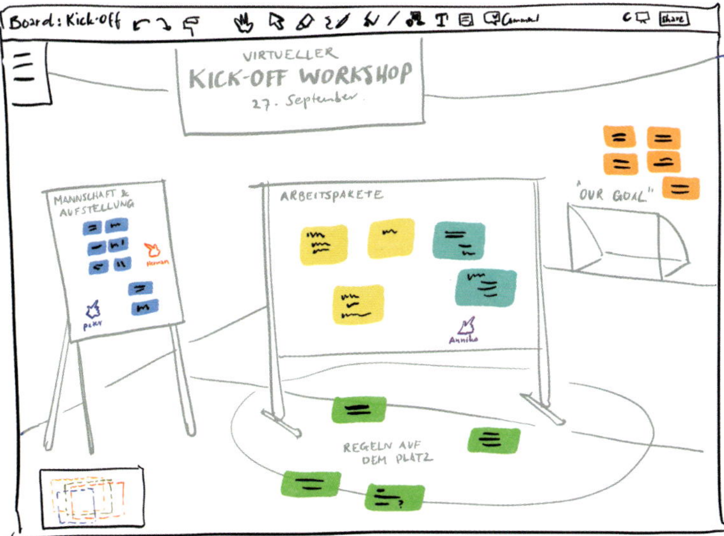

Darüber hinaus bieten sie für das Visualisieren eine Reihe weiterer interessanter Möglichkeiten:

- Dank virtueller Klebezettel lassen sich Visualisierungsmethoden, die auf Templates und Post-its basieren, hervorragend umsetzen.
- Die meisten Tools bieten eine Auswahl vorgefertigter Canvases.
- Es gibt einen extra Bedienungsmodus für Tablet-Nutzer, der das intuitive Arbeiten und Zeichnen am Touchscreen ermöglicht.
- Du kannst selbst gezeichnete Canvases, Hintergrundbilder, Icons und Symbole hochladen und in deine Arbeit integrieren.
- Mithilfe von gezeichneten Stehtischen, Pinnwänden und Kaffeetischen kannst du eine virtuelle Workshop-Umgebung erschaffen, die zum Kreativwerden einlädt.

Die Entwicklungen in diesem Umfeld sind rasant. Die Funktionalitäten von Videokonferenz-Plattformen und Online-Collaboration-Tools wachsen zunehmend zusammen. Dank Avataren, Virtual Reality und Augmented Reality gleicht sich das digital-virtuelle Visualisieren der analog-realen Erfahrungswelt immer weiter an.

Strategien visualisieren und kommunizieren

Es gibt viele Methoden und Modelle, die ein Unternehmen dabei unterstützen, seinen Kurs zu bestimmen. Sie helfen dabei, die Organisation, ihre Prozesse und ihre Produkte systematisch auf Stärken und Schwächen zu prüfen, externe Einflüsse und Marktentwicklungen zu analysieren, Zukunftsszenarien zu entwickeln oder auch Handlungsfelder zu identifizieren und Prioritäten zu setzen. Häufig wird dieser Prozess von externen Beratern begleitet.

Im Laufe eines solchen Prozesses entsteht eine Menge an „Material". Doch wie verdichtet man das zu einer klaren Vision und Strategie? Zu einem Bild, das von allen verstanden wird? Wie überträgt man die Inhalte in eine individuelle Visualisierung, die über einen längeren Zeitraum der Organisation als Orientierung dienen wird?

Diese Aufgabe wird überwiegend von professionellen Visualisierern übernommen. Mit den Tipps auf den folgenden Seiten bekommst du einen Einblick in die „Profiküche". Du kannst dich an diese Aufgabe entweder selbst „heranwagen" oder erhältst eine Vorstellung davon, was dich erwartet, wenn du einen professionellen Dienstleister mit der Arbeit beauftragst.

Vorbereitung

1. Kläre mit der Gruppe die Rahmenbedingungen und Anforderungen für das zu erstellende Bild. Zum Beispiel anhand des Canvas, das du auf Seite 102 kennengelernt hast.
2. Drucke die wichtigsten Inhalte aus, die bisher bearbeitet wurden, und hänge sie auf. Sie dienen als Inspiration für die Visualisierung.

„Informationsbröckchen" sammeln und priorisieren

3. Formuliere zusammen mit dem Team die wichtigsten Fragen, die mit dem Bild beantwortet werden sollen. Zum Beispiel:
   - Was sind die wichtigsten externen Entwicklungen, die uns beeinflussen und auf die wir eine Antwort haben müssen?
   - Was wollen wir gemeinsam für diese Welt erreichen?
   - Was sind gute Gründe für Mitarbeiterinnen und Mitarbeiter, sich an der Strategie zu beteiligen? (Oder vielleicht auch nicht?)
   - Wie soll sich die Strategie auf unsere Produkte, Dienste, Märkte, Kunden, Prozesse etc. auswirken?
   - Welches konkrete Ziel setzen wir uns?
   - Welche Projekte (oder anderen konkreten Handlungsfelder) helfen uns auf dem Weg dorthin?
   - Welche Werte sind uns in der Zusammenarbeit wichtig?
   - Was ist die Kernbotschaft, die aus dem Bild sprechen soll?
4. Schreibe die Fragen auf Post-its mit einer auffälligen Farbe.
5. Sammle im Gespräch Antworten und halte sie als Wort-Bild-Elemente auf Post-its fest.
6. Clustere diese „Informationsbröckchen", indem du sie den Fragen zuordnest.

In der Praxis wird man am Anfang wahrscheinlich zwischen den unterschiedlichen Fragestellungen (und Antworten) hin und herspringen. Im Laufe der Diskussion kann man die Antworten auf Vollständigkeit überprüfen, indem man sich die Post-its-Sammlung an der Wand noch einmal genau anschaut. Ist es zu viel an Information? Was ist wirklich wichtig und soll später ins Bild? Was kann ggf. weggelassen werden?

Grundstruktur: Ideen sammeln und Ausrichtung festlegen

7. Beim Sammeln der Informationsbröckchen solltest du unbedingt darauf achten, was „zwischen den Zeilen" gesagt wird:
   - Welche Bilder haben die Teilnehmenden im Kopf? Welche Bildsprache wird benutzt?
   - Hat sich im Gespräch eine Logik entwickelt, eine Sichtweise, die als Bild geeignet ist?
8. Betrachte die Wand mit den Ergebnissen der „Vorarbeit". Gibt es ein Modell, das dem strategischen Prozess zugrunde liegt? Und das sich als Inspiration für die Bildstruktur eignet?
9. Schau mit der Gruppe zur Inspiration auch in die „Speisekarte" oder das Business-as-Visual-Kartenset, um die passende metaphorische Grundstruktur zu finden (siehe S. 114).
10. Diskutiere verschiedene Varianten und entscheide dich schließlich für eine Ausrichtung.

Kombinieren & Skizzieren

11. Skizziere die Grundstruktur.
12. Ordne zuerst die Hauptthemen in die Struktur ein.
13. Übertrage die Inhalte der Post-its als Wort-Bild-Elemente auf das Bild. Bei vielen oder komplexen Inhalten kann ein eindeutiges Farbkonzept mit Bezug zu den Hauptthemen hilfreich sein.
14. Während des Aufzeichnens tauchen bestimmt noch Ergänzungen und offene Fragen auf. So hilft das Bild nicht nur, die bereits erarbeiteten Inhalte ins Bild zu übertragen, sondern auch, die Strategie weiter zu vertiefen!
15. Am Ende kannst du die skizzierte Grundstruktur mit Linien und Hintergrundfarben ausarbeiten und diese mit einem passenden Titel (Kernbotschaft!) und ggf. einem Rahmen finalisieren.

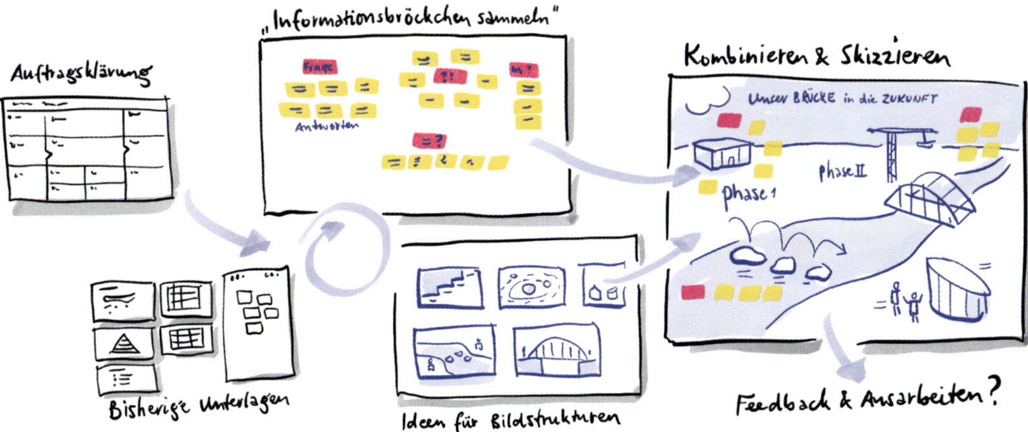

Soll die Visualisierung der Strategie nicht nur im Team, sondern auch nach außen kommuniziert werden? Dann braucht es voraussichtlich weitere Schritte:

Feedback

16. Bitte Personen, für die das Bild gedacht ist (die aber nicht bei der Konzeption dabei gewesen sind), um Feedback:
    - Wie ist der erste Eindruck (noch bevor es näher erläutert wird)?
    - Was ist missverständlich, was fehlt, was ist zu viel?
17. Zeichne die Korrekturen in die Skizze hinein.

Gibt es massive Fehlinterpretationen oder Verständnisprobleme, ist die Skizze nochmals grundsätzlich zu überdenken und ggf. neu zu zeichnen. Das ist natürlich ärgerlich, aber es ist allemal besser, bereits zu diesem Zeitpunkt festzustellen, dass die Grundidee nicht stimmt als später, wenn das Bild final ausgearbeitet ist!

Ausarbeitung

18. Zeichne die Grafik schön sauber noch einmal neu (oder nutze deine Skizze als Briefing für einen Illustrationsprofi).
19. Wenn sich das Bild seiner Vollendung nähert, kommen vielleicht noch bessere Ideen oder Einsichten, die in einer Feedback- und Korrekturrunde ebenfalls noch mit eingearbeitet werden sollten.
20. Je nach Zielsetzung wird das Bild für die weitere Kommunikation in andere Formate übertragen, zum Beispiel:
    - in eine animierte PowerPoint-Präsentation, wobei sich das Bild schrittweise aufbaut.
    - in freigestellte Wort-Bild-Elemente. Ausschnitte aus dem Bild sind oft ein wahrer Schatz an Illustrationsmaterial für Kundenpräsentationen, die Webseite oder sonstige Kommunikationskanäle.

Strategiebilder verwerten

„Ich bin über die strategische Ausrichtung meines Unternehmens informiert.", „Meine Arbeit leistet einen direkten Beitrag zur Realisierung der Unternehmensvision." – Bei der Auswertung von Mitarbeiterbefragungen finden solche Statements häufig keine hohen Zustimmungswerte. Eine Visualisierung der Unternehmensstrategie oder ein Zielbild von der Organisation und den Prozessen in einem Arbeitsbereich ist daher ein guter Ausgangspunkt, um diese Lücke zu schließen.

Die Visualisierung lässt sich vielseitig weiterverwenden, z.B.:

- Das Bild hängt in der Kantine … genau dort, wo die Mitarbeitenden einen täglichen Blick darauf haben.
- Auf der Quartalsversammlung nimmt die Bereichsleiterin ihr Team mit auf eine bildhafe Reise …
- Im Team-Meeting wird besprochen, welche Auswirkung die neue Ausrichtung auf die eigenen Projekte und deren Priorität haben könnte.
- Im unternehmensinternen Newsletter wird jedes Mal ein anderer Ausschnitt des Bildes erläutert.
- Aus dem Bild wird ein Erklärvideo geschnitten, unterlegt mit der Stimme der Geschäftsführerin.
- Beim jährlichen Mitarbeitergespräch wird geschaut, wie die Ziele eines Mitarbeiters auf das Große und Ganze einzahlen.
- Das Bild ist als Screensaver auf dem Desktop der Mitarbeiter oder …
- … als Hintergrundbild in der Videokonferenz hinterlegt.
- Im Bewerbungsgespräch wird der neuen Mitarbeiterin erläutert, welche Chancen und Herausforderungen mit der Arbeit in der Firma verbunden sind.
- Im Rahmen einer Präsentation wird einem wichtigen neuen Kunden Einblick in die Ausrichtung des Unternehmens gewährt.

So wird das Bild über lange Zeit in allen Ecken des Unternehmens seine Wirkung entfalten und Spuren hinterlassen ... an der Wand und in den Köpfen der Mitarbeitenden!

Graphic Recording

Graphic Recording wird von vielen als Königsdisziplin des Visualisierens betrachtet. Ich erinnere mich, wie ich vor vielen Jahren bei einer Veranstaltung zum ersten Mal einem Graphic Recorder bei der Arbeit zuschaute. Wer ist nicht fasziniert, wenn die Inhalte von gefühlt eintausend PowerPoint-Folien und einer offenen Diskussion auf einem großen Bild verdichtet werden? Und das ohne digitale Technik, sondern einfach von Hand – mit Stift und Kreide!

Diese große Sichtbarkeit ist zugleich eine große Hemmschwelle, sich an das Graphic Recording heranzuwagen. Es braucht schon ein bisschen Vertrauen ins eigene zeichnerische Können, um sich so öffentlich „bloß"zustellen.

Auch wenn du selbst vielleicht nicht professionell „graphic recorden" willst, sondern „nur" vorhast, dafür jemanden zu engagieren – es ist sinnvoll, sich vorher mit Vorgehensweise und Möglichkeiten des Graphic Recordings vertraut zu machen.

Üblicherweise findet das Graphic Recording im Rahmen einer Großveranstaltung statt, mit mehreren Vorträgen, Diskussionsrunden oder anderen Programmpunkten. Es muss aber nicht immer gleich die große Publikumsveranstaltung sein. Vielleicht gibt es in deinem Unternehmen eine Vorlesungsreihe, einen After Work Talk oder Ähnliches, wo du dich in einer kleinen, wohlwollenden Runde ausprobieren kannst.

Ich stelle hier nun drei unterschiedliche Vorgehensweisen vor, um visuell zu protokollieren. Im Anschluss werden die Vor- und Nachteile jedes Ansatzes verglichen.

Vorträge einzeln visualisieren

Bei dieser Variante entsteht für jeden einzelnen Vortrag ein eigenes Bild.

1. Lass dich vorab zu jedem einzelnen Beitrag briefen: Was ist das Thema? Aus welcher Perspektive wird es betrachtet? Was ist die voraussichtliche Kernbotschaft?
2. Welche inhaltlichen/grafischen Elemente sollen bei jeder einzelnen Visualisierung ähnlich sein (Überschrift, Speaker-Namen, Farben, Logo und Titel der Veranstaltung, Rahmen)? Diese können schon vorbereitet werden.
3. Welche inhaltlichen/grafischen Elemente sollen die Bilder klar voneinander unterscheiden (Key Message, Key Visual, Speaker-Porträt, unterstützende Farbe)?
4. Visualisiere jeden Vortrag auf einem eigenen Papierbogen. Hierzu sind insbesondere die Strategien zum Ad-hoc-Visualisieren (siehe S. 88) gut geeignet.
5. Hänge die fertige Visualisierung an die Wand. So wächst während der Veranstaltung eine richtige Ausstellung heran, die immer mehr Aufmerksamkeit auf sich zieht.

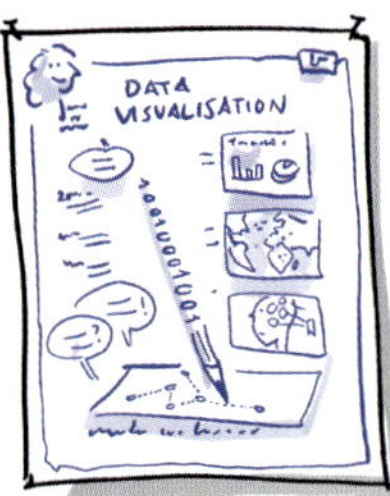

Vorträge auf einem Bild visualisieren

Diese Form des Graphic Recordings ist am weitesten verbreitet. Die einzelnen Beiträge haben weiterhin einen eigenen, erkennbaren Bereich, finden aber alle zusammen Platz auf einem großen Bogen.

1. Lass dich vorab anhand der Agenda briefen: Was ist das zentrale Thema? Welche Kernbotschaft soll insgesamt vermittelt werden? Was wäre ein passendes Key Visual? Wie unterscheiden sich die unterschiedlichen Beiträge thematisch?
2. Entwerfe eine Skizze der Visualisierung. Welche grafischen Elemente sind konferenzübergreifend (Titel, Key Visual, Key Messages, Logo, Rahmen) und wo werden sie platziert? Reserviere für jeden Vortrag einen ungefähren Platzbereich.
3. Übertrage zu Beginn der Veranstaltung die skizzierte Struktur mit Kreide auf deine Arbeitsfläche.
4. Veranstaltungsübergreifende Elemente lassen sich gut vorab oder in den Pausen visualisieren.
5. Für das Visualisieren der einzelnen Vorträge sind insbesondere die Strategien zum Ad-hoc-Visualisieren gut geeignet (siehe ab S. 90).

Inhalte in einem Bild kombinieren

Bei der dritten Variante steht die Thematik als Ganzes im Vordergrund. Die Vorträge werden hierfür Stück für Stück auseinandergenommen und in einer Gesamtstruktur neu kombiniert.

1. Lass dich vorab anhand der Agenda briefen: Aus welchen unterschiedlichen Perspektiven wird das Thema beleuchtet?
2. Skizziere im Vorfeld eine Grundstruktur. Reserviere Plätze für das Thema und die einzelnen Themenbereiche. Welche Farblogik möchtest du zugrunde legen?
3. Übertrage am Veranstaltungsort die skizzierte Struktur auf deine Arbeitsfläche.
4. Notiere und sammle die Inhalte der Referenten zunächst auf Post-its und klebe sie auf die passenden Stellen in der Struktur.
5. Ist zu einem Themenblock genug Information zusammengekommen, zeichne die Inhalte der Post-its in das Bild hinein.
6. Zum Schluss wird mit Linien und Farbflächen die unterlegte Bildstruktur grafisch hervorgehoben.

Graphic Recording – die drei Vorgehensweisen im Vergleich

Vorträge einzeln visualisieren

Vorteile:

- Die Methode ist gut für Veranstaltungen mit parallelen Sessions geeignet, bei denen mehrere Graphic Recorder visualisieren.
- Sollte ein Bild einmal danebengehen, beeinträchtigt das nicht das Gesamtbild. Notfalls zeichnet man es neu.
- Die Bildformate sind einheitlich und nicht so groß. Dadurch lassen sie sich leicht in eine Printdokumentation, in eine PowerPoint-Präsentation oder auf eine Webseite einbinden.

Nachteile:

- Mehrere einzelne Bilder wirken fragmentiert. Wo ist der Zusammenhang?
- Es gibt inhaltliche Doppelungen, wenn die Präsentationen nicht gut aufeinander abgestimmt sind.
- Jeder Vortrag wird mit gleich viel Platz visualiert, auch wenn diese inhaltlich unterschiedlich „reichhaltig" sind.

Vorträge auf einem Bild visualisieren

Vorteile:

- Das Bild bildet eine Klammer um die ganze Veranstaltung.
- Die Größe der einzelnen Bereiche kann an die inhaltliche „Ernte" eines Vortrags angepasst werden.
- Die Struktur des Bildes reflektiert die Agenda. Das macht das Bild für die, die dabei waren, leicht verständlich.
- Einzelne Bereiche lassen sich im Nachhinein „ausschneiden" und in eine Printdokumentation, in eine PowerPoint-Präsentation oder auf der Webseite einbinden.

Nachteile:

- Oberflächlich sehen die Graphic Recordings alle ähnlich aus: ein großes Poster mit einem Konferenztitel über einem Mosaik von einzelnen Visualisierungen.
- Es wird kaum der inhaltliche Bezug oder Zusammenhang zwischen den einzelnen Bereichen hergestellt.
- Auch hier gibt es inhaltliche Doppelungen, wenn die Präsentationen nicht gut aufeinander abgestimmt sind.

Inhalte in einem Bild kombinieren

Vorteile:

- Das Bild bildet eine Klammer um die ganze Veranstaltung.
- Die Themen werden durch Themenbereiche miteinander in Verbindung gebracht.
- Keine Doppelungen der Inhalte.
- Unterschiedlichste Grundstrukturen führen zu einer großen optischen Diversität.
- Das Thema, nicht die Vorträge oder Programmpunkte, steht im Vordergrund. Das macht das Bild auch für Menschen, die nicht bei der Veranstaltung dabei waren, interessant.

Nachteile:

- Die einzelnen Vorträge lassen sich nicht mehr isoliert betrachten.
- Es ist schwieriger, das Bild für die weitere Kommunikation in einzelne Einheiten zu unterteilen.
- Die Methode erfordert mehr inhaltliche Kenntnisse und analytische Fähigkeiten als die beiden vorherigen Methoden.

Einbindung und Interaktion

Mit einem Graphic Recording ändert sich die „Energie im Raum". So kannst du zu einer lebendigen Kommunikation während der Veranstaltung beitragen:

- Erzähle am Anfang, was du vorhast.
- Lade dazu ein, vorbeizukommen und Hinweise zu geben.
- Erläutere Neugierigen, was du bisher gemacht hast.
- Frage nach, was die Teilnehmenden von den bisherigen Vorträgen mitgenommen haben und ob sie das im Bild wiederfinden. So kommt es manchmal zu wertvollen Ergänzungen.
- Nette Bilddetails oder aussagekräftige Bildsegmente können schon während der Veranstaltung auf Social Media gepostet werden.
- Am Ende der Veranstaltung lässt sich der Tag anhand des Bildes gut zusammenfassen.
- Für Großgruppen lässt sich das Bild auch abfotografieren und auf Leinwand projezieren. So können während der Zusammenfassung Details eingezoomt werden.
- Nach Ablauf bilden sich häufig Grüppchen interessierter Menschen, um Fotos vom Ergebnis zu machen. *„Es ist etwas Neues entstanden, was es vorher nicht gab, und ich war dabei!"*

Verwertung nach der Veranstaltung
Durch das Graphic Recording entsteht eine tolle Erinnerung an Konferenzen oder betriebsinterne Veranstaltungen. Das Original wird oft auf dem Flur der Firma aufgehängt. Es kann aber auch an einen Sponsor der Veranstaltung verschenkt oder unter den Teilnehmenden verlost werden.

Fotografiere das Bild in hoher Auflösung ab (ggf. mehrere Bilder, um sie später z.B. in Photoshop zusammenzusetzen). So lässt sich das Bild vielseitig weiterverwenden:

- als Erinnerungsposter für die Teilnehmer,
- als Teil der Veranstaltungsdokumentation,
- auf der Webseite,
- als Bildmaterial für die Bewerbung von Folgeveranstaltungen.

Findet die Konferenz ein Jahr später ihre Wiederholung, kann anhand der Grafik kurz zurückgeschaut werden: Was ist im vergangenen Jahr alles passiert? Welche Themen sind immer noch aktuell? Welche Erwartungen blieben damals noch offen?

Manche Veranstaltungen entwickeln auf diese Weise über die Jahre hinweg eine wahre Graphic-Recording-„Tradition"!

Mein erstes Mal

Nachdem ich im Jahr 2011 in einem Magazin über Graphic Recording gelesen hatte, war ich gleich begeistert. So was könnte mir Spaß machen! Nur ... wie soll ich das beim ersten Mal anstellen? Je nachdem, welche Kriterien man anlegt, gab es gleich dreimal ein „erstes Mal".

Das erste Mal privat

Ein bis zweimal im Jahr treffe ich mich mit guten Freunden, um einen Abend lang intensiv über ein Thema zu diskutieren. Das wäre doch eine optimale Gelegenheit! Wenige Wochen später saß ich also vor einem großen, leeren Blatt Papier mit einem Stift in der Hand, während die anderen ein Glas Wein in der Hand hielten und sich unserem Gesprächsthema widmeten.

Mensch, war das schwierig! Wo soll ich anfangen? Was soll mit drauf? Zeichnen oder schreiben? Wie groß? Welche Farben? Jetzt weiß ich, dass das nicht nur meiner Unerfahrenheit geschuldet war. Das Visualisieren einer offenen Diskussion ist deutlich schwieriger als das einer Konferenz mit klarer Agenda und vorbereiteten Präsentationen. Das Ergebnis war in meinen Augen enttäuschend. Hätten meine Freunde nicht so positiv reagiert und mich zum Weitermachen ermutigt, hätte es einen richtigen Kater gegeben. Auch ohne Wein.

Das erste Mal im beruflichen Umfeld

Damals war ich noch als Manager bei einem Telekommunikationsunternehmen angestellt. Bei einem Projektplanungsmeeting wollte ich mein Glück noch mal probieren. Diesmal war ich etwas besser vorbereitet und hatte mir vorab über die wichtigsten Themen und eine grobe Struktur Gedanken gemacht.

Was mich weiterhin komplett überforderte, war, dass ich „On-the-Fly" entscheiden musste, ob das Gesagte schon reif genug war, um abgebildet zu werden, oder nicht. In diesem Moment wurde aus der Not heraus etwas geboren, das bis heute meine Arbeitsweise charakterisiert: Erst alles auf Post-its kritzeln und später entscheiden, was davon wohin kommt. Die Folge war, dass ich am Ende das Plakat überwiegend mit Klebezetteln befüllt hatte, statt ein „richtiges" Graphic Recording gezeichnet zu haben. Mittlerweile habe ich gelernt, in den Pausen oder dann, wenn die Diskussion sich wiederholt oder abdriftet, die Post-its „abzuarbeiten".

Das erste Mal als „Profi"

Eine befreundete Illustratorin hatte die kurzfristige Anfrage bekommen, eine Forumsdiskussion zu protokollieren, aber selbst keine Zeit ... *„Christian, du wolltest so was doch immer schon machen, oder? Kohle gibt es auch!"* Am nächsten Tag gab es also ein telefonisches Briefing und zwei Tage später stand ich mit meiner Papierrolle und einem Koffer voller Marker, Kreide und Post-its beim Kunden vor der Türe.

Vier Stunden später stand ich wieder draußen. Ich war komplett fertig. Mein Kopf rauchte und hätte gefühlt jeden Moment explodieren können. Der Puls war immer noch auf hundertachtzig. Innerlich ich war ziemlich zerrissen ... In meiner Fantasie hatte ich mir vorab etwas viel Schöneres ausgemalt als das, was ich gerade produziert hatte. Andererseits: Die wichtigsten Inhalte waren dokumentiert, das Ganze sah halbwegs attraktiv und geordnet aus und der Kunde schien zufrieden zu sein.

Auch die nächsten Male waren eine ziemliche Strapaze für die Nerven und Synapsen. Das Zuhören, Filtern, Strukturieren und In-Bildsprache-Übersetzen war einfach zu viel auf einmal.

Mit jedem Auftrag entwickelte sich aber mehr Routine und die Kopfschmerzen ließen entsprechend nach. Der Adrenalinschub (wenn ich den ersten Strich auf dem weißen Papier mache) und die Ausschüttung von Glückshormonen (wenn alles fertig ist) sind zum Glück immer geblieben!

Anwendungsszenarien – Abschlussübung

Wenn du alle Abschlussübungen mitgemacht hast, dann ...

- bist du dir bewusst, wie und warum das Visualisieren die Kommunikation bereichert und zur Wertschöpfung beiträgt.
- hast du dich mit Zeichenmaterial ausgestattet.
- weißt du, welche Bausteine beim Visualisieren zum Einsatz kommen.
- hast du dich anhand zweier Videos im visuellen Dokumentieren von Inhalten, die von anderen präsentiert werden, geübt.
- hast du zweimal ein eigenes Thema (z.B. ein Projekt oder eine bestimmte Herausforderung) anhand einer passenden Grundstruktur oder Metapher auf Papier gebracht.

Das letzte Kapitel hat dir nun viele Möglichkeiten aufgezeigt, wie du diese neuen Kenntnisse und Fähigkeiten in der Zusammenarbeit mit anderen zum Einsatz bringen kannst.

ÜBUNG

1. Schau dir deinen Arbeitskalender oder deine To-do-Liste für die nächsten Tage an:
   - In welchen Fällen könnte eine Visualisierung hilfreich sein?
   - Welche(s) Anwendungsszenario(s) könntest du dabei anwenden?

2. Wähle einen Termin oder eine Aufgabe für ein passendes Anwendungsszenario.

3. Bereite dich bestmöglich vor:
   - Besorge dir alle notwendigen Materialien.
   - Für welche Themen brauchst du passendes Bildvokabular?
   - Welche Visualisierungsstrategie könntest du verwenden?
   - Welche Grundstruktur(en) käme(n) infrage?
   - Mach dir vorab eine grobe Skizze.

4. Raus aus der Komfortzone, ab ins tiefe Wasser!

Digestiv

Nun ist unser Kochkurs fast zu Ende. Nach dem ersten Küchenrundgang haben wir die Küchenausstattung ausprobiert, den Vorratsschrank mit Zutaten geplündert, unterschiedlichste Zubereitungsmethoden kennengelernt und sind die ganze Speisekarte durchgegangen. Dann habe ich meine Lieblingsrezepte vorgekocht und dich hoffentlich auf den Geschmack gebracht, Eigenes auszuprobieren. Und zum Schluss gab es noch jede Menge Anregungen, wie du deine Kochkünste in unterschiedlichsten Kontexten zum Einsatz bringen kannst.

Solltest du dies alles auf einmal zu dir genommen haben, ohne zwischendurch eine Verdauungspause eingelegt zu haben, dann liegt das Ganze bestimmt etwas schwer im Magen. Die letzten beiden „Gänge" des Menüs – Strategiebilder entwickeln und Graphic Recording – hatten es auch wirklich in sich. Auch ich bin ziemlich geschafft, muss ich ehrlich zugeben.

Daher schenke ich uns erst mal ein kleines Gläschen ein, um auf den erfolgreichen Abschluss anzustoßen. Dabei möchte ich die Gelegenheit nutzen, dir und allen anderen bei diesem Kurs noch was Persönliches mit auf den „Visualisierungsweg" zu geben.

Am Anfang des Buches habe ich für vier verschiedene „Zielgruppen" beschrieben, wie das Visualisieren bereits existierende Fähigkeiten und Tätigkeiten bereichern kann. Je nachdem, zu welcher „Zielgruppe" du gehörst, möchte ich noch mal ganz explizit einen Toast auf dich ausbringen.

Liebe Managerin und Führungskraft,

mich freut es besonders, dass du dabei warst. Du hast dich wahrscheinlich am meisten überwinden müssen, um hier teilzunehmen. Je höher man in der Hierarchie aufsteigt, desto schwieriger ist es, sich zu etwas „herabzulassen", das von anderen als „kindische Spielerei" angesehen werden könnte.

Verstehe mich bitte nicht falsch: Die meisten Führungskräfte finden Visualisieren super. Sie erkennen sehr schnell die Vorteile und möchten das Visualisieren auch gerne stärker im Unternehmen etablieren. Nur: Selbst haben sie *„leider gar kein Talent dafür"* und lassen daher meistens andere für sich zeichnen. Ich befürchte, dass viele immer noch glauben, dass man sich als Führungskraft keine Blöße geben darf, weil dadurch der Respekt bei Kolleginnen und Mitarbeitern verloren gehen könnte.

Ich möchte dich also ermutigen, dass du ab jetzt in Gesprächen und Meetings wirklich den Stift in die Hand nimmst. Dass du dich traust, deinen Mitarbeitenden zu zeigen, dass man, wenn man etwas Neues probiert, dabei auch mal eine schlechte Figur machen darf. Und dass das keine Schwäche offenbart, sondern von Mut zeugt. Ich hoffe, du wirst den einen oder anderen blöden Kommentar aushalten, weil du weißt: Die Lernkurve ist am Anfang so steil, dass schon bald aus dem Belächeln ein anerkennendes Lächeln wird.

Ich wünsche dir viel Begeisterung, dann kommt der Erfolg von alleine!

Liebe Grafikerin, lieber Illustrator und Informationsdesigner,

Du liest dieses Buch wahrscheinlich, weil du deine zeichnerischen Fähigkeiten in einem geschäftlichen Kontext professionell anbietest. Oder weil auch du andere dazu anleitest, selbst den Stift in die Hand zu nehmen.

Während ich dich beim „Kochen" begleiten durfte, kamen manchmal selbstkritische Gedanken bei mir hoch. *„Ist das alles nicht viel zu verkopft?"* (Küchenrundgang), *„Da bin ich bestimmt nicht auf dem aktuellen Stand"* (Ausstattung), *„Das ist doch nichts Neues!"* (Zutaten), *„Hier bin ich mal gespannt, ob die Kollegen gerade ihre eigenen Strategien wiederfinden"* (Zubereiten), *„Gebe ich vielleicht zu viele Ideen aus den Händen?"* (bei den letzten drei Kapiteln).

Ich konnte mich aber schnell von solchen Gedanken verabschieden. Jedes Mal, wenn ich mich mit anderen „Visual Practitioners" treffe, fällt es auf, wie viele individuellen Herangehensweisen es gibt und wie schnell der Kontext, in dem wir arbeiten, sich verändert. Es gibt so vieles, was wir voneinander lernen können und sollten. So wie die Bücher anderer Visualisierer und Visualisiererinnen mir kreative Impulse bescheren, freue ich mich, wenn das umgekehrt auch der Fall ist.

Ursprünglich komme ich nicht aus der Illustration. Dafür durfte ich als langjähriger Mitarbeiter in Großunternehmen „am eigenen Leibe" erfahren, mit welchen Herausforderungen man sich in solchen Organisationen auseinandersetzen muss. Ich habe versucht, etwas aus dieser „Sicht von innen" ins Buch einfließen zu lassen, in der Hoffnung, dass es dir damit leichter fällt, die „Sicht von außen" zu zeichnen.

Ich wünsche dir, dass sich das Visualisieren als „Profession" immer weiter etablieren wird.

Liebe Fachleute und Spezialistinnen,

ihr wart ja wirklich eine ganz bunte Truppe. Hier haben wir den Kundenberater, der seine PowerPoint nicht mehr sehen kann. Die Programmiererin, die mit Non-Techies kommunizieren muss. Der Ingenieur, dessen Kopf überläuft. Die Wissenschaftlerin, die gerne an Barcamps teilnimmt. Der Einkäufer, der seine Prozesse optimieren möchte.

Vermutlich war ein wichtiger Motivator für eure Teilnahme, dass ihr eure Ideen anderen Menschen verständlich und überzeugend vermitteln möchtet. Vielleicht habt ihr beim Visualisieren aber auch noch etwas anderes entdeckt: Dass das Zeichnen hilft, auf mehr, reichhaltigere und tiefere Gedanken zu kommen als zuvor. Ich hoffe, das weiße Blatt wird für euch zu einem „guten Kollegen", einem Sparringspartner, der blinde Flecken, Widersprüchliches und verborgene Chancen aufdeckt.

Ich habe versucht, in den vielen Visualisierungsbeispielen die Bandbreite und Komplexität von den Herausforderungen unterschiedlichster Fachbereiche halbwegs realistisch abzubilden. Mir hat es großen Spaß gemacht, mich in eure Rollen hineinzuversetzen.

Ich wünsche euch, dass ihr ebenso großen Spaß daran haben werdet, euch die Rolle des Visualisierers zu eigen zu machen!

Liebe Beraterinnen, Coachs, Trainer und Moderatorinnen

Wahrscheinlich seid ihr die größte Gruppe, die wir hier an Bord hatten. Das Angebot an Qualifizierungsmöglichkeiten, die euch helfen sollen, noch besser zu werden, als ihr eh schon seid, ist groß. Darunter gibt es auch schon etliche Bücher zum Thema Visualisieren. Ich fühle mich also sehr geehrt, dass ihr euch für diesen „Kochkurs" entschieden habt.

Einige der erwähnten Bücher vermitteln „Strich für Strich", wie du Symbole zeichnest, oder helfen dir, schöne Flipcharts zu gestalten. Ich habe daher bewusst den Schwerpunkt auf die inhaltlichen Aspekte und die methodische Anwendung des Visualisierens gelegt. Es gibt so viele verschiedene Gelegenheiten, wie ihr das Visualisieren wertschöpfend einsetzen könnt! Ich hoffe, mit diesem Buch die Grundlage dafür geschaffen zu haben.

Das Visualisieren wird euch helfen, in Workshops und Trainings den Austausch und die Kommunikation zu fördern. Eure Kunden und Teilnehmerinnen werden sich über eure visuellen Impulse freuen. Wenn ihre eure neuen Fähigkeiten regelmäßig anwendet, werdet ihr auch in anspruchsvolleren Situationen und bei komplexeren Themen stets auf eure eigene Kreativität vertrauen können.

Ich wünsche euch viele magische Momente in der Gruppe!

Damit ist unser Kochkurs offiziell zu Ende. Herzlichen Dank für eure Teilnahme! Wer möchte, kann gerne helfen, die Spülmaschine einzuräumen, während wir uns noch ein bisschen über die Köstlichkeiten, die wir gemeinsam erschaffen haben, austauschen.

Christian Ridder
info@business-as-visual.com

Danksagung

Rund vier Jahre hat es gebraucht, bis die Idee für dieses Projekt langsam gereift, vertieft und zur Vollendung gebracht worden ist. Aber eigentlich ist dieses Buch und das dazugehörende Kartenset das Resultat eines viel längeren Weges. Wenn ich mich bei den Menschen bedanken möchte, ohne deren Beitrag dieses Buch so nicht entstanden wäre, muss ich deutlich länger zurückschauen als nur die vergangenen paar Jahre.

An erster Stelle danke ich meinen Eltern, Maj und Wim, dass sie mir in meiner Kindheit so viel Zeit und Raum zum Zeichnen, Basteln und Schreiben gegeben haben. Sie haben meine Projekte immer mit großer Aufmerksamkeit verfolgt, mich motiviert und mir manchmal geholfen – auch heute noch.

Mein Interesse für unterschiedlichste grafische und kommunikative Fähigkeiten, die im Visualisieren ihre Anwendung finden, wurde schon früh im Laufe meines Lebens geweckt. Auf der Grundschule hat Ruud mir Kalligrafie beigebracht. Dank Onno Bakker, der im Kunstunterricht die Aufgabe stellte, einen „Turm zu Babel" zu malen, habe ich den Spaß am Zeichnen von farbigen Wimmelbildern entdeckt. An der TU Delft lernte ich von Dick, wie man Objekte zeichnerisch konstruiert. Dass ich jemals in deutscher Sprache ein Buch schreiben würde, haben meine Deutschlehrer, Peter Noordzij und Johan de Vries, damals wahrscheinlich auch nie gedacht. In den Seminaren von Frank Fies habe ich viel über Kommunikation und die Verbindung mit den Menschen um mich herum erfahren. Ich danke euch für all diese wichtigen Grundlagen.

Es gibt auch Menschen, denen ich nie begegnet bin, aber deren Geschichten und Bilder mich in meiner Kindheit fasziniert und inspiriert haben. Spontan fallen mir Carl Barks, Morris, Albert Uderzo, André Franquin, Jan Kruis, Martin Toonder, Dr. Seuss, Ali Mitgutsch, Richard Scary und David Macaulay ein. Ich bin dankbar für die Prägung durch deren Bilderwelten.

Ich möchte mich bei meinen ehemaligen Chefs Dr. Scheidt, Hiruta-san, Peter Berggren, Gregor Erkel, Jochen Bohlen und Nils Hüpfer bedanken, dass ich in so viele Themen- und Aufgabengebieten Erfahrungen sammeln durfte. Diese sind die Basis für das *Business* in „Business as Visual".

Hätte ich den Sprung in die Freiberuflichkeit nicht gewagt, gäbe es dieses Buch nicht. Ich danke Irmela Schautz, meiner Ex-Frau, diesen Schritt nie infrage gestellt zu haben. Im Gegenteil: Ihre Illustrationen haben mich zum Zeichnen animiert, und sie war es auch,

die mich auf Graphic Recording aufmerksam gemacht hat. Jan Mees von Kick Consulting und Elke Piepenbring haben die Türen zu den ersten größeren Kunden geöffnet. Herzlichen Dank für eure Unterstützung.

Ich möchte mich an dieser Stelle auch bei meinen Auftraggebern bedanken. Bei fast jedem Projektauftrag habe ich dazugelernt und viel Freude erleben dürfen. Die meisten Bildideen und Anwendungsszenarien, die den Weg in dieses Buch gefunden haben, sind im gemeinsamen, kreativen Austausch entstanden.

Als Beispiel möchte ich die langjährige Zusammenarbeit mit Vereon und LHI erwähnen: Aus der Serie von Graphic Recordings, die ich für deren Fachveranstaltungen gezeichnet habe, wurden einige Motiven wiederverwendet.

Ich habe sehr profitiert von der Expertise und den Anregungen der Kollegen von Kick Consulting. Beim Kick-Lab hatte ich Gelegenheit, einen Prototyp des Kartensets vorzustellen. Ich bedanke mich bei Claudia Stenzel, die die Skizzen gleich als Trainingsmaterial getestet hat, und bei Annica Lehmann und Corinna Claussen für das Feedback zum „Book in Progress".

Den Mitarbeitern des managerSeminare Verlags möchte ich dafür danken, dass dieses Buch realisiert und in die Welt gesetzt wurde – insbesondere bei Ralf Muskatewitz für das Vertrauen in die Idee für dieses Buch und das dazu passende Kartenset und bei Jürgen Graf und Vera Sleeking für die reibungslose inhaltliche und gestalterische Zusammenarbeit.

Zu guter letzt möchte ich mich bei den Menschen bedanken, die für mich da waren, als meine Aufmerksamkeit von der Arbeit an Buch und Kartenset geschluckt wurde: Achim 'm Rabet, Büronachbar, für das gelegentliche Bierchen, als es mal wieder in eine Abendschicht hineinging. Meinen Freunden Sergey Savchuk und Lucas Verweij für den inspirierenden Austausch – nicht nur zu diesem Projekt, sondern zu allen Lebensfragen. Meiner Tochter Salome bin ich dankbar, dass sie in den vielen Stunden, in denen ich unten im Atelier saß, selbstständig ihren eigenen Weg gegangen ist. Tine Howald möchte ich von Herzen danken für die kostbare Zeit, die sie diesem Projekt durch Zuhören, Mitlesen und Anregen gewidmet hat. Immer wieder hat sie mich, als ich fast nicht mehr aus meinem „Visualisierungstunnel" herausfand, liebevoll ins echte Leben zurückgeholt.

Berlin, 11. April 2021

Wer die Inhalte weiter vertiefen möchte ...

Viele Bildideen und Anwendungsszenarien wurden in Zusammenarbeit mit Kunden entwickelt. Darüber hinaus haben mich natürlich auch andere Bücher inspriniert. Hier eine Auswahl an Büchern, die ich gerne weiterempfehlen möchte.

Der Flipchart-Coach
Axel Rachow, Johannes Sauer, managerSeminare Verlag, 2015.
Neben vielen Gestaltungsideen gibt das Buch wertvolle praktische Tipps für einen professionellen Auftritt am Flipchart.

Die Coaching-Schatzkiste
Martin Wehrle, managerSeminare Verlag, 2018.
Ein unglaublich reichhaltiges Buch mit Methoden und Fragen für unterschiedlichste Coaching-Situationen. Viele davon sind auch relevant für die Arbeit als Visual Facilitator.

Handbuch Prozessberatung. Kultur verändern – Veränderung kultivieren
Uwe Reineck, Mirja Anderl, Beltz Verlag, 2012.
Bei fast jeder Visualisierung spielen Veränderungsprozesse eine wichtige Rolle. Diese kritische und zugleich praktische Auseinandersetzung mit „Change"-Prozessen wurde mit Cartoons von mir illustriert.

Die große Metaphern-Schatzkiste
Holger Lindemann, Vandenhoeck & Ruprecht, 2014.
Das Buch beschreibt Methoden zur Nutzung bildlicher Sprache und Redewendungen in Beratungs- und Coachingprozessen.

Die Kunst der öffentlichen Rede
Chris Anderson, Fischer Verlag, 2016.
Der „Kopf hinter den TEDTalks" verrät, was einen guten Vortrag ausmacht. Vieles davon kann man auf das Visualisieren übertragen.

Reinventing Organisations (engl.)
Frederic Laloux, Nelson Parker, 2014.
Laloux beschreibt für unterschiedliche Typen von Organisationen, nach welchen Werten, Regeln und Mechanismen sie funktionieren und wie sich diese über die Zeit ändern. Seine Sichtweise ist extrem hilfreich, um die Herausforderungen, denen man als Visualisierer in Firmen oft begegnet, einordnen zu können.

Stell dir vor. Kreativ visualisieren
Shakt Gawain, rororo Verlag, 2011.
Wie kann man die eigene Vorstellungskraft nutzen, um Lebenswünsche zu verwirklichen? Mir hat es geholfen, zu verstehen, wie das Visualisieren auf Papier auf das eigene Denken und Handeln Einfluss nimmt.

Sapiens. A Brief History of Humankind
Yuval Noah Harari, Pinguin Random Hours, 2011.
Plötzlich habe ich verstanden, wie die Menschheit die Welt durch Geschichten erklärt und gleichzeitig gestaltet.

The Artist's Way. A Spiritul Path to Higher Creativity (engl.)
Julia Cameron, TarcherPerigee, 2016.
Ein praktischer Leitfaden in zwölf Schritten, um deine Kreativität anzukurbeln und so das Leben zu bereichern.

The Graphic Facilitator's Guide (engl.)
Brandy Agerbeck, loosetooth.com library, 2012.
Das Buch liest sich wie ein Spaziergang durch den Kopf eines Visual Facilitators – voll mit Aha-Momenten und Oh-ja-Erfahrungen.

UZMO. Denken mit dem Stift
Martin Haussmann, Redline Verlag, 2014.
Das wohl umfassendste Buch zum Thema Visualisieren, das ich kenne. Jedes Mal, wenn man es aufschlägt, entdeckt man eine neue Logik oder Herangehensweise.

Über den Autor

Christian Ridder, Jahrgang 1972, ist gebürtiger Niederländer und hat an der TU Delft Industriedesign studiert. Nach 18 Jahren Tätigkeit als Manager von Innovationsprojekten bei Sony und Deutsche Telekom hat er sich 2013 als Business-Visualisierer mit unterschiedlichen Dienstleistungen selbstständig gemacht:

Business Illustration
Zielbilder, Prozessdarstellungen oder Transformationsbilder helfen, komplexe Situationen und Zusammenhänge sichtbar zu machen und die Zusammenarbeit zu fördern.

Graphic Recording
Die wichtigsten Themen und Beiträge von Veranstaltungen werden vor Ort oder online „live" zusammengefasst – bildhaft, strukturiert und humorvoll.

Visual Facilitation
Im Dialog mit den Workshop-Teilnehmenden entsteht ein gemeinsames Bild. Ständig wiederkehrende (und oft fruchtlose) Diskussionen bekommen eine neue Wendung.

Visualisierungstraining
Der Spaß am Zeichnen und Visualisieren im Arbeitskontext wird neu entfacht. Dank vieler Tipps und Tricks kann das Gelernte schnell für konkrete Projekte angewendet werden.

Außerdem ist Christian Ridder Kooperationspartner im Netzwerk der kick:Consulting GmbH und er unterrichtet als Dozent Business-Visualisierung an der IUE Hochschule Basel. Er lebt seit 2002 in Berlin.

Kontakt:
info@business-as-visual.com

Weitere Informationen, Anregungen und digitale Arbeitsmaterialen finden Sie auf:

www.business-as-visual.com

Die ideale Ergänzung zum Buch

Business as Visual – Das KartenSet

Christian Ridder

Business as Visual – Das Kartenset

50 metaphorische Bildmotive als Inspirationsquelle für das Reflektieren und Visualisieren von Arbeitssituationen

ISBN 978-3-95891-089-8

50 Karten (DIN A5), 39,90 Euro

Infos: www.managerseminare.de/tb/tb-12083

Das Business-as-Visual-Kartenset unterstützt dich in Coaching- oder Workshop-Situationen, wenn es darum geht, Austausch und Kommunikation zu fördern und neue Perspektiven zu entwickeln. Die Bildmetaphern mit ihren vielen Details schärfen den Blick, ermöglichen ein freies Assoziieren über die eigene Situation, brechen festgefahrene Sichtweisen auf, erleichtern den Gesprächseinstieg in tabubehaftete Themen und sind eine Inspirationsquelle für kreative Lösungswege.

Geeignete **Einsatzfelder** sind:

- Veränderungsprozesse/Change-Management
- Teamarbeit/Teamentwicklung
- Krisen- und Konfliktintervention
- Führung
- Prozesssteuerung/-optimierung
- Strategieentwicklung
- Unternehmensvision/Leitbildentwicklung
- Projektplanung/-management
- Produktentwicklung/Innovationsmanagement
- Reflexion und Retrospektive
- Markt-/Konkurrenzanalyse
- Kundenorientierung/Service/Vertrieb
- Personalentwicklung

Typische **Fragestellungen**, die anhand der Karten erarbeitet und diskutiert werden können, sind z. B.:

- Welches Bildmotiv passt zu unserer Lage/ zu unserer Organisation?
- Mit welchen Herausforderungen haben wir zu kämpfen?
- Was bedeuten einzelne Details im Bild, übertragen auf unsere eigene Situation?
- Wie hat sich die jetzige Situation entwickelt?
- Wie möchte ich arbeiten?
- Mit welcher Figur identifiziere ich mich am meisten?
- Was macht uns Freude?
- Was macht uns Sorgen/Angst?
- Welche Szenen im Bild geben vielleicht schon einen Hinweis auf einen möglichen nächsten Schritt, eine Problemlösung oder ein alternatives Szenario?

Siehe hierzu auch die Online-Arbeitshilfe in diesem Buch. Der Link befindet sich auf Seite 143.